炼油装置应急知识问答丛书

汽（煤、柴）油加氢装置应急知识问答

艾中秋　王　勇　主编

中国石化出版社

内 容 提 要

本书从生产实际出发，以问答的方式介绍了汽(煤、柴)油加氢装置应急基础知识。内容主要包括：基础知识、公共系统应急事件的处理、工艺事过程应急处理、设备故障应急处理、火灾爆炸的应急处理、毒害危险的应急处理。还介绍了部分该装置的事故分析。

本书可作为汽(煤、柴)油加氢装置生产管理人员、技术人员、操作人员的岗位培训教材，也可供相关院校的师生阅读参考。

图书在版编目（CIP）数据

汽(煤、柴)油加氢装置应急知识问答 / 艾中秋，王勇主编 .—北京：中国石化出版社，2010. 8
(2018. 7 重印)
ISBN 978-7-5114-0549-4

Ⅰ. ①汽… Ⅱ. ①艾…②王… Ⅲ. ①汽油-加氢-化工设备-操作-问答 ②煤油-加氢-化工设备-操作-问答 ③柴油-加氢-化工设备-操作-问答 Ⅳ. ①TE624. 4-44

中国版本图书馆 CIP 数据核字(2010)第 171030 号

中国石化出版社出版发行

地址:北京市朝阳区吉市口路 9 号
邮编:100020 电话:(010)59964500
发行部电话:(010)59964526
http://www.sinopec-press.com
E-mail:press@sinopec.com
北京艾普海德印刷有限公司印刷
全国各地新华书店经销

*

850×1168 毫米 32 开本 10 印张 232 千字
2018 年 7 月第 1 版第 2 次印刷
定价:28.00 元

前　　言

汽(煤、柴)油加氢是现代炼油工业中最重要的技术之一，是目前改善和提高石油产品质量的主要手段之一。该装置本身具有高温、高压、易燃易爆、高噪声且介质含 H_2S、工业粉尘等特点。

加氢工艺属高温、高压、临氢工艺过程，技术要求高，操作难度大，危险因素多。物料介质中含有浓度较高的 H_2S 等有毒有害物质，而 H_2S 在潮湿、低温的环境下，容易产生湿 H_2S 腐蚀，容器及管线设备容易被腐蚀穿孔，或者有管线爆裂、法兰垫片撕裂等情况，这都可能引起 H_2S 泄漏事故。生产过程中存在的潜在危险因素在一定条件下就会转变为事故，破坏正常生产并可能危及到操作人员的安全。因此，装置运行过程中出现异常情况的应急处置就显得尤为重要。

本书由艾中秋、王勇、王卿等编写，作者在多年装置生产实践的基础上，参考了部分企业内部的操作规程和事故应急预案，总结了部分装置生产、设备、安全管理的经验教训。参加编写的还有朱文红、齐立志、张学博、徐艳龙、安泽志等人。石化管理干部学院第二期加氢技术高级研修班的部分学员、加氢工艺与工程提高性研讨班的部分学员提供了部分参考资料，对本书的编写给予了帮助，在此一并致谢。

由于我们水平有限，经验不足，书中难免有不足之处，敬请读者批评指正，以便修订时补充更正。

编　者

目　　录

第一章　基础知识

第二章 公用系统应急事件的处理

第三章　工艺过程应急处理

第四章　设备故障应急处理

第五章　火灾爆炸的应急处理

第六章　毒害危险的应急处置

第七章　加氢精制装置事故案例分析

第一章　基础知识

☞ 1. 从化学组成看，原油由哪些元素组成？

原油主要由碳(C)、氢(H)两大元素组成，成为一种以烃类化合物为主的复杂混合物；其中碳占83%～87%，氢占11%～14%；其次是由硫(S)、氮(N)、氧(O)所形成的含硫、含氮、含氧化合物及胶状沥青状物质，它们构成为非烃化合物，硫、氮、氧合计占1%～4%；再就是微量的重金属元素，如钒(V)、镍(Ni)、钠(Na)、铜(Cu)、铁(Fe)、铅(Pb)……，其含量只有10^{-6}级，以及微量的非金属元素，如砷As、磷P、氯Cl……，其含量只有10^{-6}级或10^{-9}级。

☞ 2. 原油中硫以什么形态存在？各形态的含硫化合物的分布有何特点？

硫在原油馏分中的分布一般是随着馏分沸程的升高而增加，大部分集中在重馏分和渣油中，硫在原油中的存在形态已经确定的有：单质硫(S)、硫化氢(H_2S)、硫醇类(RHS)、硫醚(RSR)、硫醚类(RSR′)、二硫化物(RSSR′)、杂环化合物(噻吩、苯并噻吩、二苯并噻吩、萘苯并噻吩及其烷基衍生物)。含硫化合物按性质划分，可分为活性硫化物和非活性硫化物。活性硫化物主要包括单质硫、硫化氢和硫醇等，它们的共同特点是对金属设备有较强的腐蚀作用；非活性硫化物主要包括硫醚、二硫化物和噻吩等对金属设备无腐蚀作用的硫化物，一些非活性硫化物经受热分解可以转化为活性硫化物。

硫的浓度一般随着馏分沸点的升高而增加。硫醇通常集中在低沸点馏分中，随着沸点的上升，硫醇含量显著下降，>300℃

的馏分几乎不含硫醇。硫醚主要分布在中沸点馏分中，300～350℃馏分中的硫醚含量可占到该馏分硫含量的50%，重质馏分硫醚含量一般下降。二硫化物一般分布在沸点110℃以上的馏分中，300℃以上馏分则含量极少。杂环硫化物主要分布在中沸点以上馏分中。

☞ 3. 原油中氮以什么形态存在？含氮化合物的分布规律是什么？

原油中氮含量均低于万分之几至千分之几。我国大多数原油含氮量均低于千分之五。氮在原油中的存在形态已经确定的有：①杂环芳烃，如吡咯、吲哚、吡啶、喹啉等单、双环杂环氮化物及咔唑、吖啶及其衍生物等稠环氮化物；②非杂环化合物苯胺类。氮含量一般随馏分沸点的升高而增加，较轻的馏分氮化物主要是单、双环杂环氮化物，较重馏分主要含稠环氮化物。

原油中氮的分布随着馏分沸点的升高，其氮含量迅速升高，约有80%的氮集中在400℃以上的重油中。我国原油中氮含量偏高，且大多数原油的渣油中浓集了约90%的氮。大部分氮也是以胶状、沥青状物质形态存在于渣油中。原油中的氮化物可分为碱性和非碱性两类。所谓碱性氮化物是指能用高氯酸（$HClO_4$）在醋酸溶液中滴定的氮化物。非碱性氮化物则不能。原油馏分中碱性含氮化合物主要有吡啶系、喹啉系、异喹啉系和吖啶系；弱碱性和非碱性含氮化合物主要有吡咯系、吲哚系和咔唑系。

☞ 4. 原油中含氧化合物以什么形态存在？

原油中的氧大部分集中在胶状、沥青状物质中，除此之外，原油中氧均以有机化合物状态存在，这些含氧化合物可分为酸性氧化物和中性氧化物两类。酸性氧化物中有环烷酸、脂肪酸以及酚类，总称为石油酸。中性氧化物有醛、酮等，它们在原油中含量极少。

在原油的酸性氧化物中，以环烷酸最为重要，它约占原油酸性氧化物的90%左右。环烷酸的含量因原油产地不同而异，一般多在1%以下。环烷酸在原油馏分中的分布规律很特殊，在中间馏分中(沸程约为250~350℃左右)环烷酸含量最高，而在低沸轻馏分以及高沸重馏分中环烷酸含量比较低。

☞ **5. 原油中的微量金属元素的存在形态有哪些?**

在原油中，一部分微量金属以无机的水溶性盐类形式存在，如钾、钠的氯化物盐类，这些金属盐类主要存在于原油乳化的水相里，在脱盐过程中可以通过水洗除去。另一些金属是以油溶性的有机化合物或络合物形式存在，这类金属经原油蒸馏后，大部分浓集在渣油中。此外一些金属还可能以极细的矿物质微粒悬浮于原油中。

☞ **6. 石油馏分中烃类分布有何规律?**

汽油馏分(低于200℃)中含有：C_5~C_{11}的正构烷烃及异构烷烃、单环环烷烃及单环芳香烃；

煤、柴油馏分(200~350℃)中含有：C_{11}~C_{20}的正构烷烃及异构烷烃，单环环烷烃及双环、三环环烷烃，以及单环、双环和三环芳香烃；

蜡油馏分(350~520℃)中含有：C_{20}~C_{36}左右的正构烷烃及异构烷烃，单环、双环及三环以上的环烷烃和芳香烃。

☞ **7. 烯烃的化学性质如何? 可发生哪些反应? 在工业中有何应用?**

烯烃由于具有双键官能团，故其化学性质比较活泼，可发生如下反应：① 加成反应：运用这种反应可使其饱和，提高油品质量；② 氧化反应：烯烃部分氧化可生成重要的化工原料——环氧乙烷；③ 烷基化反应：这是炼油工业上一个重要反应，可有效地将气态烃转化为汽油添加剂；④ 聚合反应：这是由单体合成聚合物的过程。

☞ **8. 二烯烃对油品的质量有何影响?**

二烯烃对油品的质量影响，不仅在它自身的氧化，还在于它能促进烯烃的氧化，所以应严格控制二烯烃在二次加工油中的含量，保证油品的质量。

☞ 9. 石油中的非烃化合物有哪些？有何危害？

① 含硫化合物：其中有单质硫、硫化氢、硫醇、硫醚等，它的存在主要引起设备腐蚀，其燃烧产物污染环境，影响油品安定性，引起催化剂中毒。② 含氧化合物：主要集中在胶质、沥青质中，馏分中含氧化合物通常分为酸性和中性两类，能腐蚀设备。③ 含氮化合物：也集中在胶质、沥青质中，分为碱性氮(吡啶、喹啉等)、非碱性氮(吡咯、吲哚等)。④ 胶质及沥青质物质：中性胶质是油品颜色的主要来源。

☞ 10. 什么是油品的闪点？有何意义？

闪点是在规定试验条件下，加热油品时逸出的蒸气和空气组成的混合物与火焰接触发生瞬间闪火时的最低温度，用℃表示。

根据测定方法和仪器的不同，分开口(杯)和闭口(杯)两种测定方法，前者用以测定重质油品，后者用以测定轻质油品。

闪点常用来划定油品的危险等级，例如，闪点在45℃以上称为可燃品，45℃以下称为易燃品。汽油的闪点相当于爆炸上限温度，煤油、柴油等相当于下限浓度的油温。闪点与油品蒸发性有关，与油品的10%馏出点温度关联极好。

☞ 11. 什么是油品的燃点？什么是油品的自燃点？

燃点是油品在规定条件下加热到能被外部火源引燃并连续燃烧不少于5s时的最低温度。

油品在加热时，不需外部火源引燃，而自身能发生剧烈的氧化产生自行燃烧，能发生自燃的最低油温称为自燃点。

油品愈轻，其闪点和燃点愈低，而自燃点愈高。烷烃比芳香烃易自燃。

☞ 12. 什么叫油品的浊点、冰点、倾点和凝点？

浊点是指油品在试验条件下，开始出现烃类的微晶粒或水雾而使油品呈现浑浊时的最高温度。油品出现浊点后，继续冷却，直到油中呈现出肉眼能看得见的晶体，此时的温度就是油品的结晶点，俗称冰点。倾点是指石油产品在冷却过程中能从标准型式的容器中流出的最低温度。凝点是指油品在规定的仪器中，按一定的试验条件测得油品失去流动性(试管倾斜45°角，经1min后，肉眼看不到油面有所移动)时的温度。凝点的实质是油品低温下黏度增大，形成无定形的玻璃状物质而失去流动性或含蜡的油品蜡大量结晶，连接成网状结构，结晶骨架把液态的油包在其中，使其失去流动性。同一油品的浊点要高于冰点，冰点高于凝点。

浊点和结晶点高，说明燃料的低温性较差，在较高温度下就会析出结晶，堵塞过滤器，妨碍甚至中断供油。因此，航空汽油和喷气燃料对浊点和结晶点均有严格规定。

☞ 13. 什么是油品的冷滤点？

冷滤点是按照SH/T 0248规定的测定条件，当试油通过过滤器的流量每分钟不足20mL时的最高温度。由于冷滤点的测定条件近似于使用条件，所以可以用来粗略地判断柴油可能使用的最低温度。冷滤点高低与柴油的低温黏度和含蜡量有关。低温下黏度大或出现的蜡结晶多，都会使柴油的冷滤点升高。

☞ 14. 油品苯胺点表示什么？

所谓苯胺点是指以苯为溶剂与油品按体积1∶1混合时的临界溶解温度。苯胺点是表示油品中芳烃含量的指标，苯胺点越低，说明油品烃类结构与苯胺越相似，油品中芳烃含量越高。

☞ 15. 什么是油品的凝点？凝点的测定方法？

凝点就是按照GB/T 510规定的测定条件，试油开始失去流动性的最高温度。凝点和冷凝点是评定试油的低温流动性能的指标。

试验方法就是将试样装在规定的试管内，并冷却到预期的温度时，将试管倾斜45°时经过1min，观察液面是否移动。直至确定某温度能使试样的液面停留不动而提高 2℃又能够使液面移动时，该点就可以视为该试样的凝点。

☞ 16. 什么叫做汽油辛烷值?

汽油辛烷值是汽油在与空气组成稀混合气情况下抗爆性的表示单位。在数值上等于在规定条件下与试样抗爆性相同时的标准燃料中所含异辛烷的体积分数。

辛烷值的测定是在专门设计的可变压缩比的单缸试验机中进行。标准燃料由异辛烷(2，2，4－三甲基戊烷)和正庚烷的混合物组成。异辛烷用作抗爆性优良的标准，辛烷值定为 100；正庚烷用作抗爆性低劣的标准，辛烷值定为 0。将这两种烃按不同体积比例混合，可配制成辛烷值由 0 到 100 的标准燃料。混合物中异辛烷的体积分数愈高，它的抗爆性能也愈好。在辛烷值试验机中测定试样的辛烷值时，提高压缩比到出现标准爆燃强度为止，然后，保持压缩比不变，选择某一成分的标准燃料在同一试验条件下进行测定，使发动机产生同样强度的爆燃。当确定所取标准燃料的抗爆性与未知辛烷值试油的抗爆性相同时，所选择的标准燃料如恰好是由 70%异辛烷和 30%正庚烷(体积分数)组成的，则可评定出此试油的辛烷值等于 70。

☞ 17. 什么叫做马达法辛烷值和研究法辛烷值?

马达法辛烷值是指用马达法测得的辛烷值。代表辛烷值低于或等于 100 的车用汽油在节气门全开和发动机高速运转时的抗爆性能。测定马达法辛烷值时，使用发动机汽缸工作容积为 652mL 或 612mL 的辛烷值试验机，由压缩比可改变的单缸发动机、制动设备(同步电动机)及测爆震仪器(包括爆震发讯器和爆震指示计)所组成。测定条件是在较高的混合气温度(149℃)和较高的发动机转速(900r/min)下进行测定。用马达法辛烷值表示的车用汽油抗爆性，适应汽车在高速公路上行驶和高功率重载汽在超车或爬山时的情况。

研究法辛烷值是指用研究法测得的辛烷值。代表辛烷值低于或等于 100 的车用汽油在发动机由低速至中速运行时燃料的抗爆性能。测定研究法辛烷值所使用的试验机基本上和马达法相同。试验是在较低的混合气温度(不加热)和比马达法低的发动机转速(600r/min)的条件下进行的。用研究法辛烷值表示的车用汽油抗爆性，适应公共汽车和轻载汽车行驶时速度较慢但常要加速的情况。

马达法和研究法辛烷值都属于实验室辛烷值。实验室辛烷值用于炼油厂测定车用汽油的抗爆性，并调合产品，以决定车用汽油的牌号，特别是多缸发动机运转时，燃料的实际抗爆性状况是有所不同。

☞ 18. 什么是油品的平均沸点?

石油及其产品是复杂的混合物，在某一定压力下，其沸点不是一个温度，而是一个温度范围。在加热过程中，低沸点的轻组分首先汽化，随着温度的升高，较重组分才依次汽化。因此要用平均沸点的概念说明。

☞ 19. 什么是油品的抗氧化安定性?

油品在储存和使用过程中抵抗氧化作用的能力称为油品的抗氧化安定性。汽油的抗氧化安定性用诱导期或实际胶质等指标表示；润滑油则以在缓和氧化条件下生成的水溶性酸或者在深度氧化条件下形成的沉淀和酸值来表示。油品的抗氧化安定性与其组成、环境温度、氧的浓度和催化剂的存在有关。氧化后生成中性氧化物和酸性氧化物，中性氧化物进一步缩合生成沥青胶质或炭化物，堵塞机件，使油变质，黏度增大，颜色变深，酸性氧化物则对金属有腐蚀作用。

☞ 20. 什么是银片腐蚀试验?

银片腐蚀试验是检查喷气燃料有无对银腐蚀组分的定性试验。将一定规格的银片浸入试样，于(50±1)℃下保持 4h，然后根据银片表面颜色的变化，分成0、1、2、3、4共五级来判断试样的腐蚀性。此试验可直接检查喷气燃料有无对银片腐蚀的活性组分，有利于提高喷气燃料的质量。

☞ 21. 什么是铜片腐蚀试验?

铜片腐蚀试验是检查发动机燃料、喷气燃料或润滑油是否含有活性硫化物或游离硫的定性方法。按规定方法将铜片浸入试油，根据铜片表面颜色的变化判为试验合格或不合格。

☞ 22. 评定轻柴油安全性的指标是什么?

评定轻柴油安全性的指标是闪点，轻柴油的闪点是根据安全防火的要求而规定的一个重要指标。柴油的馏程越轻，则其闪点越低。

☞ 23. 柴油为何控制凝点? 轻柴油的牌号是如何划分的?

凝点用以表示柴油的牌号，如0号轻柴油的凝点要求不高于0℃，它是柴油产品的重要指标，表示油品在低温下的流动性能。在冬季为保证柴油发动机正常运行，通常采用低凝点柴油(如-10#、-20#柴油)。

轻柴油的牌号就是按其凝点而划分为10#、0#、-10#、-20#、-35#、-50#六个品种。

☞ 24. 对喷气燃料的主要性能要求有哪些?

根据发动机的工作情况，喷气燃料应有良好的燃烧性、低温性、润滑性、安定性、抗腐蚀性、安全性及洁净度等性能，它们的具体指标主要有:

燃烧性——芳烃含量、C/H比和萘含量。

低温性——冰点(结晶点)。

腐蚀性——酸度、总硫、铜片腐蚀、银片腐蚀。

安定性——烯烃含量、碘值、实际胶质、铜离子含量。

安全性——闪点、电导率、爆炸性试验。

洁净度——水分离指数、水反应等。

☞ 25. 什么叫柴油的安定性？

柴油的安定性是指柴油的化学稳定性，即在储存过程中抗氧化性能的大小。柴油中有不饱和烃，特别是二烯烃，发生氧化反应后颜色变深，气味难闻，产生一种胶质物质。

☞ 26. 什么是实际胶质？它对油品质量有何影响？

实际胶质是指100mL油品在规定条件下蒸发后残留的胶状物质的毫升数。实际胶质用以测定汽油、煤油和柴油在发动机中生成胶质的倾向，也是表示安定性好坏的一项指标。

☞ 27. 什么是柴油的十六烷值、十六烷指数和柴油指数？

评定柴油点火性能的指标是十六烷值。柴油的十六烷值等于与油样相同抗爆性的正十六烷与α-甲基萘混合物标准油样中的正十六烷体积分数。它是一个实际测量值，表示柴油的抗爆性能。测量基准是人为规定正十六烷的十六烷值为100，α-甲基萘的十六烷值为0。十六烷指数为计算值，它是通过油样的苯胺点、密度或馏程参数关联公式计算出来的。柴油指数=(十六烷值-14)×3/2。

☞ 28. 什么是黏度、黏温性？

液体流动时分子间摩擦而产生阻力的大小叫黏度。油品的黏度随温度变化而变化的特性称油品的黏温性。

☞ 29. 什么是油品的泡点和泡点压力？

多组分流体混合物在某一压力下加热至刚刚开始沸腾，即出现第一个小气泡时的温度称为泡点。泡点温度也是该混合物在此压力下平衡汽化曲线的初馏点，即0%馏出温度。泡点压力是在恒温条件下逐步降低系统压力，当液体混合物开始汽化出现第一个气泡的压力。

☞ 30. 什么是油品的露点和露点压力？

多组分气体混合物在某一压力下冷却至刚刚开始冷凝，即出现第一个小液滴时的温度称为露点。露点温度也是该混合物在此压力下平衡汽化曲线的终馏点，即100%馏出温度。露点压力是在恒温条件下压缩气体混合物，当气体混合物开始冷凝出现第一个液滴时的压力。

☞ 31. 什么叫饱和蒸气压？

在某一温度下，液体与在它表面上的蒸气呈平衡状态时，由此蒸气所产生的压力称为饱和蒸气压，简称为蒸气压。蒸气压的高低表明了液体中的分子离开液体汽化或蒸发的能力，蒸气压越高，就说明液体越容易汽化。一般用蒸气压确定发动机燃料的启动性能、生成气阻倾向和在储运过程中损失轻质馏分的倾向。

☞ 32. 加氢精制的特点是什么？

加氢精制是炼厂提高油品质量的重要手段，主要用于生产满足标准规范的最终产品或满足下游装置对原料的需求。加氢精制能有效地使原料油中的含硫、氮、氧等非烃类化合物氢解，使烯烃、芳烃加氢饱和并能脱除金属和沥青质等杂质，具有处理原料范围广、液体收率高、产品质量好等优点。

☞ 33. 加氢精制的定义是什么？

加氢精制是各种油品在氢压下进行催化改质的统称。在一定的温度、压力、氢油比和空速条件下，原料油通过反应器内催化剂床层，在加氢精制催化剂的作用下，把油品中所含的硫、氮、氧等非烃类化合物转化成为相应的烃类及易于除去的硫化氢、氨和水，改善油品的使用性能。

☞ 34. 加氢工艺过程的危险性主要有哪些？

加氢过程的主要危险是火灾、爆炸和毒物伤害，特别是火灾和爆炸，一旦发生这类事故，将会造成巨大的经济损失和人员的伤亡。

☞ **35. 加氢装置生产有何特点和危险特性？加氢装置哪些部位容易着火？**

加氢装置生产特点和危险特性：具有炼油企业之高温、高压、易燃易爆、高噪声且介质含 H_2S、工业粉尘、汽油等特点。加氢工艺属高温、高压、临氢工艺过程，技术要求高，操作难度大，危险因素多。物料介质中含有浓度较高的硫化氢等有毒有害物质，而硫化氢在潮湿、低温的环境下容易产生湿硫化氢腐蚀，容器及管线设备容易被腐蚀穿孔，或者有管线爆裂、法兰垫片撕裂等情况，都可能发生硫化氢泄漏事故。因此，防爆、防毒是车间安全工作的重点。

装置内高温高压法兰、分馏塔、塔底热油泵、产品泵，压缩机管线等部位容易着火。

☞ **36. 加氢精制反应器内的主要反应有哪些？**

加氢精制的主要反应是除去原料油中的硫化物、氮化物，同时使烯烃和稠环芳烃饱和，这些反应是生成不含杂质的烃类以及硫化氢和氨（H_2S 和 NH_3）。其他精制反应包括脱除氧、脱除金属和卤素。在所有这些反应中，均需消耗氢气，并且均有放热。主要的反应类型是加氢和氢解反应，氢解反应主要为脱硫、脱氮、脱氧，加氢反应主要是烯烃和芳烃等不饱和烃以及含氮化合物的加氢饱和。

☞ **37. 脱硫反应特点是什么？**

含硫化合物的 C—S 键是比较容易断的，其键能比 C—C 或 C—N 键的键能小许多（C—S 键能为 272kJ/mol，C—C 键能为 348kJ/mol，C—N 键能为 305kJ/mol），因此在加氢过程中，一般含硫化合物的 C—S 键先行断裂而生成相应的烃类和硫化氢。

各种硫化物加氢脱硫反应活性与分子大小和结构有关。①分子大小相同，则脱硫活性为：硫醇>二硫化物>硫醚>噻吩类。②类型相同，则：相对分子质量大且结构复杂的硫化物<相对分子

质量小且结构简单的硫化物。噻吩<四氢噻吩≈硫醚<二硫化物<硫醇；噻吩类：噻吩>苯并噻吩>二苯并噻吩；③噻吩类衍生物：多取代基<少取代基<无取代基；取代基数量相同，则：与硫原子位置远>与硫原子位置近(空间位阻)。

加氢脱硫热力学特点：加氢脱硫是放热反应，在工业操作条件下(不大于427℃)，反应基本不可逆，不存在热力学限制，但随着温度的升高，某些硫化物的反应受热力学影响，平衡常数变小，对反应不利，故较低的温度和较高的操作压力有利于加氢脱硫反应。

其他杂原子对加氢脱硫影响：其他杂原子与溶剂一样对加氢脱硫有阻滞效应，主要通过与硫化物对活性位竞争吸附，阻滞加氢脱硫反应，尤其是碱性氮化物。

深度脱硫的主要问题是噻吩类物质，平衡常数小，反应温度高(4，6-二甲基二苯并噻吩在420℃温度下脱硫率不足60%)。噻吩类硫化物的反应活性最低，而且随着其中环烷环数目和芳香环数目的增加，其加氢反应活性下降，到二苯并噻吩时最难。脱硫反应随温度上升速度加快，脱硫转化率提高(化学平衡常数在627℃以前均大于0)。对于噻吩脱硫反应，压力越低，温度的影响越明显；温度越高时，压力的影响也越显著。对于噻吩而言，若想达到深度脱硫的目的，反应压力应不低于4MPa，反应温度应不高于700K(约427℃)。噻吩硫化物脱硫有两条途径：①加氢饱和环上的双键，然后开环脱硫；②先开环脱硫生成二烯烃，然后二烯烃再加氢饱和。一般认为这两种反应均发生。噻吩的加氢脱硫反应是通过加氢和氢解两条平行途径进行的，由于硫化氢对C—S键氢解有强抑制作用，而对加氢影响不大，因此认为，加氢和氢解是在催化剂的不同活性中心上进行的。

38. 脱氮反应特点是什么？

碱性氮化物脱氮反应的速率常数差别不大(在一个数量级)，其中以喹啉脱氮速率最高，随着芳环的增加，速率有所降低。不同氮化物受空间位阻的影响大致相同。在脱氮反应时氮化物不是通过氮原子的端点吸附到催化剂表面的，而是通过芳环的 π 键吸附到催化剂上，在 C—N 键氢解前，先进行杂环的加氢饱和。因此，脱氮反应应该是先进行加氢饱和芳环，再进一步开环脱氮。所以加氢脱氮比加氢脱硫氢耗更高。

含氮化合物的加氢活性特点是，单环氮化物加氢活性：吡啶>吡咯≈苯胺>苯环；多环氮化物：多环>双环>单环；杂环>芳环。

含氮化合物加氢反应在热力学上特征是：在加氢过程常用温度范围内，加氢反应平衡常数小，且杂环加氢反应是放热反应，温度升高对杂环的加氢饱和不利；但对杂环氮化物的氢解和脱氮反应在这一温度范围则属于热力学有利的。总之，在较低反应温度下操作，平衡有利于环加氢反应，但此时氢解反应速率较低，总的加氢脱氮速率较低；随着反应温度上升，一方面氮解速率提高，有利于脱氮速率提高，另一方面则是加氢反应平衡常数下降，杂环加氢产物浓度减小，从而导致总的脱氮速率下降。因此，温度升高，总的加氢脱氮速率会出现一个最大值，在此之前，反应受动力学控制，之后受热力学控制。在某些情况下杂环氮化物与其加氢产物的热力学平衡能够限制和影响总的加氢脱氮速率。以吡啶为例，随着反应温度的升高，吡啶加氢饱和后的中间产物哌啶氢解的反应速率常数增加，但是达到一定高的温度后，由于哌啶的平衡浓度下降造成的影响大于哌啶氢解反应速率常数增加的影响，因而总的加氢脱氮反应速率下降。达到最高转化率的温度与操作压力有关，压力越高达到最高转化率的温度也越高，这个特点与多环芳烃加氢的特点非常相似。只有在相当高的压力下，吡啶与哌啶之间的平衡限制才可以忽略。低温高压有利于杂环氮化物的脱氮反应。

其他杂原子的存在对加氢脱氮影响是由于氮化物在活性位的吸附平衡常数比其他杂原子大得多，其他杂原子对加氢脱氮反应的阻滞效应很小。相反，噻吩、硫化氢的存在，在高温条件下还会促进 C—N 键的氢解反应。以噻吩对吡啶脱氮的影响为例：在低温下由于竞争吸附，使吡啶的加氢反应受到中等程度的抑制；在高温下因 HDS 反应生成硫化氢促进了 C—N 键断裂速度，从而使总的 HDN 反应速度增加。但是氮化物之间的自阻滞和彼此阻滞效应要明显得多。

☞ 39. 什么叫氢油比？

在工业装置上通用的是体积氢油比，是指工作氢标况体积流率与原料油体积流率之比。氢气量为循环气流量与循环气中氢浓度的乘积。

☞ 40. 什么叫空速？空速对反应操作有何影响？

反应器中催化剂的装填数量的多少取决于设计原料的数量和质量以及所要求达到的转化率。通常将催化剂数量和应处理原料数量进行关联的参数是液体时空速度。空速是指单位时间内，单位体积(或质量)催化剂所通过原料油的体积(或质量)数。液体体积时空速度($LHSV$)可以定义如下：

$$LHSV(\mathrm{h}^{-1})=\frac{\text{反应器入口的总进料量}(\mathrm{m}^3/\mathrm{h})}{\text{催化剂的总体积}(\mathrm{m}^3)}$$

对于一定量的催化剂，加大新原料的进料速度将增大空速，与此同时，为确保恒定的转化率，就需要提高催化剂的温度。提高催化剂的温度将导致结焦速度的加快，因此，会缩短催化剂的运行周期。如果空速超出设计值很多，那么催化剂的失活速度将很快，变得不可接受。空速小，油品停留时间长，在温度和压力不变的情况下，则裂解反应加剧、选择性差，气体收率增大，而且油分子在催化剂床层中停留的时间延长，综合结焦的机会也随之增加。

☞ 41. 什么叫甲烷化反应？对反应操作有何危害？

CO 和 CO_2在氢气的存在下，在催化剂表面的活性位置可以转化为甲烷和水，这就叫甲烷化反应。CO 和 CO_2的甲烷化反应与普通烃类反应物的反应造成对催化剂竞争。因此如果放任 CO 和 CO_2的积累，那么催化剂的温度就需要提高。在极端的情况下，若极短时间内有大量的 CO 和 CO_2进入加氢装置，因为甲烷化反应是高放热反应，因此在理论上来说就有可能发生飞温。在实际操作中要求，如果 CO+CO_2的含量超过最大设计允许值，催化剂的温度不允许提高以补偿由此造成的转化率的降低。催化剂的温度应给予维持或者降低，直至造成 CO+CO_2含量升高的问题得到解决为止。只有这样，催化剂的活性才不至于由于温度的升高而受到损害，同时也可避免由于甲烷化反应可能造成的飞温过程。

☞ **42. 什么是液体的径向分布？什么是轴向分布？影响流体径向分布的因素有哪些？**

径向分布是指反应器某截面上流体的分布均匀性；轴向分布指反应器轴向流体的分布均匀性，表示流体的轴向分散或返混程度。

影响流体径向分布的因素有：①液体的初始分布即反应器入口的液体分布；②催化剂床层装填的方式及催化剂的形状、粒度等因素，即床层空隙率分布的影响；③污垢堵塞床层，造成空隙率分布的不均匀。

☞ **43. 流体分布性能为什么会影响床层温度的分布和产品的质量？**

流体的分布性能直接影响反应物与催化剂接触时间的均衡性，影响催化剂内、外表面被液体润湿程度以及分布不均形成的沟流和短路等，从而会影响最终床层温度的分布和产品的质量。

☞ **44. 径向温差对反应操作有何影响？**

催化剂床层内除了沿反应器轴向存在温差外，床层的某一横截面不同位置的温度也有可能不一样，同一截面上最高点温度与最低点温度之差称为催化剂床层的径向温差。在催化剂床层入口分配器设计不好、催化剂部分床层塌陷、床层支撑结构损坏等情况下，将直接引发催化剂床层径向温差。反应器入口分配盘上不均匀积垢、床层顶部“结盖”、催化剂经过长时间运转、装置紧急停工后重新投运、有大的工艺条件变动(如进油量、循环气量大幅度变化)等情况下，催化剂床层也可能出现径向温差。径向温差的大小反映了反应物流在催化剂床层里分布均匀的好坏。一旦催化剂床层出现较大的径向温差，其对催化剂的影响几乎与轴向温升相同，而对质量、选择性方面造成的影响远大于轴向温升。可接受的催化剂床层径向温差取决于反应器直径的大小和反应器类型。反应器直径越大，容许的径向温差也越大。

☞ 45. 加氢反应器床层热点是如何形成的?

反应器内径向装填的均匀性不好，将会造成反应物料在催化剂床层内“沟流”、“贴壁”等走“短路”现象的发生，也会导致部分床层的塌陷。大部分加氢处理工艺的反应器为滴流床反应器，而加氢操作又采用较大氢油比，反应器中气相物料的流速远大于液相物料的流速，这种气、液物料流速上的差别导致相分离。

一旦催化剂床层径向疏密不均，也就是说床层内存在不同阻力的通道时，以循环氢为主体的气相物流更倾向于占据阻力小、易于通过的通道，而以原料油为主体的液相物流则被迫流经装填更加紧密的催化剂床层，从而造成气、液相分离，使气、液间的传质速率降低，反应效果变差。另外，由于在此状态下循环氢带热效果差，反应热难以及时导出，形成局部高温，造成床层高温“热点”的出现。热点一旦出现，将会造成热点区的催化剂结焦速度加快，使得该区域的床层压力降增大，又反过来使得流经该热点床层区的气相物流流量更少，反应热量不能及时带走，使得该点温度更高，形成恶性循环。这样一来，一方面影响装置的操作安全，另一方面由于高温点的存在而缩短装置的操作周期。

☞ 46. 为什么要控制新氢和原料油中的Cl?

原料中Cl加氢后产生的HCl会对工艺过程的操作带来问题，在高温条件下会与容器或管线材质中的Fe、Ni反应产生腐蚀。在有Cl^-存在时，18-8型奥氏体不锈钢对点腐蚀特别敏感。点腐蚀在生产中是很危险的，它在一定区域内迅速发展，并往深处穿透，以致造成设备因局部地区破坏而损坏，或因个别地方穿孔而进行渗漏。同时HCl会与系统中的NH_3反应会形成NH_4Cl，在低于350℃的条件下就会沉积出来而堵塞系统(一般在180~200℃开始大量析出)。美国有的炼厂全用重整氢，在压缩机出口阀门内常发现有白色NH_4Cl结晶物堆积，这是因为重整氢中有微量氯存在，因此加氢装置对原料油和氢气中的Cl要加以限制。

☞ 47. 原料油中水含量要求控制多少?为什么?

水对催化剂的活性和强度有影响，严重时会影响催化剂寿命。另一方面水汽化要吸收较大热量，增加了加热炉的负荷。水汽化后，增加了装置系统压力，引起压力波动，甚至超压，严重时则要减油直至停工，进反应器原料油的含水量最大值为500μg/g，一般要求小于300μg/g。

☞ 48. 设置原料罐的目的何在?为何设计氮封?对缓冲罐的容积有何要求?

石油馏分接触空气时会吸氧，加热这些馏分时，氧就和某些烃反应生成聚合物的胶质。如果馏分在室温下和空气长期接触，聚合物及其原始化合物也会形成。烯烃比饱和烃更易和氧反应。这些聚合物及其原始化合物，几乎在加氢装置的高压换热器的任何位置都能沉积和结垢，大大降低传热效率。另外，进入反应器会沉积在催化剂床层上，增加床层压降，缩短装置运转周期，所以原料油要采取隔绝空气的保护措施，一般都采用氮封。

原料罐的容积不能过小，在满足容器工艺设计要求的液体停留时间“容器直径<1.2m时，液体停留时间为30min；1.2m<容

器直径<1.8m时，液体停留时间为20min；容器直径>1.8m，液体停留时间为15min”的同时，要保证足够的存储空间，以提供系统原料中断事故的处理时间。

☞ 49. 对新氢有何要求?

从理论上说，新氢的纯度越高越好，但对于实际工业生产来说，如氢气来源于有变压吸附的各类氢气装置(或膜分离装置)，则纯度一般不会存在问题。对于来源于其他途径的氢气一般都要求纯度不小于95%，且其中的某些杂质含量(如$CO+CO_2$、Cl^-等)要符合相应的要求。对于氢纯度小于95%的重整氢一般多用于加氢精制装置，在使用纯度低的新氢后，必然会使循环氢纯度下降，造成反应氢分压降低，循环机负荷过大，这对反应操作、能耗及安全生产均是不利的。一般还要通过排尾氢的方法来提高循环氢纯度，这样将进一步增加装置的操作成本。

新氢作为补充氢，它直接进入反应系统，新氢中的杂质含量是有严格限制的，其中，$CO+CO_2$含量规定小于20μL/L，CO是最有害的杂质，因为CO在烃类和水中的溶解性很小，因此会在循环氢中积累。但是，对于CO_2来说，它的溶解性较大，因此很容易通过高压分离器的液体物流从系统中移出。新氢中的CO、CO_2含量过高，一方面降低了新氢纯度，另一方面会在反应器内发生氢解脱氧(甲烷化)反应，放出大量反应热，将会引起反应操作的波动，严重时会造成反应器床层超温。

直接用重整氢需注意的问题是，氢气中的杂质含量特别是Cl^-含量必须进行监测，要求$Cl^-<1$μg/g。Cl^-在富氢气氛下和氨生成氯化铵，容易在换热器沉积，堵塞管道。另外Cl^-也可能引起奥氏体不锈钢的氯应力腐蚀。因为它们极易积聚在管子和设备的低点等处，形成很高的氯化物浓度，致使发生氯应力腐蚀。如果分析重整氢氯离子含量确实超标，必须增加脱氯罐确保氢气质量。

☞ 50. 含硫化合物对石油加工有哪些方面的影响?

①严重腐蚀设备。在石油炼制时，含硫化合物对一般的钢材腐蚀严重，尤其是在炼油装置的高温重油部位及低温轻油部位，腐蚀更为严重。

②在气体和各种石油馏分的催化加工时，会造成催化剂中毒。

③在加工过程中生成的硫化氢及低分子硫醇等有毒气体造成空气污染。

因此，在油品精制过程中，必须把硫化物除去。

☞ 51. 缓蚀剂的作用机理是什么?

缓蚀剂作用机理有三种类型：①成相膜机理。缓蚀剂在金属表面通过氧化或沉积作用形成一层保护膜，阻断介质与金属接触。②吸附膜机理。缓蚀剂通过物理或化学吸附方式与金属活性中心结合，阻断介质与金属活性中心接触，从而达到保护金属的目的。物理吸附是指缓蚀剂通过分子或离子间的吸引力的作用与金属活性中心结合；化学吸附是指缓蚀剂分子与金属原子形成络合物，其亲水基团与金属结合，疏水基团远离金属。这类缓蚀剂多为有机物缓蚀剂。③电化学机理。这类缓蚀剂通过加大腐蚀的阳极或阴极阻力来减缓介质对金属的腐蚀。

☞ 52. 为什么要控制喷气燃料的密度和发热值?

喷气燃料质量指标要求密度不小于775kg/m^3。因为喷气式发动机的飞行高度较高，续航里程较远，飞行速度大，发动机效率高，需要足够的热能产生动力来带动机械工作，这就要求燃料有尽可能高的体积发热量和重量发热量，燃料的发热量高，可以相应减少油箱体积和重量，这对飞机飞行制造来说是十分有利的。又因为燃料密度大，则体积发热量也大，用同样体积的油箱装油可以飞行更长时间和距离。这对民航飞机来说，可提高工作效率，降低载运货物的运输费用。

☞ 53. 为什么要控制喷气燃料的馏程?

通过调整常压塔控制喷气燃料的恩氏蒸馏 90%点和 98%点温度来调节它的密度和结晶点。馏程太窄时，结晶点合格而密度太小；馏程太宽时，密度合格而结晶点过高，所以 90%点和 98%点要调节适中，才能保证喷气燃料的结晶点和密度都符合规格要求。因此必须根据原油的性质，选择适当的馏程。

结晶点和冰点都是喷气燃料的低温性能，它取决于燃料的化学成分和含水量。燃料中蜡含量多，当温度下降到一定程度时就会析出石蜡晶体；燃料中芳烃含量多，溶解水分增加，当温度降低时，水分便析出结成冰粒。冰点是关系到飞机供油系统在高空低温下的流动性能，无论是蜡的结晶或水的结冰，将会堵塞燃油过滤器，使供油减少甚至中断，造成严重的飞行事故。所以要限制馏程切割范围，当馏程切割恰当时，不必脱蜡就能达到-60℃以下的结晶点。

☞ 54. 喷气发动机燃料的使用要求有哪些?

喷气发动机燃料的使用要求主要有：良好的燃烧性能；适当的蒸发性能；较高的热值和密度；良好的安定性能；良好的低温性能；无腐蚀性能；良好的洁净性能；较小的起电性能；适当的润滑性能。

☞ 55. 什么是催化剂?催化剂作用的基本特征是什么?

催化剂是指能够参与反应并加快或降低化学反应速度，但化学反应前后其本身性质和数量不发生变化的物质。催化剂作用的基本特征是改变反应历程，改变反应的活化能，改变反应速率常数，但不改变反应的化学平衡。

☞ 56. 催化反应的过程有哪几步?常规操作可调整的有哪些?

催化反应过程有以下几步：①反应物通过催化剂颗粒外表面的膜扩散到催化剂的外表面；②反应物自催化剂外表面向内表面扩散；③反应物在催化剂表面上吸附；④反应物在催化剂内表面

上反应生成产物；⑤反应产物在催化剂内表面上脱附；⑥产物自催化剂内表面扩散到催化剂外表面；⑦产物自催化剂外表面通过膜扩散到外部。以上七个步骤可以归纳为外扩散、内扩散、吸附和反应四个阶段，如其中某一阶段比其他阶段速率慢，则整个反应速率取决于该阶段的速率，该阶段成为整个反应的控制步骤。

常规操作调整的手段有温度调整、氢分压的调整以及催化剂的改进等。常规操作中可以调节的主要是①和⑦，即改变空速或氢油比可以改变催化剂的润湿分率，改变油膜厚度，从而改变扩散速度；循环氢的纯度对氢分子的扩散有一定影响。

57. 什么是催化剂活性？活性表示方法有哪些？

衡量一个催化剂的催化效能采用催化活性来表示。催化活性是催化剂对反应速度影响的程度，是判断催化剂效能高低的标准。

对于固体催化剂的催化活性，多采用以下几种表示方法：

①催化剂的比活性。催化剂比活性常用表面比活性或体积比活性表示，即用所测定的反应速度常数与催化剂表面积或催化剂体积之比表示。②反应速率表示法。反应速率表示法即用单位时间内反应物或产物的量的摩尔数变化来表示。③工业上常用转化率来表示催化剂活性。即在一定反应条件下，已转化掉反应物的量(n_A)占进料量(n_{AO})的百分数。④用每小时每升催化剂所得到的产物重量的数值，即空速时的量 Y_{V+T}来表示活性。

上述③、④活性表示法，都是生产上常用的，除此之外，还有用在一定反应条件下反应后某一组分的残余量来表示催化剂活性，例如烃类蒸气转化反应中用出口气残余甲烷量表示。这些方法直观但不确切，因为它们不但和催化剂的化学组成、物理结构、制备的条件有关，并且也和操作条件有关。但由于直观简便，所以工业上经常采用。

58. 催化剂使用初期和末期相比有什么变化？为什么？

催化剂在使用过程中，会产生催化剂表面生焦积炭、催化剂上金属和灰分沉积、金属聚集及晶体大小和形态的变化等现象，因生焦积炭等因素使其活性、选择性逐步下降，为了达到预期的精制要求和裂解转化深度，必须通过逐步提高相应的操作温度来补偿其活性、选择性的下降。

☞ 59. 催化剂装填分为哪几种形式？有何区别？

催化剂装填分为普通装填(疏相装填、袋式装填)和密相装填两种。其区别在于装填过程中有无使用外界推动力来提高催化剂的装填量和装填均匀性。

普通装填方法因其多采用很长的帆布袋作为催化剂从反应器顶部向床层料位的的输送管子而被称为布袋装填法，实际上，普通装填法中也有较多厂家不用帆布袋而改用金属舌片管来输送催化剂的。由于普通装填法简单易行，人员几乎不需要特别的培训，设备上不需要专利技术，因此被国内许多炼油企业所采用。密相装填法由 ARCO 技术公司、法国 TOTAL 公司、UOP 公司、Chevron 公司等发明，采用密相装填法，可以将催化剂在反应器内沿半径方向呈放射性规整地排列，从而减少催化剂颗粒间的孔隙，提高催化剂的装填密度。通常，密相装填法可以比普通装填法多装 10%~25% 的催化剂。密相装填法除了可以多装催化剂外，由于装填过程中催化剂颗粒在反应器横截面上规整排列，因此其沿反应器纵向、径向的装填密度也非常均匀。

密相装填与普通(稀相)装填相比，催化剂堆积密度大，反应器内装填催化剂量增大，脱硫起始温度低，脱氮相对体积活性增加 7%~22%。采用密相装填时压降会相对增加，但密相装填压降升速比稀相装填要低，故在使用中期或末期压降可能比稀相装填要低。催化剂的密相装填，可以确保物料的流量分布均匀，以最大限度地、充分地利用催化剂。

与传统的布袋装填方法相比较，催化剂的密相装填具有如下优点：①反应器可多装填催化剂，提高加工能力或延长周期、提高产品质量；②处理量相同时，密相装填的重量空速较小，可以使催化剂的运转温度降低；③处理量相同时，密相装填运转周期更长；④催化剂床层装填均匀，紧密一致，可避免床层塌陷、沟流等现象的发生，从而避免"热点"的产生；⑤催化剂床层径向温度均匀，可以提高反应的选择性。⑥装填时采用专门机械，连续化作业，装填速度大大提高。也就是因为这些优点，密相装填法比袋式装填法更具有应用前景。

☞ 60. 最底层催化剂装填时先装瓷球，有何要求？反应器最上层瓷球装填有何要求？为什么？

催化剂底部瓷球，要起到支撑催化剂床层、防止反应器中小颗粒的催化剂下漏、堵塞出口捕积器网孔的作用。反应器最上层的瓷球，应起到容纳杂质、防止或延缓运行中催化剂床层压力降的上升的作用，同时，还可以防止高速物流冲刷造成催化剂料面变化，避免沟流发生。

☞ 61. 催化剂的活性与选择性之间的关系是怎样的？

催化剂活性是催化剂的催化能力，在石油工业中常用一定反应条件下原料转化率来反映，催化剂的选择性是催化剂对主反应的催化能力。高选择性的催化剂能加快生成目的产品的反应速度，而抑制其他副反应的发生，所以催化剂的活性好但选择性差会使副反应增加，增加原料成本和产物与副产物分离的费用，也不可取。所以活性和选择性都好的催化剂对工艺最有利，但两者不能同时满足，应根据生产过程的要求加以评选。

☞ 62. 催化剂装填的好坏对生产效率和产品质量有何影响？

装填催化剂的好坏，影响反应器的生产效率和产品质量。因为装填催化剂不均匀，会造成流体和反应温度分布不均匀。应避免在下雨天装卸催化剂。不应把含粉尘（即粉碎）的催化剂装到反应器中，避免催化剂床层压力降过大或造成管线、换热器或高压分离器的堵塞。

根据反应热的大小，决定注入冷氢量的多少和催化剂床层的数量。多设置催化剂床层可以保持较低的反应床层温差，但催化剂床层多，反应器容积利用率低，投资增加。单床层反应器容积利用率可大于90%，但反应器进出口温差过大，对维持催化剂稳定性及装置长周期运转不利。

☞ 63. 反应器第一层保护剂起什么作用？装填有何特点？

保护剂的作用在于改善加氢进料质量，抑制杂质对主催化剂孔道的堵塞与活性中心被覆盖，保护主催化剂活性和稳定性，延长催化剂运行周期。

在加氢精制反应器催化剂床层顶部，装填不同粒度、形状、不同空隙率和反应活性低的催化剂，实行分级装填，克服顶部催化剂床层结焦和使沉积金属较均匀地分布在整个脱金属催化剂床层十分有效。

☞ 64. 什么叫催化剂中毒？

具有高度活性的催化剂经过短时间工作后就丧失了催化剂能力，这种现象往往是由于在反应原料中存在着微量能使催化剂失掉活性的物质所引起的，这种物质称为催化剂的毒物，这种现象叫做催化剂的中毒。

☞ 65. 催化剂中毒分为几类？

催化剂中毒分为可逆中毒、不可逆中毒和选择性中毒。

可逆中毒是毒物在活性中心上吸附或化合时，生成的键强度相对较弱，可以采取适当的方法去除，使催化剂活性恢复，而不影响催化剂的性质。

不可逆中毒是毒物与催化剂活性组分相互形成很强的化学键，难以用一般方法将毒物去除，催化剂活性降低。

选择性中毒是催化剂中毒之后可能失去对某一反应的催化能力，但对别的反应仍具有催化活性。选择性中毒有可以利用的一面，如在串联反应中，如果毒物仅使催化后继反应的活性中心中毒，可以使反应停留在中间产物上，获得所希望的高产率中间产物。

☞ 66. 水对催化剂有何危害？

少量的水在反应系统中绝大部分为气态，浓度较低时对催化剂的活性、稳定性基本没有影响，但液态水或高浓度水蒸气与催化剂接触时，会造成催化剂上的金属聚结、晶体变形及催化剂外形改变，从而破坏催化剂的机械强度及活性、稳定性。

☞ 67. 导致催化剂结焦的影响因素有哪些？

① 催化剂干燥阶段，干燥介质含烃或发生串油串气等事故，导致催化剂结焦。

② 催化剂硫化阶段，硫化油选择不当，烯烃等易结焦介质含量高，升温注硫速度过快，床层发生超温。

③ 硫化结束后未经过初活稳定，直接进原料油，因催化剂初期活性太高，导致催化剂快速结焦。

④ 在正常生产过程中，发生超温、飞温现象，循环氢纯度偏低、氢油比偏低、氢分压、低空速等异常操作，导致催化剂结焦。

⑤ 装置原料中硫、氮、残炭、烯烃、稠环芳烃等杂质含量超出指标，易导致催化剂结焦。

⑥ 装置发生异常停电、停机及进料中断等事故，床层温度来不及降低，导致催化剂快速结焦。

⑦ 原料保护不当，导致氧化结焦。

☞ 68. 催化剂失活有哪些现象？

经过长期运转，催化剂表面积炭越来越多，即使在满负荷操作时，在催化剂的允许提温范围内，提温对提高催化剂的反应活性已无明显影响，产品质量难以达到要求；或者催化剂床层压降很高，已达到设计极限；即使对于符合装置设计条件的二次加工原料，反应温升很小，耗氢量很小。出现这些现象时，说明催化剂已经失活，需要再生。

☞ 69. 什么叫催化剂结焦？如何防止？

催化剂使用过程中，反应系统中某些组分的分子经脱氢聚合形成高聚物，进而脱氢形成氢含量很低的焦类物质沉积在催化剂表面，减少了可利用的表面积，同时由于孔口堵塞，降低了内表面利用率，引起活性衰退，这种现象称为结焦。结焦是催化剂失活最普遍的形式，可以再生，因此是一个可逆过程。

防止催化剂结焦应从以下几方面做工作：①控制好原料的密度、干点、比色等，防止胶质、沥青质的大量带入。②保持在较高的氢油比下操作，抑制结焦反应。③严防催化剂超温。

☞ 70. 导致催化剂失活的因素有哪些？

主要有：催化剂表面生焦积炭；催化剂上金属和灰分沉积；金属聚集及晶体大小和形态的变化。①在加氢过程中，原料油中烃类的裂解和不稳定化合物的缩合，都会在催化剂的表面生焦积炭，导致其金属活性中心被覆盖和微孔被堵塞封闭，这是催化剂失活的重要原因。②原料油中的金属特别是 Fe、Ni、V、Ca 等，以可溶性有机金属化合物的形式存在，它们在加氢过程中分解后会沉积在催化剂表面，堵塞催化剂微孔；As、Pb、Na 等与催化剂活性中心反应，导致沸石结构破坏。另外，石墨、氧化铝、硫酸铝、硅凝胶等灰分物质堵塞催化剂孔口，覆盖活性中心，并且当再生温度过高时与载体发生固相反应，属于永久失活。③非贵金属的加氢催化剂，在长期的运转过程中存在金属聚集、晶体长大、形态变化及沸石结构破坏等问题。

以上三种失活机理中，只有因生焦积炭引起的催化剂失活，才能通过含氧气体进行烧焦的方法来恢复其活性。

☞ 71. 加氢催化剂为什么需要硫化？硫化前对催化剂的操作温度有何要求？

初始装入反应器内的加氢催化剂都以氧化态存在，不具有反应活性，只有以硫化物状态存在时才具有较高的加氢活性和稳定性、选择性。所以对新鲜的或再生后的加氢催化剂在使用前都应进行硫化。湿法硫化的起始温度通常控制在 150~160℃；一般国内装置根据硫化剂确定干法硫化的起始温度：二硫化碳注硫温度为 175℃，DMDS 注硫温度为 195℃。

☞ 72. 双烯烃对催化剂性能有什么影响？

在加氢过程中，双烯(炔)烃会发生聚合反应生成胶质，俗称绿油。它滞留在催化剂上，引起催化剂的孔道阻塞，使催化剂比表面积下降，导致催化剂活性降低，严重时甚至会阻塞催化剂床层，造成装置停工撇头，这种聚合反应是由载体的酸性功能所致。绿油的生成与氢和烯(炔)之比、反应温度有关。一般来说，提高温度有利于聚合物的生成，使 α-烯烃在烯烃中的含量增加；提高氢和烯(炔)之比可抑制聚合物的生成，高聚物中烯烃含量降低，α-烯烃在烯烃中的含量也成倍降低。另外，反应床层数的增加也会使得聚合物生成量增加，这是因为加氢过程中聚合物的生成并不只是炔烃的作用，乙烯在加氢过程中聚合也相当可观，加大空速可增加装置处理量，但床层空速与聚合物生成量成正比。因此，在处理量与操作周期之间要选择最佳的方案。

☞ 73. 原料中金属对催化剂性能有什么影响？

原料中含有多种金属，包括铁、镍、钒、钠、锌、钙、砷、硅等，这些金属对催化剂都有一定的负面影响，下面分类说明。①对于铁、镍、钒三种金属来说，在临氢条件下，铁的沉积速度最快，钒次之，镍最慢。含钒化合物的扩散速度小于含镍化合物，因此铁、钒主要沉积在催化剂表面和孔口，镍则较为平均的分布到颗粒内部。钒还能在催化剂氧化时促进硫的氧化，造成在催化剂表面形成 SO_4^{2-}。如果催化剂中含分子筛，钒还能使分子筛结构破坏。催化剂上沉积的铁主要是因腐蚀产生的铁锈及油中的有机铁如环烷酸铁。铁化合物的加氢分解速度比镍和钒都要快，所以也更容易沉积在催化剂孔口。生成的硫化亚铁主要沉积在催化剂之间或呈环状分布在催化剂表面，呈薄层状，深度不超过 100~200μm，并且不在催化剂表面移动，铁的沉积只增加沉积厚度而不渗透到催化剂内部。铁含量的增加对装置长周期运行威胁极大，一般要求原料中铁含量小于 1μg/g。如果油中的铁含量超过 2μg/g，就应当考虑使用专门的脱铁催化剂。有资料说钒一般在离反应器入口 20cm 处堆积最多，镍在 80cm 处堆积最多，而铁在床层入口堆积最多。②钠、锌、钙等碱金属或碱土金属可以削弱催化剂的酸性，降低催化剂的裂解活性，同时碱还引起床层结垢堵塞，增大床层压降。在加氢过程中，这些金属的化合物很快发生氢解沉积在催化剂上，其沉积速度超过镍和钒等金属。这些沉积的金属分布在催化剂颗粒之间和催化剂孔口，减少了催化剂床层空隙率并堵塞微孔孔口，降低了催化剂的活性，使压降上升。在天然油品中钙是最难脱除的，因此对它做一下具体说明。原料中钙含量超标对反应操作有很大影响，钙会使催化剂迅速失活或结垢，并且极易沉积在催化剂颗粒之间，尤其在固定床床层顶部，造成加氢反应器的压降迅速升高而使装置无法正常运行。含钙的化合物易在催化剂(保护剂)外表面发生加氢脱钙反应，生成的硫化钙以结晶的形式沉积在催化剂颗粒外表面，硫化钙和其他金属硫化物与焦炭等沉积物在催化剂颗粒外表面形成的“外壳”会脱落并填充在催化剂颗粒之间的空隙内，脱落的“外壳”进一步与焦炭或金属硫化物作用使催化剂颗粒粘连在一起而结块，造成床层压降增加。另外，钙极易穿透固定床加氢脱金属催化剂床层，沉积到加氢脱硫和脱氮催化剂上，导致催化剂失活。如果原料中钙含量无法保证，应考虑在床层顶部装填脱钙催化剂。③砷对重整催化剂的毒害最大，对加氢催化剂有一定的毒害，应尽可能减少其含量。资料认为砷化合物在临氢条件下，会生成 AsH_3一类化合物，AsH_3具有共用电子对，从而损害活性中心。另外，分解产生的砷也容易与钴或钼形成化合物，吸附在缺硫阴离子空穴上。④硅主要来自焦化汽油，加氢催化剂容硅能力各厂说法不一，有人认为沉积量达20%以上，可发生硅穿透。从加氢脱硫活性讲，催化剂上沉积14%~25%的SiO_2时，对加氢脱硫活性就有重大影响。硅在加氢条件下，不发生沉积，而且会生成一些易挥发的硅化物，造成硅化物在床层中迁移而穿透床层。但有些资料认为，当SiO_2沉积量超过3%~5%时就能封闭活性中心而使催化剂失活。总的来讲，对原料金属含量的控制对催化剂的寿命和装置的运行周期都有非常大的好处，因此需要上游装置尽可能加以控制，保证尽可能低的金属含量。

☞ 74. 汽油、煤油、柴油加氢精制的作用是什么?

① 汽油馏分：作为加氢精制原料的汽油馏分主要是焦化汽油。焦化汽油具有硫含量高、氮含量高、辛烷值低、不饱和烃胶质含量大、氧化安定性差等特点，通过加氢精制后可大大改善这些性能。焦化汽油加氢精制后，可作为调合汽油使用。但是随着人们对清洁汽油需求的增加，焦化汽油加氢精制后作为汽油调合组分越来越不经济，现在焦化汽油通常经过不同深度加氢精制后作为重整原料，或作为乙烯裂解原料等。此外，焦化汽油还可以通过催化裂化进行改质。直馏石脑油馏分一般经加氢预精制作为催化重整原料，其作用是脱出原料油中对重整催化剂有害的杂质，其中包括硫、氮、氧、烯烃以及砷、铅、铜和水分等，改进安定性，满足催化重整原料的要求。

② 煤油馏分：煤油馏分的馏程一般为150~300℃。目前，在世界大多数国家，该馏分大多用于生产喷气燃料，此时所用原料的馏分的流程一般为150~260℃，灯用煤油的馏程一般为180~300℃。喷气燃料的组成中最理想的组分是环烷烃及支链烷烃。它们都有良好的燃烧性、热安定性和低温流动性。芳烃的燃烧性能不好，而且含量高时对以聚合物弹性体为材料的密封件有负面影响；烯烃易氧化、聚合，生成胶质；硫化物是煤油馏分中

常见的含量较高的非烃化合物，其含量过高时会对发动机燃烧室的清洁性产生影响；硫醇的存在会对飞机的零件产生腐蚀，并且会使油品产生臭味。喷气燃料加氢精制的作用主要是降低硫、氮含量，以减少对设备元件的腐蚀和改善储存安全性，降低芳烃含量，从而减少对机械零件的损害。灯用煤油加氢精制的作用主要是降低含硫量、脱除臭味、饱和部分芳烃以及改善其燃料性能，增加无烟火焰高度，减少灯芯上的积炭量。

③ 柴油馏分：柴油原料有多种来源，其中主要是焦化柴油和催化柴油较多。这些柴油馏分都不同程度含有一些污染杂质和各种非理想组分，他们的存在对柴油的使用性能产生很大影响，柴油加氢精制的目的是生产优质柴油或优质柴油的调和组分。焦化柴油馏分的硫、氮含量都较高，溴价、实际胶质也明显高于催化裂化柴油。氮化物的存在将影响油品的颜色和安定性。通过加氢精制可以大大提高脱氮率、脱硫率，产品储存安定性明显改善。催化柴油当中含有相当数量的硫、氮等杂质和一定数量的烯烃和芳烃，硫、氮等杂质影响柴油的安定性，是造成油品储存不安定与变色的主要原因。催化裂化柴油加氢不仅能显著降低硫、氮的含量，改善其安定性，而且可以在催化剂的作用下，使催化裂化柴油馏分中的双环、三环芳烃加氢开环而不发生脱烷基反应，达到了原料烃类分子不变小而提高十六烷值的目的。因此，各种柴油原料馏分必须经过加氢精制或改质后才能作为商品柴油组分。

☞ 75. 加氢精制的优点是什么？

加氢精制的优点是原料油的范围宽，产品灵活性大，液体产品收率高，产品质量好。无论是加工高硫原油的炼油厂，还是加工低硫原油的炼油厂，都广泛采用这种方法改善油品的质量。通过加氢精制可以改善油品的颜色、安定性等特性，生产出高质量的油品。直馏煤油和轻柴油加氢精制后，主要是脱硫和脱氮，从而改善油品的气味、颜色和安定性；也有一些直馏煤油和轻柴油进行深度加氢，使芳烃变成环烷烃，提高喷气燃料的烟点和柴油的十六烷值，改善燃烧性能。二次加工轻柴油除了经加氢精制脱除硫、氮、氧化物外，由于柴油中还含有一定量的烯烃和胶质，它们很不安定，容易变色，生成沉渣，经过加氢精制可以改善其安定性。由含硫原油得到的催化裂化原料会含有较多的重芳烃和重金属，它们易使催化剂中毒，碱性氮化物能抑制催化剂活性，并使结焦速度加快，经加氢精制处理后可提高装置的处理能力，改善产品质量。

☞ 76. 反应进料加热炉炉前、炉后混氢各自优缺点是什么?

加氢进料加热炉是装置内的关键设备，其炉管内工艺介质为高温、高压的氢气和油气混合物，操作条件十分苛刻。加氢反应加热炉混氢分为炉前混氢和炉后混氢，两种混氢方式有各自的特点。

在单纯液相流的炉内，流速的选择主要考虑减少压降和避免结焦两个方面。流速高，可以达到紊流状态，降低油膜温差，避免局部过热；同时可起到冲刷作用，使焦层脱落快，对避免结焦有利。但压降与流速平方成正比，过高的流速不仅增加了泵的电耗，还可能使加热炉上游的设备和配件压力等级升高，使一次投资增加。反之，降低流速，特别是流速低到出现层流状态时，结焦则几乎是不可避免的。另外，在两流路以上时，低流速还很容易产生偏流。一旦出现偏流，则结焦—阻力增加—更加偏流的恶性循环可能很快导致炉管烧穿。对于炉前混氢的加热炉来说，在气液两相流的炉管内，选择流速的同时应考虑流型。两相流的流型一般分为波状流、泡沫流、长泡流、液节流、环雾流和雾状流。流型除取决于气液两相的摩尔比及其物理性质外，主要取决于流速。为了避免结焦，流速(混合流速)最小应能保证得到环雾流和雾状流。考虑到炉前混氢的加热炉内油品结焦倾向很大，因此在设计时，应保证70%处理量时仍能达到环雾流。当然在实际操作中，如果处理量再低，还可以采取加大氢油比等措施来保证高流速。

炉前混氢的最大难题是大处理量的装置炉管内介质存在气液两相流分配的问题，装置负荷越大，这种问题越突出。因此在设计炉前混氢时要充分核算，取得最优化的结果，一般反应加热炉均采用水平管双面辐射炉炉型。有下面几个特点：①操作弹性大，由于水平管比垂直管更容易得到环状流或雾状流流型，因此加热炉更容易适应多种工况条件下的操作；②压降小，由于水平管双面辐射的平均热强度是单面辐射的平均热强度的1.5倍，其炉管水平长度只有单面辐射的0.66倍，即在管内流速相同时，其压降仅为单面辐射的66%；③设备投资少，加氢反应进料加热炉的炉管均采用TP321或TP347材质，炉管占全炉投资的比例在40%以上，因此炉管缩短重量变轻，投资节省。炉前混氢流程在设计时必须解决加热炉物流分配设计和避免炉管结焦。炉前混氢的优点是换热流程及换热器设计简单，传热系数高，换热面积小，在事故情况下，加热炉不易断流。

炉后混氢的关键是要有足够的氢气循环量(氢油比)携带热量，而不会使氢气加热炉出口温度过高。炉后混氢的优点有：①氢气较纯净，不会结焦，因此可以大大地提高加热炉管的壁温，使得加热炉体积缩小，节省钢材；②氢气较均匀，对于多路进料的加热炉，只要各路阻力相等，无须调节阀即可自动分配均匀，节省投资；③加热炉易设计，有些换热器可视情况降低材质，节省投资。

☞ 77. 热高分与冷高分流程特点有何不同？

对于VGO及更重原料的加氢精制装置，一般采用热高分流程，以防止冷高分在操作过程中，特别是在开停工过程中产生的乳化，并可以降低能耗。是否选择该流程应根据反应操作压力、新氢的纯度、能耗、氢耗大小、循环氢纯度等综合比较后确定。热高分的应用应特别注意溶解氢的回收及对经济性的影响。

与冷高分流程相比，采用热高分的优点是：①大量反应产物直接从热高分排出，经过热低分油气分离后，直接送至分馏系统，换热量大大减少，减少高压换热器面积，节省投资；②生成油不经过高压空冷冷却，大大减少高压空冷面积，节省换热器和空冷器的投资，冷却负荷减少；③可减少生成油分馏换热和加热炉负荷；④可以避免冷高分乳化，特别是在开工过程中；⑤热量回收利用率高，降低装置能耗。采用热高分流程的缺点：①降低了循环氢纯度；②增加一个热高压分离系统，使流程复杂；③设计不好时投资可能会略高；④最大的缺点是热高分油溶解带走的氢气量较大，如果不回收经济损失较大。从新建装置来看，设计单位更为趋向于热高分流程，为解决氢气损失问题，一般都设置低分气脱硫系统，脱硫之后的低分气送至氢提纯单元回收氢气。经计算比较，一般热高分进料温度控制在240~260℃之间。

☞ 78. 加工原料不同，加氢反应器内油气相态有何不同？

在加氢处理工艺中，原料油不同其状态也不同。汽油馏分轻，在分压2.5~3.0MPa和加氢温度下，一般都处于气相状态，反应条件的变化通常不会引起相态的变化。柴油馏分的馏程一般在200~350℃，加氢处理时氢分压一般在3.0~4.0MPa，在反应条件下它可能处于气相状态，也可能处于气液混相状态。反应条件的变化有可能因为液相的出现，影响氢向催化剂表面的扩散而不利于加氢反应的进行。因此，为了优化柴油加氢反应，应选择汽化率为1的氢分压。减压馏分油是大于350℃的重馏分，在加氢处理时，一般都处于气液混相状态，提高汽化率的措施都有利于加氢反应的进行。

☞ 79. 二硫化碳的性质及使用时注意事项是什么？

CS_2 属高度危害的Ⅱ级有毒物质，同时还是挥发性强、极易燃烧的易燃物，沸点只有46.2℃，最小着火能量为9kJ，引燃温度为 90℃。对于这样一种高度危险的化学品，在使用时必须十分小心，其储罐、计量罐必须有水封、水喷淋和防晒设施；同时还要有放置二硫化碳铁桶的水池和水冲洗设施，以防止其挥发到空气中发生燃烧。储存温度应保持在它的沸点温度 46℃ 以下。二硫化碳用完后要迅速冲洗，使其不在系统留存，避免发生危险。

第二章　公用系统应急事件的处理

☞ **1. 紧急停工的一般原则是什么?**

事故发生后，各岗位操作人员要坚守岗位，听从指挥，严格按照事故应急预案进行处置。当事故发生后，应首先通知调度和有关人员。然后根据事故类型、允许时间、事故的蔓延或事故范围，果断采取措施，达到两种目的：一是应付事故的必要措施，确保人身安全、设备及有关装置安全，二是全面完成紧急处置转入正常停工或恢复正常操作的措施。

发生事故时，根据现象和发生事故之前设备状况、操作参数变化，正确判断事故，迅速处理，避免事故扩大，重大事故立即汇报车间主管/值班人员和生产管理部门，装置紧急停工应向生产管理部门汇报并取得同意(遇有重大着火、爆炸事故危险时除外)。发生火灾立即报火警，并立即切断或减少流向着火点的可燃介质。发生人员中毒在报告气防部门的同时，作好自身防护，组织现场自救和急救。当出现有毒介质严重泄漏时，应视现场情况，组织人员安全撤离，并通知其他可能危及到的人员。发生在反应器、换热器、加热炉区等处的严重泄漏、炉管破裂、瓦斯/氢气/油气大量泄漏，向加热炉区蔓延扩散，有发生着火、爆炸危险的情况下，应立即熄灭加热炉。只有在特别危急的情况下，如有爆炸危险、高压分离器串压没有得到有效控制、床层发生飞温等重大事故时，才能启动紧急泄压按钮连锁停车，其他紧急情况可手动缓慢泄压。

☞ **2. 加氢装置紧急停工是如何处理的?**

如发生高压串低压严重事故，反应器床层飞温不可控制，临氢系统超压而压力泄不下来或装置临氢系统发生裂纹泄漏等极端严重事故，启动系统紧急泄压按钮，反应进料加热炉熄火，进料泵停车，泄压阀自动泄压、补充氢压缩机停车。

其他紧急情况，可视情况依次进行熄灭反应进料加热炉、停反应进料泵、停补充氢压缩机、系统泄压等操作，分馏系统改循环或尽快退油。一般按如下步骤操作：

（1）到现场关闭反应进料加热炉的瓦斯阀，长明灯视炉膛温度及现场情况决定熄灭与否。

（2）关反应进料泵的出口阀，停反应进料泵。

（3）按规程停新氢压缩机，停注水泵。

（4）临氢系统手动泄压。如果催化剂床层温度较高，当临氢系统压力允许氮气补入时向系统中充入氮气降温置换。

（5）分馏炉视情况降温或熄火，分馏系统改内部循环或退油，停汽提蒸汽。

（6）循环氢脱硫塔将原料气切出，改走跨线，溶剂保持循环。

（7）控制好高压容器如高分、循环氢脱硫塔等的液面，防止由于液面过低，导致高压串低压事故的发生。

注意在打开紧急泄压系统前要通知调度，保持火炬系统畅通。启用紧急泄压后，应注意与火炬（低压瓦斯）系统相连的其他低压设备（如原料罐等）防止超压，必要时关闭其压力分程控制的放空控制阀。

☞ 3. 紧急停工各岗位的具体操作是怎样的？

（1）班长岗位：

① 立即向生产管理部和作业部值班人员汇报。

② 指挥各岗位进行平稳停工，保证停工安全。

③ 在发生火灾时，根据火势组织灭火或拨打火警电话，报火警时，要说出火势大小、着火位置、着火介质、出事地点等。

④ 只有在特殊情况下，如高分串压没有得到及时控制、有

爆炸危险及床层发生飞温(床层任何一点超过正常值30℃或床层温度任意一点达425℃)等重大事故时，允许启动联锁控制台的0.7MPa/min紧急放空按钮，其他紧急停工可手动缓慢放空。

（2）内操岗位：

① 启动联锁控制台停炉按钮和停反应进料泵按钮。

② 缓慢打开高压分离器顶部放空控制阀向火炬放压，保持床层正向流动。

③ 关闭外来瓦斯控制阀和两路瓦斯控制阀，切断加热炉瓦斯。停加热炉余热回收系统，投用自然通风。重点监控床层各温度点，冷氢控制阀打手动，控制床层温度，防止超温或飞温；重点监控高分液面、界面，防止发生高分串压事故。如高分液位高可适当开大高分液位控制阀向低分压油，监控低压系统各塔罐液位，防止满或空。低分压力高时可让外操打开压控截止阀放压。

④ 监控压缩机和高压系统各压力、温度点，发现异常立即采取措施并汇报班长。

（3）外操岗位：

① 到现场检查反应进料泵运转情况，若室内联锁没有启动而仍在运转，立即停反应进料泵，并关闭出口阀及返回线。

② 检查现场高分液位、界位，并汇报室内一操。

③ 检查压缩机运转情况，检查压缩机缓冲罐液位是否正常，防止循环氢带液。

④ 尽量保证管网氢气不发生波动。

⑤ 待高分液面不再上涨后，停压缩机。

⑥ 停注水泵，并关闭出口阀及返回线，停止向系统中注水，启动辅助油泵。

⑦ 检查加热炉联锁控制阀是否关闭，若没有关闭，立即关闭两路瓦斯截止阀和外来瓦斯截止阀。有时间尽可能关闭反应进料加热炉的所有火嘴前的截止阀，用蒸汽吹扫炉膛10~15min，打开自然通风门。以便系统恢复后能及时将加热炉点燃。

⑧ 关闭汽提蒸汽进塔阀门，并在反应进料加热炉出口处经消音器排空。

⑨ 精制柴油出装置改走不合格柴油线返回罐区。

⑩ 根据分馏塔回流罐液位、界位情况，适当关小或关闭粗汽油出装置控制阀前截止阀和酸性水界位控制阀前截止阀，防止液面压空。

☞ 4. 紧急停工的注意事项是什么?

装置紧急停工由专人统一指挥，确保装置顺利、安全、稳定、有序停工。事故处理应严格执行先降温后降量的原则。

装置停工时应执行国家工业卫生排放标准，不允许任意排放有毒、有害物料。无火炬设施的带压易燃、易爆气体排空要缓慢进行，采取逐渐减压措施，放空管线末端必须采取防火措施。

进行紧急处理时，首先要作好个人的防护工作，防止发生硫化氢中毒等恶性事故。

在发生泄漏事故时，要沉着冷静，先按岗位操作法和事故处理预案组织初步的抢救和掩护。有硫化氢泄漏时，应佩戴好空气呼吸器，拉好警戒绳，防止外来人员进入，控制事故状况，防止事故扩大。

装置一旦发生事故，班长要组织好人员，并尽快通知装置主管和相关人员，实行统一指挥。

无论着火、爆炸、中毒事故，首先必须切断危险源，将受伤、中毒人员移至安全地带，进行急救。抢救过程必须首先保证抢救人员自身的安全，避免事故扩大。无法切断危险源时要用氮气、蒸汽或水进行掩护。

停电、停机、停水等生产事故应按照“熄灭加热炉、停止进料、泄压保持反应系统介质流动、保设备、保催化剂、防止高压串低压”的处理原则，沉着冷静处理。

一般反应系统紧急停工，分馏尽量维持循环。分馏系统紧急停工，反应系统维持压缩机循环。尽量降低停工损失。

在紧急停工过程中要注意做好物料平衡，防止满罐、液位减空等次生事故发生。

☞ 5. 加氢装置事故处理原则是什么？

①装置一旦发生事故，岗位人员必须立即通知部门领导、装置主管技术人员、值班、当班班长、生产管理部门、消防、气防，按照岗位操作法和事故处理预案，进行紧急初步抢救，控制事故状况，防止事故扩大；②当领导到现场后，在领导的统一指挥下，全力抢救；③无论是着火、爆炸、中毒事故，第一步必须想办法切断危险源，将受伤、中毒人员移至安全地带，进行急救；④抢救过程必须首先保证抢救人员本身的安全，避免事故扩大。装置停电、停机、停水等生产事故应按照“熄炉、停止进料、泄压、首先保设备、保催化剂”的处理原则，沉着冷静处理。⑤当班人员要按重要操作规定中的要求，联系相关人员指导，填写确认记录单。

☞ 6. 原料油中断的现象是什么？

原料油中断的现象有：

反应进料泵停，DCS 联锁报警。反应系统温度有变化，如换热器换热后温度上升，反应器出口温度高，床层温度从前部开始上升等。泵出口流量突然回零。反应进料加热炉联锁熄灭主火嘴。

进装置流量表全部指示为零，边界原料油进装置现场压力大幅下降，进料过滤器压降突降至零，原料缓冲罐液位下降。

☞ 7. 加氢装置原料油中断如何处理？

加氢装置发生原料油中断，班长应立即向作业部和生产管理部值班人员汇报。指挥班组查清原因进行应急处理。如果床层出现超温或飞温事故，按照床层超温或飞温事故预案执行。严格按事故处理原则执行，快速恢复生产。

如果是进料泵故障，则立即开备用泵恢复进料，点加热炉升温。

如果备用泵开不起来，则应迅速关闭出口阀，防止单向阀内漏压力倒串，并按以下步骤处理：

① 用急冷氢控制反应器床层温度；降低新氢压缩机的负荷；注意监控高压系统各塔、罐液位压力，防止串压、超压及塔罐满或空；保持循环氢最大流率，循环降温，床层温度控制在250℃左右；密切监控反应器床层和压缩机运转情况。

② 分馏系统改循环，调整操作。

③ 循环氢改走脱硫塔跨线，维持溶剂循环，保证脱硫系统的正常运转。

④ 故障处理完毕后，重新恢复进料，慢慢提量提温，直到恢复事故前的生产状态。若进料长时间无法恢复，则按正常停工步骤处理。

如新鲜进料中断，联系上游装置，查明原因，如能短时间恢复，降低装置处理量，直至最低负荷；如长时间不能恢复，装置改闭路循环或正常停工。

☞ 8. 反应进料突然中断的原因是什么？

反应进料突然中断的原因如下：

① 联锁启动或晃电引起反应进料泵停机。

② 反应进料泵出口到加氢反应器入口之间的原料大量外漏。

③ 原料油缓冲罐液面过低及其他原因(过滤器及管线堵)使反应进料泵抽空。

④ 仪表失灵造成的假象和误动作。

☞ 9. 加氢装置停仪表风的现象是什么？

加氢装置停仪表风的现象如下：

当仪表风压力降至0.3MPa时，部分高压仪表控制阀失灵，风开阀全关，风关阀全开；当仪表风压力小于0.14MPa时，全部仪表控制阀失去作用，风开阀全关，风关阀全开，炉出口温度将降低。

由于联锁作用，反应系统进料切断，加热炉熄灭；有的装置，长明灯因瓦斯压力控制阀关闭后，也将因瓦斯压力下降后出现联锁。分馏加热炉因流量低低联锁熄炉。

一般停仪表风后，各控制阀所处位置是安保位置。

☞ 10. 加氢装置停仪表风如何处理？

① 一般净化风供风压力在0.50MPa左右，仪表风发生停风，因仪表用风量并不是很大，一套装置用风量只150Nm³/h左右，一般可以维持10min，当仪表风压力下降时，应及时联系调度，问清原因，要求尽快恢复正常供风，同时要求外操对装置现场仪表风压力低进行确认检查，如氮气系统压力高，可立即接胶皮管向净化风系统补氮，维持操作。

② 若是由于仪表风线破裂或阀门误开、法兰误松开而引起风压下降，则应安排外操将破损处切除，该供风区域按停工处理，其他部位尽量维持正常生产。

③ 若由于供风系统问题，风压继续下降，导致液面、压力、流量控制失灵，则按紧急停工处理。风压低于仪表要求最低风压后，风开阀全关、风关阀全开，装置将处于停工状态，外操需要到现场关闭高压进料泵、注水泵、溶剂进料泵等出口阀，关闭反应加热炉和分馏加热炉入炉瓦斯阀，现场稍打开废氢进行排放，保持系统介质流动，避免床层局部过热和飞温。

④ 注意监控高分、循环氢脱硫塔等液位、压力，视液面情况关闭现场紧急切断阀、控制阀和截止阀。

⑤ 安排外操对装置各塔、容器的液位、压力进行全面检查，严防窜油、窜压。

⑥ 联系值班人员、领导、生产管理部门，产品改线。

☞ 11. 加氢装置瞬间停电现象有哪些？

加氢装置瞬间停电现象如下：

部分泵、压缩机、空冷风机、空气预热器风机停运；停运的机泵、压缩机出口流量指示为零或低流量报警；停运的机泵、压缩机停车报警；相关联锁动作；非机泵驱动的流量仍然保持，特别是加热炉，如果联锁未投，因瓦斯没有切断，加热炉出口温度升高。

☞ 12. 加氢装置瞬间停电如何处理？

加氢装置瞬间停电应按以下步骤处理：

① 内操要密切注意反应器床层温度，高分液面严密监控，防止液面压空、满罐；内操联锁复位后，外操首先紧急启动循环氢压缩机、进料泵，恢复氢气循环，保护催化剂；

② 如长明灯未熄灭，加热炉重新点炉升温；

③ 紧急启动新氢压缩机、泵、空冷和风机，将各控制点改手动；

④ 及时调节各容器和塔的压力和液面；

⑤ 将产品改走不合格线。

☞ 13. 加氢装置长时间停电的现象是什么？

加氢装置长时间停电的现象如下：

装置所有机泵停运；机泵出口流量指示为零；照明灯除应急灯外全部熄灭；加热炉因联锁熄炉；所有机泵空冷停止运转，照明全灭，指示灯信号灭，因停电而导致停水、停汽、停风；UPS系统启动，室内DCS可以维持30min。

☞ 14. 加氢装置长时间停电如何处理？

加氢装置长时间停电应按以下步骤处理：

① 装置发生停电后，立即向作业部值班人员和生产管理部汇报情况。要求外操有专人对循环氢压缩机进行盘车，保护大机组的安全；打开排废氢的阀门，保持氢气流量，保持反应器床层有气体流动，如果反应器床层温度得到控制，系统泄压至一定压力后停止排放废氢和外来氢的补入；内操在主控室内将温控改手

动操作，把燃料气控制阀关死，同时告知外操，现场关加热炉瓦斯火嘴、长明灯的阀门，开大烟道挡板降温，如果炉膛温度过高，通入1.0MPa蒸汽降温；监控压缩机和高压系统各压力、温度点，发现异常立即汇报班长并采取措施。

② 内操要加强与外操的联系，控制好热高分、冷高分的液面，循环氢脱硫塔底液面，防止由于高分、循环氢脱硫塔液面过低，导致高压窜低压事故的发生。

③ 内操要控制好各塔、容器的液位，根据实际情况判断是否关闭各塔、容器的液控阀，避免塔、容器的液位有大的波动，如各回流罐液面超高，可排地下罐，排液时应注意安全，人站上风口。

④ 外操有专人盯高分现场的实际液位，加强与内操的联系，调节高分液位，控制好高分液位的平稳，外操到现场关闭各停运泵的出口阀，进料泵、贫溶剂泵、注水泵应优先。

⑤ 内操联系生产调度，通知外操更改酸性气流程，循环氢、低分气、燃料气改走脱硫塔跨线，低分气、燃料气改后路流程，并保持各脱硫塔内压力和液面。

⑥ 外操停汽提蒸汽，就地放空，关闭精制柴油出装置阀门，改走不合格线出装置。

⑦ 联系调度，了解停电原因，根据停电时间长短决定采取停工措施，还是等待来电。

⑧ 当恢复来电之后，要先将反应系统用氮气充压，再开循环压缩机。

☞ 15. 加氢装置循环氢中断为什么要紧急降压处理？

加氢精制装置大部分的反应热是被循环氢气体携带出反应器的。正常情况下，循环氢气体控制着反应速率，如果循环氢压缩机故障停机，加氢精制装置就会失去排放反应热的能力，如果不紧急降压处理，油和氢气就会在反应器内发生反应，产生“飞温”现象。由于加氢反应是属于体积缩小反应，提高系统压力有利于反应向正方向进行，而加氢压力的影响是通过氢分压来实现的。所以紧急降压可使氢分压降低，反应向正方向进行速度减慢，迫使床层温度迅速降低，避免“飞温”现象的发生。

☞ **16. 停循环氢压缩机的现象有哪些？如何处理？**

（1）停循环氢压缩机的现象：

① 装置事故报警声响，相关联锁动作。

② 循环氢流量指示为零。

③ 反应炉出口温度迅速上升，燃料气量大幅下降。

④ 反应器床层温度上升。

（2）处理方法：

① 循环氢压缩机停后，联锁动作，反应进料加热炉熄主火嘴，进料泵停，及时将信息通报给生产管理部门。

② 到现场关闭反应进料加热炉的燃料气主火嘴前的截止阀，原料泵出口阀。

③ 迅速重新启动一次，如果启动成功则立即启动进料泵，恢复进料和点火升温，恢复正常；

④ 注意热高分、冷高分压力和液位、界位，手动控制，严防高压窜低压。

⑤ 如果无法启动则保持新氢机运行，手动操作，维持系统有氢气流动，防止床层超温。注意反应器床层温度，保持床层内有气体流过，以免超温，通过排废氢的阀门泄压。

⑥ 关精制柴油、粗汽油出装置阀门，改走不合格线，适当降低分馏塔的塔底温度，停注水泵、阻垢剂泵，停脱硫化氢汽提塔的汽提蒸汽。

⑦ 将酸性气改走火炬，循环氢、低分气、燃料气改走跨线，维持溶剂循环，低分气、燃料气放火炬，并保持各脱硫塔内压力和液面。

⑧ 蒸汽发生器放空阀打开，将蒸汽改出管网，防止蒸汽带水。

⑨ 当床层温度平稳后，停止降低反应系统压力。

☞ 17. 循环氢带液的现象及应急处理措施是什么？

（1）现象：

① 循环氢压缩机有较大响声。

② 循环氢压缩机出入口压差增大。

③ 循环氢分液罐液位升高。

④ 循环氢流量指示上升。

⑤ 高压分离器液位较高。

（2）处理措施：

① 班长立即汇报作业部值班人员。正确判断事故原因，指挥班组果断处理事故。

② 内操检查高压分离器入口温度，如大于45℃，增开反应空冷。注意观察高分液位，控制50%±5%。注意监控压缩机汽缸温度和循环氢出入口压差，及时汇报班长。加强室内监控，保持操作平稳。

③ 外操佩戴空气呼吸器，打开循环氢分液罐切液阀，视液体流量大小缓慢开阀，不要开太大。压缩机无响声时关闭，检查实际液位，保持液位在10%以下。检查压缩机现场指示是否正常，及时汇报班长。配合内操增开反应空冷，检查高分液位、界位是否正常。问题长时间不能解决，装置按紧急停工处理。

☞ 18. 停新氢压缩机的事故现象有哪些？如何处理？

（1）停新氢压缩机事故的现象：

① 供氢量突然减少，新氢压力下降，新氢流量指示为零。

② 反应器入口温度波动，有所上升。

③ 系统压力下降。

④ 新氢压缩机停机报警，各级压力异常。

（2）处理方法：

① 如果是某台压缩机故障，可通过切换备用机来恢复正常生产。

② 如果二台新氢机全都故障，其他新氢也无法供应时，则按以下步骤处理。

③ 内操将反应炉温控改手动操作，降低反应器入口温度、降低装置进料量。

④ 通知外操去现场装置改大循环操作，打开产品改去不合格线阀门，关闭精制柴油出装置阀门。

⑤ 降低脱硫化氢汽提塔的汽提蒸汽量，停注水泵、阻垢剂泵。

⑥ 循环氢继续循环，尽量维持系统压力，如压力下降至循环氢压缩机的最低运行压力时，系统充氮气维持操作。

⑦ 循环氢改走跨线，维持溶剂循环，脱前低分气、脱前燃料气放火炬，保证脱硫系统的正常运转。

⑧ 蒸汽发生器的放空阀打开，防止蒸汽带水。

⑨ 如果新氢长时间供应不上，联系生产管理部门将装置停工处理。

☞ 19. 新氢中断如何处理？

新氢部分中断时，由于新氢减少，反应系统压力会下降，应及时调整反应进料和反应温度，根据新氢减少的变化，将进料量调整到和供氢相平衡，维持低负荷操作。如果补充氢气大量减少，当氢耗大于补充氢能力时，压力会迅速下降。随着系统压力的减小，循环氢压缩机的能力将降低，反应温度的控制将变得更加困难，此时必须立即停止进料。具体处理方法如下：

（1）班长立即向值班人员和生产管理部汇报。指挥班组查清原因进行应急处理。如果外来氢气部分中断，降低反应温度以降低氢耗，尽快恢复反应压力。在压力恢复正常后，根据可利用的氢量调节反应温度。

（2）如果补充氢完全中断，则必须停车。尽快降低反应温度并切断进料，按正常停车程序进行。尽量减少反应器部分的压力损失。

（3）如果补充氢气压缩机停机（例如，电力骤降），但压缩机能立即重新启动，则装置不必停车。尽快降低温度和原料量，使氢耗最小。补充氢气压缩机重启并尽可能恢复系统压力。

（4）如果在压缩机重启前高压分离器的压力降至过低，则装置必须停车，以避免造成催化剂的过度结焦和失活。

☞ 20. 新氢带液的现象及应急处理措施是什么？

（1）现象：

① 新氢压缩机有较大响声，出入口压差增大。

② 室内汽缸温度升高。

（2）处理措施：

① 班长立即向生产管理部汇报带液情况。指挥班组进行应急处理，长时间不能解决按紧急停工处理。

② 内操重点监控压缩机汽缸温度和其他各温度点。适当降低处理量，手动开大高分压控阀。加强室内监控新氢压缩机入口缓冲罐液位，保持平稳生产。

③ 外操打开新氢压缩机入口缓冲罐底部切液阀，进行切液。加强室外巡检，检查压缩机现场各温度压力点是否有异常，检查压缩机是否有泄漏情况，并及时汇报班长。若长时间不能恢复或有氢气泄漏情况，按紧急停工处理。

☞ 21. 加氢装置停循环水有哪些现象？

加氢装置停循环水现象如下：

循环水压力、流量降低；被冷却介质温度升高；由于机泵的冷却循环水停，轴承、轴瓦温度升高；大机组的润滑油、密封油温度上升，造成新氢压缩机、循环氢压缩机、高压进料泵连锁停机。

☞ 22. 加氢装置循环水中断如何处理？

加氢装置循环水中断应按以下步骤处理：

① 汇报生产管理部门、部领导和值班人员，装置按紧急停

工处理。

② 内操将反应炉、分馏炉温控改手动操作，关闭燃料气流控阀。通知外操到现场关闭反应炉、分馏炉燃料气流控阀及主火嘴阀门，同时关闭长明灯阀，停空气预热器，打开加热炉烟道挡板和风道快开门，炉膛吹入蒸汽降温。

③ 外操去现场停用所有运行泵，关闭出口阀。

④ 外操将脱硫塔的原料气甩开，保持各塔液面不要被压空。

⑤ 内操监控临氢系统压力要保持正压，如压力较低，床层仍有较高温度，则通知外操在压缩机入口可充入氮气降温。

⑥ 装置泄压后，内操要注意高分、低分的压力和液面，防止液面过高或被压空，防止高压窜低压。

⑦ 待公用工程部供水作业区恢复循环水后，按正常开工步骤先开分馏，后开反应，再开脱硫系统。

☞ 23. 加氢装置停蒸汽有哪些现象？

加氢装置停蒸汽现象如下：

蒸汽管网压力、流量指示下降，蒸汽驱动的循环氢压缩机转速骤降甚至停运，循环氢流量骤降。随着循环氢压缩机停运，装置事故报警声响，相关联锁动作。汽提蒸汽流量下降。

☞ 24. 当循环氢用 1.0MPa 蒸汽停时如何处理？

停 0.1MPa 蒸汽时应按以下步骤处理：

① 内操在主控室内将反应炉温控改手动操作，把燃料气控制阀关死，反应炉熄火，同时将反应进料流控、加氢高分压控改手动操作，关闭加氢进料流控阀，联系生产管理部门、油品车间停止向加氢供料。稍打开高分排废氢阀，保持反应系统有气体流动降温，同时外操现场高分压控处有人监控高分实际压力及液位，加强与内操联系，及时调整高分压力、液位的稳定。

② 通知外操到现场关闭燃料气流控阀，检查反应炉炉膛情况，保持长明灯燃烧，同时关闭主火嘴手阀，关闭加氢进料泵出

口阀。

③ 新氢压缩机连续运行，系统适当泄压，待反应器床层温度下降后，停新氢压缩机。

④ 内操要注意热高分压力和液位，严防高压窜低压或生成油满至冷高分。

⑤ 通知外操分馏系统改循环操作，关闭精制柴油出装置阀门，改走不合格线出装置。关闭汽提塔底汽提蒸汽阀门，打开放空阀排凝。循环氢脱硫塔将原料气切出，脱硫系统保持溶剂循环。

⑥ 联系生产管理部门查明停汽原因，如果长时间不能恢复供汽，则按停工步骤处理。

☞ 25. 仪表 UPS 失电如何处理？

UPS 是不间断备用电源（蓄电池）的英文缩写。UPS 的作用是：在主电路供电时，起稳压作用；在主电路故障或停电时，电路自动切换到 UPS，由 UPS 供电，UPS 一般能正常供电 20～30min。20～30min 后，UPS 放电完毕，计算机、仪表停电，室内计算机显示器关闭，现场一次表回零，控制阀风关阀全开，风开阀全关。压缩机仪表盘停电，压缩机停运。FCS 停电，当 UPS 失电后，做如下处理：①联系电气检查 UPS，尽快恢复仪表供电；②要求外操关闭紧急泄压阀的上、下游截止阀，保持排废氢的副线阀打开，保证床层的流动，同时向生产管理部门及时汇报；③装置按紧急停工处理，外操要密切注意高分的液位、界位，防止高压窜低压；④UPS 送电后逐渐恢复正常操作；⑤在事故处理过程中，要防止冒罐、满塔、循环氢带液、高分液面压空等事故的发生。

☞ 26. DCS 常见的故障现象有哪些？

DCS 常见的故障现象如下：

① 一个或几个操作站出现死屏现象，控制系统正常运行，

各操作参数运行正常；键盘和鼠标无法对操作参数进行调节。

② 部分或全部操作参数通讯中断，不显示或不更新。

③ DCS 死机或 UPS 供电中断，控制系统全面崩溃。

☞ 27. DCS 故障如何处理？

DCS 故障处理步骤如下：

① 当 DCS 因各种原因造成操作工无法看到操作画面进行调节时，一方面要迅速联系仪表处理，另一方面要马上报告生产调度和装置领导，更重要的是各岗位要采取灵活有效的处理措施；

② 如果仅仅是几台 DCS 不能显示，可切换到其他屏幕操作；外操加强重要参数的检查校对；

③ 如果部分操作参数通讯中断，不显示或不更新，应加强现场参数监控，根据现场情况采取适当措施，并及时联系专业人员进行处理。

④ 如果全部操作参数通讯中断，不显示或不更新，应根据现场调节阀动作情况判断是否操作系统全面崩溃，如控制阀运行正常，则说明控制系统仍在运行，加强现场重要参数监控，情况危急时应紧急停工。这时应利用手阀操作。

⑤ 如果发生 DCS 死机，操作系统崩溃，控制阀失灵，应立即采取紧急停工处理，按紧急泄压阀，熄炉、停进料、停循环氢压缩机和新氢压缩机；现场有专人监测高分的液面及压力，严防超压和反应器超温，要保持催化剂床层有气体流动。

☞ 28. DCS 操作站（或控制站）出现故障的应急处理程序是什么？

应急处理程序如下：

① 及时联系仪表人员查找和处理 DCS 操作站（或控制站）出现的问题。

② 在仪表人员维修处理 DCS 操作站故障时，各岗位操作做如下调整。

③ 各加热炉烟道挡板开度适宜，注意保持炉膛负压稳定，瓦斯流控副线适度打开，防止 DCS 操作故障引起炉子熄火，发生炉子爆炸事故。

④ 相关控制回路改副线操作。

⑤ 各容器、塔的液位、界位现场有专人监视。

⑥ 重要温度、流量参数联系仪表人员现场监测。

⑦ 在处理过程中，注意保持与仪表维修人员的联系，各岗位操作人员应对各控制回路的阀门开度做到心中有数。

⑧ DCS 操作站故障严重导致无法维持正常生产时，应汇报车间、调度，装置按停工处理。

⑨ DCS 操作站故障处理完毕后，各岗位尽快恢复正常状态，同时加强与 DCS 操作站维修人员的联系，注意观察操作站恢复后的运行状态，确认各部位是否正常运行。

☞ 29. 系统联锁自保出现故障的现象及处理措施是什么？

（1）现象：

① 室内联锁控制台红灯亮，但所有操作参数正常。

② 室内联锁参数超标，但联锁没有启动。

③ 室内联锁参数正常，但联锁已经启动。

（2）处理措施：

班长立即向作业部及生产管理部汇报。并安排人员到现场检查、复位。如联锁已启动，按紧急停工处理。如联锁没有启动，但室内联锁信号报警，按具体联锁信号进行相应处理。

内操联系仪表、电工等有关单位检查修理。重点监控压缩机、加热炉、进料泵等带联锁的参数，加强监控，确保平稳生产。

☞ 30. 装置紧急泄压阀打开后，除临氢系统压力急剧下降外，还将发生哪些现象？

现象如下：

① 因循环压缩机入口压力急剧下降，循环氢排量将会急剧

下降。但因进料泵同时停运，系统阻力降下降，循环机出口流量可能不会出现大幅下降的现象，甚至可能上升。

② 因系统急速泄压，气流速度加快，反应器、换热器等内部的液体被高速带出，同时高分压力下降，高分等部位会出现瞬间的液位超高，随进料中断，后又逐渐下降。

③ 高压空冷器出口温度因气流速度太快，无法及时冷却，循环机入口也因高分等部位停留时间短、液位高等原因，导致分液罐液位快速上升，甚至带液。

④ 除反应系统外，和低压瓦斯管线相连的压力容器因后路压力急剧上升，将发生排气困难，甚至压力倒窜现象。

⑤ 紧急泄压后路管线如不畅通，将发生憋压、超压事故。在畅通的情况下，如果管线弯头过多，原管线存在积液现象，则将发生严重的液击现象、管线振动、异常噪音、管线移位等异常现象。

☞ 31. 紧急泄压阀误动作如何处理？

紧急泄压阀误动作应按以下步骤处理：

① 立即通知生产管理部门、有关领导和技术人员；

② 装置紧急泄压阀误动作后处理首要的工作是内操联锁复位后手动关闭该阀，如为现场误动作，外操现场关闭紧急泄压阀，避免压力进一步下降；

③ 高分压力控制系统改手动控制，防止新氢量大幅上升后导致供氢系统管网压力大幅下降，扩大事故范围；

④ 如果发生机泵和加热炉联锁熄炉，要按规程先关闭进料控制阀和加热炉主瓦斯阀及现场泵出口阀和入炉切断阀，确认循环压缩机运行正常后紧急启动进料泵，并对加热炉进行点火，紧急恢复生产；

⑤ 在外操恢复生产时，内操需要注意循环压缩机的运行工况，防止发生因入口压力急剧降低产生离心压缩机喘振；

⑥ 高分等液位要手动控制，防止出现满罐或高压窜低压，

冷高分等部位注意不要超温，离心压缩机不要带液，如转速太高，可适当降低转速；

⑦ 分馏系统在反应系统恢复生产时可部分循环，等待高分正常后打通流程。一般这类事故处理很快，可视处理速度决定是否改循环；

⑧ 如该阀放空时间长，需要注意防止各低压系统通过压控窜压、憋压，注意低压瓦斯系统管线的振动情况，低压瓦斯缓冲罐有液位需要立即拉空。发现有液击现象要立即排凝。

☞ 32. 加氢装置停燃料气(油)的现象是什么?

加氢装置停燃料气(油)的现象如下：

燃料流量及压力指示同时下降。引发各加热炉出口温度下降，甚至引起联锁停炉。

☞ 33. 加氢装置停燃料气(油)如何处理?

加氢装置停燃料气(油)应按下述处理：

发现燃料气压力低，应立即联系恢复供应。反应降量维持低负荷运行，直到燃料压力恢复为止。反应系统降量至最低量时，如燃料供应不能恢复，停止进料，维持循环氢循环。

设油气两用(种)火嘴的，停燃料气后改燃料油火嘴，停燃料油后改燃料气火嘴，维持生产。

☞ 34. 高压氮气中断的现象及处理措施是什么?

(1) 现象：

① 高压氮气流量指示、压力指示回零。

② 压缩机加载器失灵。

(2) 处理措施：

① 班长及时汇报情况，及时供给氮气。一旦发生压缩机停机事故，压缩机将无法加载，必须紧急停工。

② 内操重点监控压缩机各联锁参数，以免压缩机停车导致停工。加强氮气压力和流量的监视，联系仪表校验高压氮气流量

计和压力表。加强室内监控，保持操作平稳。

③ 外操到现场检查压缩机和氮气流程是否正确，是否有堵塞现象。检查现场高压氮气流量计和压力表指示是否与室内相同。鉴定氮气压力是否正常，如发现压力表坏，可换新表。加强巡检，密切注意压缩机的运转情况，防止停机。

☞ **35. 低压氮气中断的现象及处理措施是什么？**

（1）现象：

① 低压氮气流量及压力指示回零。

② 压缩机低压氮气中断。

（2）处理措施：

① 班长立即汇报并联系生产管理部恢复低压氮气。加强压缩机的巡检监控，维持生产。

② 内操联系仪表校验低压氮气流量计和压力表，加强压缩机各参数的监控。

③ 外操检查现场低压氮气流量计和压力表指示是否与室内相同。加强巡检，密切注意压缩机的运转情况，防止氢气泄漏。

第三章　工艺过程应急处理

☞ 1. 加氢装置事故处理的工艺原则是什么？

加氢装置事故处理的工艺原则如下：

保护好催化剂，严防超温、结焦及污染。床层保持流体流动。循环氢压缩机停机时要防止氢气倒串。及时改大循环或将产品改至不合格线，不要污染成品罐。处理事故要尽可能避免重大污染事故的发生。事故排除后应尽快恢复生产。在事故处理的过程中，要加强与上下游相关装置的联系，减少对其他装置的影响。

☞ 2. 原料油性质对加氢精制有什么影响？

原料油的性质决定加氢精制的反应方向和放出热量的大小，它是决定氢油比和反应温度的主要依据。原料油中烯烃含量和干点上升，会加速催化剂的结焦；杂质含量特别是氮含量上升，则要降低空速或提高温度以保证精制产品质量；烯烃和硫化物因反应热大，温升高，耗氢大，要适当提高氢油比。

☞ 3. 原料带水系统有何现象？如何调整？

加氢原料在进装置前要脱除明水，原料中含水有下面几个危害：①引起加热炉操作波动，炉出口温度不稳，反应温度随之波动，燃料耗量增加，产品质量受到影响；②原料中大量水汽化引起系统压力变化，恶化各控制回路的运行；③对催化剂造成危害，高温操作的催化剂如果长时间接触水分，容易引起催化剂表面活性金属组分的老化聚集，活性下降，强度下降，催化剂发生粉化现象，堵塞反应器。水的汽化潜热很大，而且水汽化后体积增加很大。

原料大量带水会出现如下现象：①加热炉负荷增大；②系统压力上升且波动；③高压分离器界面上升；④原料换热温度降低。

出现原料带水后，应：①联系厂调度立即切换油罐，加强脱水工作；②注意加强原料罐脱水，并控制好界面液位；③平稳反应压力、温度，尽量减小原料带水造成的影响；④如果原料含水大于300μg/g(以分析为准)，再检查另一个试样，原料含水确实大于300μg/g，而且操作上波动厉害，有危及装置安全的危险，则紧急降温降量直至切断进料，按“新鲜进料中断”方案处理。

☞ 4. 原料油性质对催化剂寿命有什么影响？

原料油性质对催化剂寿命的影响如下：

① 初馏点：初馏点升高，黏度大，杂质和非理想组分多，催化剂容易结焦，寿命缩短。

② 金属化合物(主要是Fe、V和Ni化合物)含量：金属化合物含量升高时，催化剂床层的压降加速上升，寿命缩短。

③ 盐(Na盐和氯化物)含量：钠含量升高，容易使催化剂中毒。

④ 残炭含量：残炭含量升高，表明其结焦物多，从而对催化剂活性发挥不利。

⑤ 黏度：黏度增大，不利于原料在床层的分布和传质扩散，容易引起压降脉动，对催化剂不利。

☞ 5. 为什么原料油需要隔离空气？

从原料罐区送来的原料，不论是直馏的还是二次加工的，在储罐中均需要保护，保护的作用是防止接触空气中的氧。研究表明，在存储时原料油中的芳香硫醇氧化产生的硫磺可与吡咯发生缩合反应产生沉渣；烯烃与氧可以发生反应形成氧化产物，氧化产物又可以与含硫、氮、氧的活性杂原子化合物发生聚合反应而形成沉渣。沉渣是结焦的前驱物，它们容易在下游设备中较高温部位（如生成油/原料油换热器及反应器顶部）进一步缩合结焦，造成反应器和系统压降升高、换热器换热效果下降等。因此，防止原料油与氧气接触，是避免和减少换热器和催化剂床层顶部结焦的十分必要的措施。原料油保护的方法主要有惰性气体保护和内浮顶储罐保护。惰性气体保护是用不含氧的气体充满油面以上，使原料油与氧气隔离。一般用氮气做保护气，也可以用炼厂的瓦斯气作保护气。装置运行期间应对原料油保护气进行定期采样分析氧含量。为达到良好的保护效果，惰性气体中的氧含量应低于5μL/L。

☞ 6. 反冲洗过滤器有何作用？

因原料中含有各种杂质，进到装置后一方面会使换热器或其他设备结垢或堵塞，增加设备的压力降及降低换热器的换热效果，更重要的是会污染催化剂或使催化剂结垢、结焦，降低活性（床层压力降增大），缩短运转周期等。所以原料在进装置前必须过滤，采用能够除去25μm固体颗粒的过滤器，基本完全过滤掉原料油中的机械杂质和锈焊渣等杂质，同时也可以过滤掉一部分大相对分子质量的胶质、沥青质及焦炭等物质，防止进入反应器，起到保护催化剂的作用。

☞ 7. 原料油缓冲罐进料中断如何处理？

处理：①启动备用泵；②联系有关单位恢复正常供应原料；③液控故障时，用副线调节并联系仪表工处理；④若以上措施无效且原料油缓冲罐液面过低，无法维持生产时，加氢改循环操作：内操通知外操分馏系统改循环操作，关闭精制柴油出装置阀门，改走不合格线出装置。循环氢脱硫塔将原料气切出脱硫系统保持溶剂循环，内操将反应炉出口温控改手动，反应器入口温度降至230℃。内操视高分废氢排放量，逐渐减少新氢流量，维持系统压力正常或稍低。通知外操关闭汽提蒸汽阀门，打开放空排凝。外操停汽提塔顶注水泵，关闭出入口阀门，冬季做好防冻防凝工作。内操控制好各容器的压力、液面、界面。

☞ 8. 原料罐底部泄漏事故如何处理?

原料罐底部泄漏事故应按下述方法处理:

①立即向生产管理部门、部领导、值班人员汇报;装置按紧急停工处理。②联系油品车间停副加氢原料泵,内操将原料罐液控阀改手动操作,关闭原料液控阀,并通知外操去现场关闭原料液控阀前后截止阀。③通知外操关闭罐区明沟排水闸阀和下水井闸阀,防止泄漏油品外流。④联系生产管理部门,加氢反应生成油改去不合格线,分馏系统改循环降温操作。内操视原料罐液面,将反应炉出口温控改手动,逐渐降低反应炉出口温度。通知外操停加氢原料泵,同时停反应注水泵,关闭泵出入口阀门,打开反应生成油去油品不合格线阀,同时打开分馏系统循环阀,关闭精制柴油出装置线阀。循环氢脱硫塔将原料气切出,脱硫系统循环降温操作。⑤内操视高分废氢排放量逐渐减少新氢流量,维持系统压力正常或稍低。⑥当反应器床层温度低于200℃时,反应炉熄火,通知外操关闭燃料气流控阀及火嘴阀,长明灯也熄火,停空气预热器,打开烟道挡板和风道快开门。停新氢压缩机,关闭压缩机出入口阀门,循环氢压缩机继续循环降温。⑦分馏系统改循环操作后,根据情况可适当降低分馏炉出口温度,内操要调整好各塔、容器液面和压力,保持稳定。⑧做好油品回收工作,必要时联系消防人员配合。

☞ 9. 原料油过滤器短路的危害是什么?

①原料油过滤器的作用是为了过滤油中的颗粒杂质,尤其是对加工二次加工油的装置,原料中颗粒杂质较多;②当原料油过滤器短路后,原料将在高压换热器处结焦,堵塞换热器,降低换热效率;③另外,颗粒性杂质进入反应器后,将沉积在床层内部,增加了反应器压降;④为保证装置平稳、高效运行,要防止原料油过滤器短路。

☞ **10. 影响高压进料泵入口缓冲罐液位的因素有哪些？如何调整？**

影响因素：①高压进料泵流量变化或泵故障；②进罐流量的变化；③反冲洗过滤器故障；④仪表失灵；⑤原料罐压力波动。

查清原因，分别处理：①联系原料罐区，调节入罐流量；②仪表失灵立即改手动，控制好正常液面，并通知仪表工处理；③稳定原料罐压力；④稳定进料泵出口流量，同时检查高压泵运行情况，有问题联系处理。

☞ **11. 影响循环氢量的因素有哪些？如何调整？**

影响循环氢量的因素较多，主要有下面几个：循环机自身排量的变化，新氢机排出量的变化，循环氢旁路流量控制的变化，换热器内漏，反应系统压力变化，循环氢纯度降低，反应系统压差上升，循环氢量降低，反应深度波动。

调节方法：查明原因，调节循环机的出口流量和循环氢旁路流量，如果需要调节转速增加循环氢总量，可以适当提高循氢机的转速(一般不用，因循环氢流量在整个运转周期内应保持恒定，并且经常改变压缩机的操作条件是不允许的。但为了防止主汽门长时间不动出现结垢，应定期活动)，并检查影响效率的原因，及时上报处理。控制好系统压力在设计指标内，适当排放高分尾气，保证循环氢纯度。如果发现换热器已内漏，应及时上报处理。

循环氢流量在整个系统生产运行中，要尽可能保持恒定，没有特殊原因尽可能不要改变循氢机的操作。

☞ **12. 影响循环氢纯度的因素有哪些？如何调整？循环氢纯度低有何危害？**

引起循环氢纯度变化的因素有：①精制反应温度上升，纯度下降；②新氢流量降低，纯度下降；③原料氮含量升高，纯度下降；④新氢纯度变化；⑤换热器内漏；⑥高分温度变化；⑦反应注水量的变化。

提高循环氢纯度手段：①控制好精制反应器流出物的氮含量；②调节补充新氢；③控制好高压分离器的温度；④保证反应注水量；⑤装置一般不作循环氢纯度的调节，如果循环氢纯度低于85%，则从装置中排出部分废氢。

循环氢的纯度低会导致系统的氢分压下降，使得加氢反应困难而脱氢反应容易，结果是催化剂结炭速度增加，应及时地排尾气，补充新氢，同时分析造成循环氢纯度下降的原因，并针对原因做相应的处理。

☞ 13. 加工硫含量低的原料时，循环氢中硫化氢浓度有何指标？低于指标如何处理？

正常操作时，反应系统循环氢中硫化氢浓度控制不小于300μL/L。这是因为加氢装置所用催化剂的活性金属组分在硫化态时活性最高，因此催化剂在正常使用时是以硫化态形式存在的。使用过程中催化剂上形成硫化物的硫元素与循环氢中的硫化氢达到平衡，保证了催化剂上高价位金属硫化物形态。当循环氢中硫化氢含量过低（小于300μL/L）时，这种平衡被打破，氢将催化剂上的金属硫化物还原成低价位金属，甚至还原成单质金属，使催化剂活性丧失。为了避免金属硫化氢被氢还原，故而要求反应系统循环氢中硫化氢浓度控制不小于300μL/L。

☞ 14. 循环氢脱硫控制指标有多少？影响因素有哪些？如何调节？

为保护催化剂，要求循环氢中硫化氢含量最低不能小于300μL/L，设置循环氢脱硫的目的是加工高含硫油后，循环氢中的硫化氢浓度一般都超过了2%（一般循环氢中硫化氢含量超过2%，建议设循环氢脱硫），降低了氢分压，对脱硫反应和芳烃饱和反应有一定抑制作用，同时对设备的腐蚀加剧。因此，加工高含硫油的加氢装置一般都设有循环氢脱硫系统。经过脱硫后，一般要求循环氢中硫化氢的浓度在500～1000μL/L，但在实际操作中并不容易实现，循环氢中基本已无硫化氢。不过，通过与中国石化抚顺石油化工研究院和中国石化石油化工科学研究院交流，均认为加工高含硫油的装置循环氢中可以允许没有硫化氢存在，含硫的原料可以提供足够的硫化氢，对催化剂没有负面影响。

影响因素：①胺液循环量变化；②塔压、温度变化；③塔内实际液面的变化；④循环氢进料流量变化；⑤胺液再生效果变差。

调节方法：①调整胺液循环量；②调整脱硫塔温度、压力；③调节塔液面；④稳定进料量；⑤改善再生效果。

☞ 15. 系统中的一氧化碳、二氧化碳来源有哪些？有何危害？

加氢装置循环氢中的一氧化碳和二氧化碳主要有下面几个来源：①制氢氢气携带进入反应系统；②原料中的水和催化剂表面的积炭反应生成一氧化碳和二氧化碳（当原料水含量很小时基本不发生该反应）；③原料罐保护气含有的一氧化碳和二氧化碳溶解在油中进入反应系统；④原料油中掺炼焦化蜡油，焦化过程产生的一氧化碳、二氧化碳溶解在焦化蜡油中，随焦化蜡油一起进入反应系统。

一氧化碳和二氧化碳对系统有下面几点影响：①二氧化碳加氢转化为一氧化碳。该反应为吸热反应，在加氢条件下有利于向正方向进行，从而造成循环氢中一氧化碳浓度比二氧化碳浓度高。②在含镍或钴催化剂的作用下，一氧化碳和二氧化碳与氢气在200～350℃条件下反应生成甲烷，同时放出大量热量。甲烷化反应产生的热使反应器内催化剂床层温升过高，温度分布不匀，恶化装置操作。③一氧化碳和二氧化碳和氢气在催化剂活性中心发生竞争吸附，影响加氢活性中心的利用。一氧化碳可能与催化剂上的金属组分形成有毒的、易挥发的羰基化合物而造成催化剂的腐蚀，降低催化剂活性。

$$4CO+Ni \xrightarrow{50℃} Ni(CO)_4 \xrightarrow{230℃} Ni+4CO$$

由于上述反应在低温下较易发生，因而当循环氢中存在一氧化碳时，每次开工都会使催化剂活性受到损失。因为低温下一氧化碳和催化剂上的镍组分反应生成羰基镍，升温后，羰基镍挥发升华，使得催化剂表面裸露出金属镍，金属镍氢解活性非常高，极易引起结焦失活。

☞ 16. 如何判断新氢纯度降低？如何处理？

新氢一般含有氢气、惰性气体和轻烃，其组成主要取决于生产方法。新氢纯度不但对氢分压有直接影响，而且对循环氢纯度和氢耗量有很大影响。新氢纯度的下降意味着新氢中的惰性气体和轻烃组分增加。由于惰性气体(如氮气)在油中的溶解度很低，气液平衡常数小，这些组分会在高分气相中积累。只有当这些组分在气相中的浓度足够高时，才会使高分生成油中溶解的量与新氢带入的量达到平衡，随着高分生成油排出高压系统。因此新氢中带有惰性气体组分时将显著降低循环氢纯度，系统氢分压下降。新氢中的轻烃尤其是甲烷，其溶解度接近惰性气体，这些轻烃随新氢进入装置并在循环氢中积累，使得循环氢纯度降低。无论是制氢来的新氢，还是重整来的新氢，其烃类组分中甲烷的浓度均为最高，其溶解度又最低，因此循环氢中甲烷含量最高。新氢纯度降低后，新氢密度变化较大，孔板流量计显示流量大大增加，一段时间后循环氢总量增加，低分气排气量增加。一般重整氢纯度降低只会导致循环氢纯度降低，而对于制氢氢气纯度降低应考虑供氢中烃类及一氧化碳、二氧化碳含量的升高(一般要求一氧化碳与二氧化碳之和小于30μL/L)，及时调整防止床层温度上升，防止超温事故的发生。

新氢纯度下降处理：①联系调度和供氢单位，查明原因，及时调整；②若制氢装置波动，视情况降低反应器入口及各床层入口温度，以控制床层温度的上升，马上联系制氢装置调整，如短时间内不能恢复，床层温度无法控制，则应请示切断新氢及进料，维持压力和氢气循环；③供氢纯度恢复后，提量、提温应谨慎进行；④如出现超温则按超温处理。

☞ 17. 循环氢带液的原因有哪些？有何危害？如何处理？

由于液体是不可压缩的，液体带入压缩机会对叶轮及机体产生强大冲击，造成叶轮及机体的损坏。循环氢带液导致循环氢压缩机冒烟，严重时会导致循环机震动及故障停机，系统压力升高。循环氢带液会出现如下现象：①循环氢压缩机入口分液罐液面太高，循环氢带液时，循环氢压缩机流量波动，严重时会导致循环氢压缩机震动及故障停机。②系统压力晃动。

原因：高分液面太高或破沫网失效，导致循环氢带油；对于有循环氢脱硫系统的装置，引起带液的原因是脱硫塔液位过高或循环氢带烃导致胺液发泡造成带液。

处理：①把从循氢机入口缓冲罐至冷低分的减压阀开大，迅速将入口分液罐液面调节至正常。②必要时暂停循环氢脱硫塔胺液循环。检查循环氢压缩机进口的伴热蒸汽是否启用。上述因素排除后，循环氢仍然带液，应考虑破沫网失效问题，情况紧急可按停工处理。

☞ 18. 影响热高分、热低分液位的因素是什么？如何调整？

影响低压分离器液位变化因素有：①高分液面变化；②高分压力变化；③热低分压力变化；④脱气塔压力变化；⑤仪表失灵或调节阀故障。调节低压分离器液位的方法有：①控制好热高分液面和压力稳定；②控制热低分压力稳定；③控制脱气塔压力稳定；④仪表失灵立即改手动，控制液面正常，并通知仪表人员处理。

影响热高分液位的因素：①反应条件变化；②进料量变化；③热高分至热低分的流量变化；④仪表失灵；⑤原料与反应产物换热器内漏；⑥高分压力变化；⑦循环氢流量大幅度变化。调节热高分液位方法：①稳定反应条件，保持液面平稳；②进料量保持恒定，保持液面平稳；③利用分程控制，保持热高分至热低分的流量稳定；④仪表失灵立即改手动，控制液面正常，并通知仪表人员处理；⑤换热器内漏需停工处理；⑥平稳热高分压力和循环氢流量。

☞ 19. 高分液位过高或过低有何危害？如何处理？

高压分离器和低压分离器之间是高低压的分界线，高压分离器液位过高危及循环氢压缩机的安全，过低会窜压导致低分爆炸，因此高分液位是一个非常重要的控制参数。通常为了安全起见高分都设置低液位报警及低低液位安全联锁和高液位报警及液位过高安全联锁系统。

如果热高分液位过低，会导致气体因液封不足而被夹带至下游，造成热低分压力波动甚至超压；反应系统压力突然下降，出口管线振动大；分馏进料量猛增，分馏塔压力和液面突然上升。如果热高分液位过高，不会直接造成循环氢压缩机入口带液，但容易造成大量热的液体来不及降温进入冷高分，造成冷高分温度上升。从而引发冷高分循环氢易携带液体，损坏循环氢压缩机。

如果冷高分液位过低会导致气体因液封不足而被夹带至下游，造成冷低分压力波动甚至超压；反应系统压力突然下降，出口管线振动大；分馏进料量猛增，分馏塔压力和液面突然上升。冷高分液位高造成高分顶部分离空间减少，使得循环氢易携带液体，损坏循环氢压缩机。

可能导致高分液位大幅波动的原因有两个：①高分进油量大幅波动或突然中断。②测量仪表或调节阀故障。

在高分液位调节阀不能自动地有效控制高分液位时，处理办法主要是将高分液位改手动操作直到液位正常，或者在情况紧急时人工到现场盯住液面计用调节阀的上下手阀或副线阀控制。

☞ 20. 影响冷高分、冷低分液位的因素是什么？如何调整？

影响冷高分液位变化的因素：①反应深度的变化；②高分去

低分流量的变化；③高压换热器内漏；④界面控制的变化；⑤高分压力的变化，循环氢量的大幅改动；⑥高压空冷出口器温度变化；⑦仪表失灵；⑧反应器进料量变化。调节冷高分液位的方法：①根据反应温度、低分气排放量及分馏参数等判断转化率是否合适，调整转化率至正常；②调节高分至低分的流量；③平稳循环氢流量，稳定系统压力；④稳定高分界位至正常值；⑤如果确认换热器内漏，则停工修理；⑥仪表失灵，立即改手动，控制在正常液面，并通知仪表工处理；⑦密切注意原料油，并做相应处理。

影响冷低分液位的因素：①冷高分液面变化；②冷低分压力的变化；③冷低分界面变化；④脱气塔压力的变化；⑤仪表失灵或调节阀的故障；⑥热高分温度、压力变化。调节冷低分液位的方法：①稳定冷高分的排出量；②控制好冷低分压力和界面；③稳定热高分温度和压力；④联系脱气塔的操作，以维持背压稳定；⑤仪表失灵，立即改手动，控制在正常液面，并通知仪表工处理。

☞ 21. 高压分离器液位指示一般有几台？为什么？

高压分离器的安全运行是加氢装置安全运行的重要环节之一，热高分、冷高分液位控制一旦失灵，可能造成高压气体窜至低压系统，导致恶性事故的发生。为提高测量仪表的可靠性，一般冷高压分离器有三台液位指示：两台高分沉筒液位指示(或其中一台为较大测量范围的差压液面计)和一台现场玻璃板或磁浮子，三台仪表相互对照操作。热高分一般是两台沉筒液位指示，一旦其中一套变送器发生故障时，可凭借另一台继续实现控制操作。高分液位指示准确至关重要，准确的高分液位可以为避免高压窜低压提供保证，因此设计时选择两到三台仪表。为避免高压窜低压和循环氢带液，还设有高分液位高液位联锁和低液位联锁，设计有两台液位开关与一台液位指示组成三取二逻辑系统，并将信号传送至 DCS 报警系统和 ESD 装置联锁系统，当液位过低启动低低液位开关后，联锁启动快速关闭高分底部抽出阀，避免窜压事故的发生。

☞ 22. 有液力透平的装置，高分液控与常规液面控制有什么不同？应注意什么问题？

高分液位调节阀均选用气开式(FC)，有液力透平的设置三组控制阀，无液力透平的设置两组控制阀，这两组不经过透平的控制阀选用规格完全相同的类型，相互备用，在DCS内实现控制切换。高分液控有以下特点：①该液位控制为分程控制，AB阀编号为OP值50%~100%，C阀OP信号为0~50%；②AB阀在现场互为副线，备用，在现场切换；③C阀在控制液位的同时，控制着液力透平的入口流量，使液力透平功率有变化，影响高压泵的运行，控制流量必须无波动或小波动；④控制阀为高差压控制，一旦液体通过阀芯而变为气体介质，则气体流量很大，极易窜压。

液力透平运行时，要保持副线高压角阀A(B)有一定的开度，目的是当出现事故停液力透平时，副线高压角阀A(B)可以及时地开启。并且液力透平满负荷时效率最高，设计时已考虑正常运行时保证满负荷状况，过低的负荷液力透平最好不要运行。

☞ 23. 高压窜低压主要易发生的部位有哪些？

高压分离器窜低压分离器，主要发生在新氢压缩机出入口、进料泵出入口、高压注水泵出入口、循环氢脱硫塔液控等。

☞ 24. 高压分离器有哪些安全控制措施？

加氢装置设置的反应加热炉—反应器(包括高压换热器)—高压空冷器和高压分离器组成了催化加氢装置的高压系统。高压分离器下游的低压分离器系统至分馏系统则组成加氢装置的低压系统。装置反应系统的压力是靠安装在高压分离器顶部出口管线上的压力控制调节器来保持稳定的，压力控制调节器的给定值不应随意改变。以确保反应系统压力控制稳定。

高压分离器与低压分离器之间设置有液位控制阀、减压截断阀阀组。在采用带有能量回收的加氢进料泵液力透平时，正常操作中，应保持高压分离器生成油去液力透平的流量稳定。高压分离器内的液体通过减压后进入低压分离器，气体则进入循环氢压缩机。如果液面过高，就可能使气体带液，从而危及压缩机的运行；如果液面过低，就有可能出现压空，高压气体就会窜入低压分离器，造成低压分离器超压甚至爆炸。因此严格控制好高压分离器的液面是一项重要的安全防护措施。

① 设置高低液面报警系统及联锁系统。当高压分离器液面超高时称高压分离器窜油，指示灯亮，警报响，循环氢带油，流量波动。但没有影响到循环氢压缩机停运，还有可能采取措施处理故障；而如果液面超过高限达到高高报警范围，为避免循环氢压缩机因氢气严重带油而损坏，应设立联锁停压缩机措施。同时，安全联锁 0.7MPa/min 紧急泄压系统自动启动，装置按紧急停工处理。

当高压分离器液面过低时称高压分离器窜压，指示灯亮，警报响，低压分离器液面下降。高压分离器窜入的高压气体可能使低压分离器超压破裂，应联锁关闭高低压分离器之间的阀组，迅速采取措施进行处理，直至装置停工。当发生火灾事故时，则要启动紧急泄压系统。

② 设置紧急泄压排放系统。反应器流出物经高温高压换热器直到冷高压分离器，整个过程均没有设置隔断阀。如无隔断阀时，上游容器上已设置安全阀者，下游容器可以不设置。为此，在冷高压分离器处要设置安全阀，以安全控制整个反应系统。同时在冷高压分离器气体出口线上设置 0.7MPa/min 紧急放空排放系统。但由于存在高压分离器及其透平排出的物料会窜入低压系统的可能性，如现场无切换操作方式的装备，将构成安全隐患。高压分离器上除设液位控制外，其出口管线上应考虑设遥控隔离阀。

③ 压力排放装置的设置。对于高压分离器—低压分离器所

设置的气体泄压排放系统——瓦斯管网、火炬排放管网，应当按照催化加氢装置的特点进行。

进入高压分离器的物料为反应生成油、循环氢气和注入的洗涤水等，因此具有两相或三相的特点。顶部出口为气体，油、水(夹带少量气体)集中在容器的下半部。高压分离器顶部出口管道上有些设置有安全阀，以防止反应器、高压换热器、高压空冷器及高压分离器因超压而损坏。出口气体管道上还设置有压力控制调节器，正常情况下，气体经分程控制阀控制去向。压力在0~70%范围内波动时，气体去循环氢压缩机；压力在70%~100%范围内波动时，去干气脱硫部分。在非正常情况下，安全阀动作时，或当启动0.7MPa/min安全放空系统时，泄压气体均排入气体瓦斯管网系统，再去全厂火炬系统。高压分离器底部的含硫污水，正常情况下，排入装置酸性水系统回收处理；生成油要通过液位控制阀排往低压分离器。

☞ **25. 热高压分离器窜压至热低压分离器的现象及如何处理？**

现象：热高压分离器液面下降，系统压力下降。热低压分离器液位突然上升，热低压分离器、低压瓦斯脱硫塔压力指示上升，严重时安全阀跳，甚至跳后压力也未见下降。热高压分离器至热低压分离器之间管线振动剧烈。

处理：内操立即将热高分液控改为手动操作，关闭液控阀，切断向热低分进料，待热高分液位上来后控制在正常范围内；立即将冷低分压力降至正常操作压力，压控排放后路打开去火炬(低压瓦斯)系统，低分气脱硫塔后路直接改去火炬(低压瓦斯)系统，压力正常后改回正常流程；联系仪表检查热高压分离器液控阀故障原因并修复；平衡稳定好分馏系统操作。

☞ **26. 冷高压分离器窜至冷低压分离器有哪些现象？**

现象如下：

冷高压分离器液面过低，冷低压分离器液位突然上升，冷低压分离器压力指示上升，低压瓦斯脱硫塔压力指示上升，严重时安全阀跳，甚至跳后压力也未见下降；反应系统压力下降，循环氢压缩机入口流量波动剧烈；冷高压分离器至冷低压分离器之间管线振动剧烈。

☞ 27. 冷高压分离器窜至冷低压分离器如何处理？

立即将冷高分液控改为手动操作，关闭截止阀，切断向冷低分进料，待冷高分液位上来后控制在正常范围内；立即将冷低分压力降至正常操作压力，压控排放后路打开去火炬（低压瓦斯）系统，低分气脱硫塔后路直接改去火炬（低压瓦斯）系统，压力正常后改回正常流程；联系仪表检查冷高压分离器液控阀故障原因并修复；平衡稳定好分馏系统操作；如冷高分底的所有阀门切断后均无法有效控制，立即启动紧急泄压阀，装置按紧急停工处理。

☞ 28. 高压串低压的预防措施有哪些？

为了防止由于液位波动造成高压串低压，高压分离器、循环氢脱硫塔液位一般设置2~3套液位控制系统作保障（液位控制阀一般都设置低液位联锁关闭功能）。同时要保证高压分离器到低压分离器的控制阀和仪表控制系统好用，避免出现仪表假指示，另外要加强平稳操作。

在改动高压向低压减油、减气流程时，应先打通低压部分流程，确认无误后，再打开高压部分流程，避免高压气体经液体介质管线进入低压设备。

☞ 29. 影响精制反应器床层温度的因素有哪些？

影响精制反应器床层温度的因素有：①精制反应器入口温度高，反应器床层温度上升。②冷氢增大，床层温度下降。③原料性质变化。原料硫含量增加，床层温度上升；原料氮含量增加，床层温度上升；循环氢纯度提高，床层温度上升；新鲜进料量增大，床层温度下降；原料带水量增加，床层温度晃动；原料族组成变化，芳烃含量变化；加热炉进料温度升高，床层温度上升；循环氢总量增加，温度降低。④循环氢流量增大，床层温度上升。⑤催化剂活性提高，床层温度上升。⑥原料换热器出口温度升高，床层温度上升。⑦进料中焦化蜡油比例大，床层温度上升。

☞ 30. 反应器床层温度波动如何处理？

当反应器床层温度波动时，应根据生产实际情况找出原因进行处理：

① 稳定反应进料加热炉出口温度；

② 稳定原料油的性质加强脱水；

③ 分析新氢、循氢纯度，纯度低时，增加废氢排放量；

④ 调节冷氢量；

⑤ 根据催化剂的活性情况调节反应温度，以满足产品的要求。

☞ 31. 反应器床层“飞温”的原因及现象是什么？

原因：原料油中溴价、硫、氮含量上升或新氢组成变化，造成反应深度加深，反应热加大；反应器偏流或换热器走短路；空速过低，进料突然减少或中断，使系统冷料减少，打破热平衡引发超温；催化剂活性高；反应器入口温度高；冷氢控制阀故障或管线堵塞，急冷氢流量小。循环氢量突然减少或中断，产生的热量没有及时携带出去；反应进料加热炉出口温度超高导致反应器入口温度太高，造成超温。

现象：氢气消耗量大幅度增加，系统压力波动；床层温度呈指数级数上升；因反应出口温度急剧上升，通过进出物料换热后，反馈到反应加热炉，导致加热炉出口温度大幅上升；循环氢纯度急剧下降，循环氢排气量急剧上升。如“飞温”时间过长，将出现反应裂解加剧，反过来出现压力上升甚至超压。因催化剂快速结焦，将出现床层压降快速上升，短期内产品杂质脱除率上升后，逐渐下降。如果控制不及时，将导致温度难以控制，最终只能熄灭加热炉，停止进料来处理。

另外，还会出现反应流出物温度急剧上升，高分温度将出现上升，导致循环压缩机带液，低分、汽提塔等瓦斯排量上升；因裂解加剧，分馏系统的轻烃增多，导致汽提塔回流罐满罐、分馏塔柴油闪点偏低等后续反应。

☞ 32. 反应器床层“飞温”如何处理？

反应器床层飞温首先可采取提高冷氢量的办法，并适当降低炉入口温度，提高循环氢压缩机排量。仍无法控制要立即联系切换原料，停止劣质油进入装置。事故严重时需要采取熄灭加热炉火嘴，开大热高分旁路等措施。高分系统要开大空冷，防止超温满液位。同时要防止高分液体起泡，形成假液位。压缩机入口要加强脱液。循环氢脱硫塔最好切出，避免烃污染。新氢压缩机手动控制，避免系统对氢气管网的冲击。具体操作可以采取以下步骤：①根据温升情况，可适当降低入口温度，提高冷氢量。②原料油中溴价、硫、氮含量上升，导致床层飞温，可联系调度切换原料或装置改循环操作。③循环氢纯度影响循环氢压缩机操作时，可增大补新氢量或排废氢量，保持循环氢流量平稳，反应系统压力稳定。

☞ 33. 防止反应器超温的措施有哪些？

加氢过程是一个放热反应，反应温度过高会导致产生更多的反应热，这些热量如果不能及时取走又会使温度进一步升高，形成恶性循环，最终会导致温度失控。其后果轻则损坏催化剂或反应器内部构件；重则导致器壁损坏，甚至有破裂爆炸的危险，因此是加氢过程重点防范的事故之一。为避免反应温度失控，不管反应器采用冷壁结构还是热壁结构，均应采取如下主要措施防止反应器超温事故的发生。

① 保证反应器各催化剂床层间注入的急冷氢量。急冷氢的

管道、阀门、法兰等应通畅完好。另外，循环氢压缩机系统(包括机组、密封、润滑油系统、动力供汽、供电系统、仪表检测等)应操作运行正常。

② 严格控制反应器入口原料的温度。要求原料泵、加热炉系统(包括燃料气、油系统)操作平稳。

③ 反应器入口设置温度高报警和温度超高联锁，当温度报警后如果仍然控制不住，达到超高限时，联锁系统动作，停止加热炉加热。

④ 催化剂床层的入口和出口要设置温度高报警，以便操作人员作出相应的调整。急冷氢的调节阀要选择适当，在正常运行状态下该阀的流量系数为其额定流通能力的三分之一以下，以保证当床层温度骤然升高时有足够的开度来保证急冷氢通过。

⑤ 可靠的压力控制和紧急情况下的泄压措施。

☞ 34. 冷氢的作用是什么？影响冷氢量的因素有哪些？如何调节？

反应温升主要通过调节加热炉出口温度和催化剂床层间冷氢量进行控制的。加氢过程是强放热反应，随着反应的深入，释放的热量越来越大。因此在工业加氢装置上，沿反应器轴向存在催化剂床层温升。当反应温升过高而控制不当时，可能导致如下结果：①反应器内形成高温反应区。反应物流在高温区内激烈反应，大分子持续断裂，放出更多的热量，使温度更高，如此恶性循环导致飞温事故。②随着运转时间的延长，催化剂逐渐失活，当提高反应温度加以弥补时，将使得靠近反应器下部的一部分高温区催化剂过早达到最高设计温度，而被迫停工。而此时反应器顶部低温区催化剂尽管仍有较高活性，但却没有得到充分利用，使装置效益降低。③对产品质量和选择性不利。在加氢处理反应中，加氢脱氮和芳烃饱和反应受热力学平衡制约，当反应温度提高到一定数值后，平衡转化率下降，使脱氮、芳烃饱和率下降，产品质量下降。

但是为了降低加热炉负荷，我们需要反应器出口温度越高越好，而且反应器高温升可以降低床层间冷氢量，降低循环氢压缩机负荷，降低能耗。为了上述两个原因，就需要控制反应器总温升和每个床层的温升在一个合适的范围内。

冷氢是控制床层温度的重要手段，冷氢量应根据床层温度的变化而相应改变。影响冷氢量大小的因素有：①床层温升的变化；②循环氢总流量的变化及循环氢压缩机负荷情况；③新氢流量的变化；④精制反应器入口流量的变化；⑤某点冷氢量的变化。

开始运转时，为了平均利用催化剂活性的有效温度，延长使用寿命，就要注入一定的冷氢量，并实现自动调节。以后，则根据床层温升情况，再作给定的调整。在使用某点冷氢时，要考虑对其他冷氢点的影响，正常的操作应保持各床层冷氢阀在>10%和<50%开度状态，以备应急。当床层温度急升时首先用冷氢迎面截住，并适当调整炉温，降低反应器入口温度。

☞ 35. 径向温差对反应操作有何影响？

催化剂床层内除了沿反应器轴向存在温差外，床层的某一横截面不同位置的温度也有可能不一样，同一截面上最高点温度与最低点温度之差称为催化剂床层的径向温差。在催化剂床层入口分配器设计不好、催化剂部分床层塌陷、床层支撑结构损坏等情况下，将直接引发催化剂床层径向温差。反应器入口分配盘上不均匀积垢、床层顶部“结盖”、催化剂经过长时间运转、装置紧急停工后重新投运、有大的工艺条件变动(如进油量、循环气量大幅度变化)等情况下，催化剂床层也可能出现径向温差。径向温差的大小反映了反应物流在催化剂床层里分布均匀的好坏。一旦催化剂床层出现较大的径向温差，其对催化剂的影响几乎与轴向温升相同，而对质量、选择性方面造成的影响远大于轴向温升。可接受的催化剂床层径向温差取决于反应器直径的大小和反应器类型。反应器直径越大，容许的径向温差也越大，加氢工艺容许的径向温差比加氢处理工艺的小。通常在加氢工艺中，当催化剂床层径向温差超过11℃时已经认为物流分配不好。

☞ 36. 影响系统压力的因素有哪些？如何调整？

影响因素有：①反应温度升高，导致反应深度大，耗氢量增加，压力下降。②新氢量波动或新氢机故障，导致压力波动。③原料含水量增加，压力上升。④反应产物与循环氢换热的换热器及高低压换热器内漏，压力降低。⑤冷高分压控失灵。⑥新氢或循环氢流量变化；

在正常操作期间，装置的压力是由新氢机排出口到入口的返回系统控制，一般不需要改变高压分离器压力调节器的给定值。系统的压力通过新氢补入系统量来调节，必要时也可通过高分顶排放量来达到目的。装在高分顶上的压力调节器驱动返回线的调节阀，如果氢耗增加、压力降低，则返回线上的调节阀就会逐渐关小，直到压力恢复为止；氢耗减少、压力升高，则返回量增加。系统压力波动如果是因为操作不当引起的波动应立即稳定操作，对床层温度严格控制，同时注意冷氢量要稳定。检查操作的同时检查原料带水情况，若有明水马上通知调度将油品换合格罐。对新氢系统及循环氢压力控制系统进行确认，有问题及时切换、处理。若上述几项措施均不能解决问题时，应结合其他迹象判断是否高换内漏。

在整个操作期间都必须保持整个反应系统的压力恒定在指标范围内。如果系统压力降低，通过新氢压缩机进行补氢，调节系统压力在恒定值；如果系统压力升高，通过系统泄压，调节系统压力稳定。

☞ 37. 装置控制阀风开、风关的选择原则是什么？

一般情况下对调节阀在无净化风时的开关状态的选择，主要是考虑安全。安全包括几个方面的内容：

（1）设备、人身安全：即在该工况下防止容器超压、加热炉过燃、压缩机憋压等事故的发生，以及防止在这种工况下可能引起的爆炸、燃烧、有毒害或高温介质溢出，以保证人身安全。

（2）工艺操作安全：即在该工况下，各系统处于一个相对稳定、安全的状态，并考虑到供风正常后尽快恢复生产。

☞ 38. 为防止高压空冷走偏流，日常维护和操作应注意什么？

日常操作中应做到如下几点：①注意高压空冷入口注水量的变化。特别是当注水量偏低时，更应做到每路注水与支流流量均衡；②注意高压空冷入口温度控制，一般应在 150～160℃ 范围内，太低有铵盐结晶的可能，太高对回收热量不利；③注意检查空冷风机启动的均匀和对称性，注意散热的均衡性；④注意每路出口温度的均匀，可用手摸等手段（注意烫伤）检查，如果出现偏流可通过调整风机分布、百叶窗开度、入口温度等解决。

☞ 39. 反应注水中断有何现象？如何操作？

反应注水中断后出现下面情况：①高压空冷入口、出口温度升高；②外来水中断，注水罐液面指示下降；注水中断，注水量下降或回零，高分界面指示下降；③循环氢中的 NH_3 及 H_2S 浓度升高；④反应温度下降；⑤长时间停注水，会使空冷铵盐析出堵塞，系统压降增大。

处理：①如注水泵停运，立即关闭停运泵出口阀，防止高压窜低压，并立即启动备用泵，控制好高分界位；②供水中断，联系上游装置迅速供水；③如长时间停水，则降低进料或停进料。

☞ 40. 如何改变高压注水点的操作？

首先应改通目的注水点流程，再关闭原有注水点流程，过程中防止憋泵。改变注水点后，高压空冷入口温度会有较大变化，应及时调整，避免波动。对于高压空冷逐个分支注水的装置，应注意检查每个分支注水量的均匀，注水不匀会导致偏流的发生和注水少的分支腐蚀加剧。

☞ 41. 反应注水量应保证多少？注入点有何要求？

反应注水量的多少与所加工的原料有很大关系，一般注水量要求5%左右，维持循环氢中氨含量小于10μL/L。反应注水还应使高分酸性水中的硫、氨化合物总浓度不超过8%，减少[H_2S]·[NH_3]水溶液对换热器和空冷管束的腐蚀。水的注入采用一组垂直方向的管线进行，以使水和热蒸汽更易于混合，同时也能溶解部分H_2S提高循环气中氢气的纯度。

注水点的设置原则上是考虑低温铵盐结晶而导致铵盐析出的温度点。针对不同铵盐结晶析出温度不同，一般情况下设计两到三个注水点：一是高压空冷器入口，二是空冷前一台高换反应产物一侧的入口；三是空冷入口前倒数第二台高换反应产物一侧的入口。高压空冷入口设注水点是为了清洗除去低于150℃而析出的硫氢化铵；最后一台换热器入口设注水点是为了除去低于200℃而析出的氯化铵；倒数第二台换热器入口注水点一般不用，除非装置开工初期或处理量较低，反应温度较低，反应产物经过多次换热后，倒数第二台换热器出口温度低于200℃，会有部分氯化铵在换热器内结晶析出，造成系统压降上升，需要注水清洗除去，保证装置安全生产。

反应注水的质量要求中，最严格的是氧含量，因为水中所溶解的氧会氧化反应器流出物中的硫化物生成单质硫而引起堵塞、腐蚀和无法从产品中分离等方面的问题。具体要求主要是固化物含量、氯离子含量、氨含量、硫化氢含量和pH值等方面的要求。有些炼厂为了节约用水，有时会考虑用处理过的酸性水作为加氢装置的高压系统注水。但比例最好不要超过总注水量的50%。这种情况下反应注水至少有50%是以下的几种来源：洁净的冷凝水、锅炉给水、无盐水。

反应注水水质要求：①固化物含量<25μg/g；②氯离子含量<5μg/g；③氧含量<50ng/g；④氨含量<100μg/g；⑤硫化氢含量<100μg/g；⑥pH值：7~9。

☞ 42. 如何判断高压原料换热器内漏?

内漏严重时，那么反映在操作上是比较明显的，换热器原料油一侧出口终温和反应加热炉出口温度都会升高，生成油颜色加深，有的时候还会引起生成油乳化，使高低分脱水困难，分馏进料带水严重。如果内漏并不严重，在操作上不易观察，可以定时对精制油和低分生成油中的氮含量进行比较，如果低分生成油氮含量明显高于精制油的氮含量，就可以判断原料油与反应产物换热器有内漏现象。

☞ 43. 高压分离器底排酸水手阀前穿孔大漏如何处理?

高压分离器排水阀穿孔泄漏情况严重，立刻按紧急停工处理。

(1) 手动启动 0.7MPa/min，应迅速检查联锁程序系统是否真的动作。如果联锁设备没有动作，人工处理。

(2) 注意监视高压分离器的液位及压力，防止液位超高使循环机停运或液位超低向低压分离器窜压。如果有循环氢脱硫系统，切出循环氢脱硫系统，注意监视循环氢脱硫塔的液位，关闭循环氢脱硫塔液控手阀，防止液位超低，高压窜低压。

(3) 设置现场警戒线，防止无关人员误入有毒区。

(4) 注水泵不能停，确保泄漏点有水漏出，阻止大量油气跑出。

(5) 利用附近的消防炮打水压住泄漏点。

(6) 当系统压力接近 1.0MPa 时，停运循环机，关闭其进出口气动阀，机体内氢气缓慢往火炬放空。

(7) 关闭新氢机和高压泵出口阀。低分瓦斯改放火炬。

(8) 分馏和脱硫的操作按停新鲜进料处理。

(9) 联系调度，引氮气(氮气纯度：99.9%以上)置换反应系统的可燃气体。

(10) 注意观察火炬线排放情况，如果发生剧烈震动，联系调度处理。

(11) 当只有在各反应器的温度至少比正常操作温度低 30℃时，压力降到微正压时才可关掉放空阀。

☞ 44. 如何判断循环氢与反应产物换热器内漏？

所谓循环氢与反应产物换热器内漏，就是一部分循环氢不经过反应器，而通过换热器管壳层密封间隙，直接流入反应流出物中，如果内漏严重时，那是容易判断的。首先反应加热炉循环氢量有波动，而且通过加热炉循环氢量明显小于循氢机出口总循环量，另外，循氢机出口循环氢量会增加，且作锯齿状周期性变化。

☞ 45. 为什么要控制反应高压空冷出口温度？

空冷出口温度越低，高分内气体的线速度越小，越不易带液；出口温度越高则反之。控制空冷出口温度过低，能耗增加；高压空冷器出口温度越高，也就是加热炉的入口温度高，可以降低加热炉热负荷，降低能耗。但并不是高压空冷出口温度越高越好，过高温度造成线速度增加，带液量增加，不利于循环氢压缩机的安全运行。控制高压空冷器出口温度≤50℃(设计)的目的是防止高分的气体线速度过大而夹带液体破坏循环。对于设计循环氢脱硫的装置，高压空冷出口温度过高，使得循环氢中携带烃类导致胺液发泡，脱硫效果变差，严重时出现循环氢带液，影响循氢机的安全运行。

☞ 46. 如何发现床层催化剂发生沟流？有何危害？

由于催化剂装填的缺陷，导致床层的某一区域装填密度低，催化剂呈疏松“架桥”状，当油气混合物通过床层时走“短路”，这就是“沟流”。催化剂床层发生沟流时，最明显的标志就是床层温度径向温差大，同时存在热点温度，反应温度越高，该热点温度越高，短时间打冷氢对热点温度影响不大，只有整个反应器床层温度降下来后，热点温度才可能逐渐降低。

催化剂床层发生沟流有如下危害：①导致催化剂局部过度反应，床层温度分布不均；②导致催化剂整体活性利用不充分；③部分催化剂失活加剧；④导致催化剂局部结焦严重。

☞ 47. 导致反应器床层压降上升的原因有哪些？采取哪些措施？

反应器压降可通过反应器出入口压力的差值变化观察到，最直接的方法是从床层压差测量表得到。当反应器床层压降上升后，也会使循环氢压缩机出入口的压差有所增大，新氢压缩机出口压力提高。影响床层压降的因素较多，可归结为反应器顶部结垢、催化剂结焦、床层局部塌陷三类，其中反应器顶部结垢导致压降上升是最常见的一种。

引起精制反应器第一床层压降升高的原因有：①上游装置来的原料油性质不稳定，如含有二烯烃等不稳定物质，在炉管、高换内等高温区快速缩合结焦形成炭粉颗粒沉积到催化剂床层表面；②原料油储罐没有隔离氧，在氧气的作用下，一些含硫、氮、烯烃等化合物聚合形成胶质，进入反应系统后受高温影响进一步缩合结焦生成炭粉沉积在床层表面；③原料中含有铁离子，铁离子随原料油进入反应器后，在硫化氢的作用下快速生成硫化亚铁，沉积在催化剂床层表面，并形成一层硬壳，阻碍反应物通过，同时硫化铁还会促使重质的部分(如干点高、残炭高)生焦，焦堆积在催化剂的孔隙中；④原料中含有硅、钠、钙等金属杂质及无机盐，沉积在催化剂表面，堵塞催化剂孔道，并使得催化剂颗粒粘连，形成结盖；⑤原料油从上游装置带入较多的机械杂质，过滤器过滤不完全或走副线等，进入反应器后沉积在催化剂颗粒之间；⑥原料油或新氢中含氯，一是对设备腐蚀产生大量铁离子，进而导致床层压降上升；二是氯离子在高温作用下与原料中的某些化合物在炉管、高温换热器等高温部位缩合结焦，生成炭粉颗粒，沉积在催化剂床层顶部。催化剂的结焦速度与原料油性质、催化剂性能、反应苛刻度、工艺条件有关。

引起床层局部塌陷的常见原因有：①进料中含有大量明水，带入反应器后，由于水的汽化、凝结等过程使得催化剂颗粒粉化；②催化剂装填效果不好，床层疏密不均，在长期运转后原本较为疏松的床层堆积逐渐紧密，床层空隙率下降，导致局部塌陷；③挤条催化剂的长度均匀性不好，长条催化剂在经历多次升降压操作、循环氢急停急开后断裂成短条，引起床层空隙率变化甚至部分床层塌陷；④催化剂压碎强度低，在经历多次升降压操作、循环氢急停急开或事故处理紧急泄压后破碎；⑤催化剂床层下部支撑物装填不合理，造成催化剂颗粒向下迁移，甚至漏到冷氢箱等内构件内，造成床层塌陷；⑥催化剂床层支撑盘出现问题，如支撑盘上的筛网破裂、筛网与反应器器壁、卸料管等之间有较大缝隙和漏洞、支撑梁断裂等造成催化剂颗粒下流到冷氢箱等内构件内。

催化剂沟流结块对床层压降也有一定影响。为了延缓床层压降的上升，通常采取如下措施：①原料油隔绝氧气、脱水、过滤；②采用低温脱双烯保护反应器；③反应器顶部采用分级装填技术，在主催化剂床层上部加装诸如脱铁、脱硅、脱钙等专门的保护剂，并按一定颗粒度过渡到主催化剂，相邻上下两层的粒径比以<2 为宜；④催化剂在装入反应器前进行分筛；⑤采用密相装填方法装填催化剂；⑥严格按照设计要求安装催化剂床层下部的支撑盘、床层顶部的集垢篮等；⑦应用抗垢剂，使用专用抗垢剂增加硫化铁颗粒间的吸引力，使它们聚集形成球体，破坏其连续的沉积层，再现床层空隙；⑧催化剂撇头，撇除床层顶部结垢堵塞的催化剂，撇除深度到粉尘含量小于 1%为止。

为了防止催化剂床层局部塌陷，在装置设计时就应十分注意。在确定催化剂床层高度时，除了考虑床层温升是否超过规定值之外，还应考虑床层压降是否超过催化剂的抗破碎强度。在确定支撑盘的耐压强度设计时，则要考虑如下几个部分：①结焦催化剂的床层压降（按照计算得到的催化剂床层净压降的 175%考虑)；②催化剂和支撑物质(如惰性瓷球)的净重；③催化剂上积炭的重量(按照催化剂重量的30%考虑)；④催化剂床层的液体滞留量；⑤升降压过程出现的暂时性压差(按照0.11MPa压力降考虑)。

反应器压降达到设计允许值时，装置只能降量或停工处理。但是，催化剂床层的压降也不是越低越好，一旦床层空隙率过大，压降过小，就会导致沟流的产生。对于绝大多数抗破碎强度符合要求的催化剂，为取得比较理想的物流分布，床层净压降应该控制在0.012~0.024MPa/m范围。

☞ 48. 对于炉后混氢流程，如何判断氢气加热炉炉管内有油？应如何处理？

如果加热炉各路出口温度不均匀且温度低的一路炉管壁温上升快，则说明该路炉管内有油。应在油被顶出前维持炉管壁温≤250℃，待压力上升、循环量增大后，循环氢通过该加热炉把油顶出，再开始升温，可以防止炉管结焦。

☞ 49. 影响反应速度的因素有哪些？

影响反应速度的因素有外扩散、内扩散、吸附、脱附、产物分子内扩散、产物分子外扩散；影响外扩散的因素有氢分压、油膜厚度、湍流度等；影响内扩散的因素有催化剂颗粒大小、孔径等；影响吸附的因素有原料相对分子质量、结构、类型、空间结构、催化剂有效表面积等。

改变下列因素有利于加快反应速度：

① 增加氢分压有利于加氢、氢解、芳烃饱和，但能耗增加；

② 减小空速，油膜变薄，利于H_2分子扩散穿透，但装置加工负荷降低；

③ 改变湍流度，即改变循环氢的流速，适当增加流速增大了湍流度，利于H_2等向催化剂微孔中扩散，但过高的流速会阻碍油品向微孔扩散，增大流速，能耗增加；

④ 减小催化剂颗粒直径增大了内部扩散速度，但床层压降上升；

⑤ 增大催化剂孔径，利于内部扩散，但大分子易进入导致积炭；

⑥ 催化剂表面有效面积越大，吸附越快；

⑦ 空间结构平面吸附势能最低，最易吸附；

⑧ 有独对电子的油品易于吸附，有大 π 键易吸附；

⑨ 相对分子质量越大反应越易进行；

⑩ 极性越强，越易吸附。

☞ 50. 影响脱硫塔(或 H_2S 汽提塔) 压力、温度的因素有哪些？如何调整？

影响温度的因素有：①进料量不稳；②进料温度波动；③进料性质变化；④回流量不稳；⑤回流温度波动；⑥回流带水；⑦塔压波动；⑧重沸炉出口温度波动；⑨进料带水；⑩仪表不好用。

为稳定温度做如下调整：控稳塔顶系统的冷后温度；控稳塔顶回流罐液位，稳定进料；搞好塔操作；稳定回流量；加强塔顶回流罐水界面脱水；查明原因，稳定塔顶温度；压控表不好用，联系修理或改手动。

引起压力不稳的主要原因有：①进料过轻即深度太大或进料量大幅度波动；②进料或回流带水；③炉出口温度及塔液面大幅度波动；④回流温度过高或回流量太大，回流量不稳；⑤塔顶压控阀失灵。

稳定压力的操作调整：①控好低分液面，稳定进料；②稳定塔进料换热器的换热温度；③联系反应控好生成油的质量；④当压力、温度下降时可适当减少回流量；⑤加强低分及回流罐的脱水，稳住水界面；⑥稳定塔底汽提蒸汽量；⑦查明原因，调稳塔顶温度；⑧压控表不好，联系修理或改手动。

☞ 51. 压力对分馏操作有何影响?

压力对整个塔中各组分的沸点有直接影响：塔中的压力升高沸点也就升高，组分的分离变得更加困难；如果塔中的压力降低，有利于分离，但塔温将下降，输送流体到下游装置的推动力将降低，排出的气体流率将增加，从而增加了塔盘的负荷；如压力太低会造成重组分携带。因此在操作中不应迅速改变塔压的给定值，以利于塔的平稳操作。

☞ 52. 影响分馏塔侧线抽出温度的因素有哪些?如何调整?

影响分馏侧线抽出温度的因素有：侧线抽出量不稳；各侧线抽量不均；炉出口温度及塔底温度不稳；塔顶温度变化；进料温度不稳；仪表不好用；进料性质变化；塔压不稳；塔内分馏不正常；汽提塔液面不稳等。

侧线抽出温度波动做如下调整：稳定汽提塔液面，控稳侧线抽出量；控好各线质量，搞好物料平衡；控稳炉的出口温度；查明原因，控稳塔顶温度；控稳塔底温度；塔压不稳，查明原因作相应调节；塔内分馏不正常，检查不正常原因，采取相应措施；仪表不好用，联系修理或改手动。

侧线抽出温度与侧线抽出量成正比关系。操作上侧线流量不合理或不稳定，将影响到整个分馏塔的操作，应视产品的质量情况，稳定抽出量，调节不能太频繁，幅度变化不要太大。

☞ 53. 分馏塔进料带水有何现象?原因是什么?如何调节?

随着分馏塔进料水量增大，水汽化要吸收的热量也增大，因此含水量大的进料换热或加热后，预热温度必然降低，这将增加加热炉热负荷。如果是进入脱丁烷塔(或硫化氢汽提塔)进料含水增大，判断时主要观察脱丁烷塔(或硫化氢汽提塔)进料段温度，脱丁烷塔(或硫化氢汽提塔)底是否较正常时温度低，以及脱丁烷塔(或硫化氢汽提塔)液位是否降低，脱丁烷塔(或硫化氢汽提塔)顶压力是否有所上升，脱丁烷塔(或硫化氢汽提塔)顶油水分离罐脱水量是否增大。上述的各处变化幅度大小可以判断进料含水多少。进料含水经换热器预热，温度逐渐升高，当水汽化时体积变大，形成很大阻力，造成进料流量下降，换热器系统压力增大，严重时会造成换热器憋漏。预热后的水分已变成蒸汽，相同重量的水蒸气体积比油气体积大 10 倍左右，水蒸气进入分馏塔会使气相负荷大幅度增加，塔顶压力上升增加冷却器负荷。进入塔内的进料大量汽化，塔底液面降低，塔顶产品变重，严重时会造成冲塔，塔顶产品变黑，塔顶安全阀起跳，产品罐液面上升，塔底泵抽空等。

原因：可能是生成油带水，当高压分离器水界位控制过高或水位仪表失灵时，大量水带入低压分离器，低压分离器没有及时脱除带入分馏系统；高压换热器内漏，原料油串入生成油内乳化，致使在高压分离器低压分离器无法脱除，而带入分馏系统。也可能加氢反应器中残存下来的沥青质等随生成油进入到高压分离器中，由于同一个沥青分子具有亲水和疏水性质，从而使生成油在高压分离器中产生乳化，或者萘酸与洗涤水中的铵生成强表面活性的萘酸铵盐而产生泡沫，造成生成油中带水。排除上述因素应考虑分馏系统是否存在泄漏现象。

现象：①塔顶压控不稳，出现波动，排气量忽大忽小；②塔顶温度大幅度波动，塔顶产品量亦大幅度波动；③塔底温度波动且不易控稳；④进料量及进料温度出现波动；⑤塔顶回流罐水量明显增多。

调节：①联系反应加强高、低分脱水，控好水位；②若反应高压换热器内漏原料油串入生成油带水，联系检修进行热紧，效果不大，则请示停工处理；③加强分馏各回流罐脱水，切换回流泵或置换回流罐液体，控好塔顶压力及炉出口温度或稍控低些炉出口温度及塔压；④适当减少各产品抽出量，产品不合格，则联系改罐；⑤严重时联系反应降低反应深度或处理量；⑥对硫化氢汽提塔，含水量增大时，塔底应关小或暂停吹汽。

☞ **54. 导致分馏加热炉出口温度波动的主要原因是什么？如何预防？**

影响加热炉出口温度的原因有：①重沸炉循环量波动，油性质变化；②燃料的压力或性质变化，或汽化变成冷凝水，或燃料气带液；③仪表控制失灵；④炉膛温度变化；⑤外界气候变化。

为了避免加热炉出口温度波动，在操作中应做到下面几点：①根据反应转化率和加工的油种对加热炉做适当调整；②稳定瓦斯和燃料油压力，燃料油伴热应经常检查，瓦斯应及时脱液，同时要求供瓦斯单位保持稳定的瓦斯压力和组成；③仪表故障应及时处理，处理期间外操应监视炉膛，并随时调节。

☞ **55. 分馏塔回流泵抽空有何现象？怎样调节？**

现象：①塔顶温度升高；②回流流量减少或回零；③塔顶回流罐液面上升；④塔顶压力上升；⑤回流泵出口压力下降或回零，电流突降，响声不正常。

原因：①塔顶回流罐液面过低；②回流带水；③回流油温度过高，轻油汽化；④回流油太轻，汽化；⑤泵入口阀开度过小；⑥泵入口管线堵或阀芯脱落，或过滤器堵塞；⑦泵自身故障。

处理：①在找原因、对症处理同时，迅速启动备用泵，尽快建立回流，在没有回流的情况下，若顶温超高，可先降低重沸炉出口温度；②情况严重时，可请示降低处理量(并联系反应岗位)；③有侧线的塔可降低侧线抽出量；④开备用泵，如泵是过滤器堵，应清洗干净、恢复备用。

☞ **56. 压力对分馏塔操作的影响有哪些？在调节压力时应注意哪些事项？**

压力对整个分馏塔组分的沸点有影响，随着塔压的升高，产品的沸点也会升高，以至给组分的分离带来更大的困难。如果塔的压力降低，在塔温不变的情况下，拔出率就会上升，产品容易变重，排出气体的流率就会增加。压力的平稳与否直接影响到产品的质量、系统的热平衡和物料平衡，甚至威胁到装置的安全生产。

在操作中压力不能作为一种产品质量的调节手段，应保持恒定为好。在对塔压进行调节时，要进行全面而周密的分析，尽力找出影响塔压的主要因素进行准确而合理的调节，使操作平稳下来。当需要借助塔顶回流罐顶的控制阀进行塔压调节时，要缓慢进行，不要猛开猛关，也不要随便改变控制的给定值，以免造成大幅度的波动或冲塔事故。

☞ **57. 回流量对分馏塔操作的影响有哪些？**

回流量是提高分馏精确度和切割产品的主要手段。如果顶回流突然增加，而顶温又降不下来，说明重组分已带到塔顶。在正常操作时应尽量保持回流比和回流温度的恒定，一般不要作大的调整。如果反应深度减小或者轻组分相对减少，应使用较高的回流比保证分馏精确度。

☞ **58. 分馏塔的液面控制对操作有什么影响？**

分馏塔的液面控制是本系统物料平衡操作的集中表现。塔底液面的高低不同程度地影响到产品的质量、收率及操作平衡，液面过高还会造成携带甚至冲塔等现象，液面过低造成塔底泵易抽空以及毁坏设备，另外由于液面控制过低，油品在塔中的停留时间缩短，该蒸发的组分没有完全蒸发，轻组分带到下游塔中，增加了下游塔、设备的负荷，本塔的收率降低。

☞ **59. 分馏塔冲塔原因是什么？**

分馏塔冲塔原因：

① 塔底液面失灵，造成液面过高；

② 操作不当，轻油过多压至塔底造成突沸；

③ 塔顶回流中断；

④ 重沸炉出口温度表失控，造成出口温度超高；

⑤ 处理量太大，塔内负荷大或塔盘吹翻，油气走短路；

⑥ 塔底泵抽空时间长，备用泵启动不了，造成塔底液面超高；

⑦ 塔压波动大；

⑧ 回流量过大，或回流带水。

☞ 60. 分馏塔发生冲塔事故时如何处理？

分馏塔发生冲塔事故，应按如下步骤处理：

① 凡是因液面过高而造成冲塔的应降低进料量，尽可能启动备用泵，增大塔底油的抽出量，把液面拉下来；

② 控制合适的产品抽出量和回流量；

③ 控制合理的炉出口温度，温控失灵则联系仪表人员处理；

④ 塔底泵抽空后，要及时切换至备用泵使用；

⑤ 进料带水时要及时作出处理，加强脱水工作；

⑥ 一旦发生冲塔事故，则要联系调度将产品改不合格罐，以免出现产品事故。

☞ 61. 在生产操作中，使用塔底吹汽要注意哪些问题？

在生产中，常压塔塔底和湿式减压塔底，都吹入一定量过热蒸汽，目的是降低分馏塔内油气分压，提高油品汽化率。为了防止蒸汽冷凝水进入塔内，所以吹入的蒸汽经加热炉加热成为过热蒸汽，温度约380~450℃。

过热蒸汽压力一般控制在0.3MPa以下，因该压力比常压塔操作压力略高，两者压差小，汽提流量容易调节。

启用汽提蒸汽前，应放尽冷凝存水，开蒸汽阀时要缓慢，并要注意塔内压力变化和塔底液位变化。减压塔在确定吹入蒸汽量时，一方面考虑到有利于油品汽化，另一方面要考虑吹汽量过大影响到真空度下降，反而降低了油品汽化率时，就不能再增大吹入的蒸汽量了。有时因其他原因引起真空度下降，且无法恢复，又塔底吹汽量较大时，还可采用适当关小塔底吹汽量来维持较高真空度的作法。

要控制好过热蒸汽压力平稳，波动范围应小于0.015MPa。

☞ 62. 分馏塔塔顶回流带水有什么现象?

塔顶回流油由塔顶回流罐抽出,如果回流罐油水界位控制不好或失灵,水界位高过正常范围,超过回流汽油抽出管水平面位置时,回流油将含水共同送至塔顶;或者塔顶水冷却器管束腐蚀穿孔,大量冷却水漏进回流罐来不及脱水,也可造成回流油带水。进料含水高,也可能造成脱丁烷塔(或硫化氢汽提塔)顶回流油罐水太多,脱水不及时,也造成回流油带水。带水的回流油进入塔顶部,由于水汽化热比油品蒸气体积大 10 倍,因此造成塔顶压力上升,塔顶温度下降,随后常压塔一线温度下降,塔上部过冷,侧线不来油发生泵抽空现象,或一线油带水,处理不及时,塔顶压力会积聚上升冲塔,安全阀可能会跳开。

当发现塔顶温度明显降低,常一线馏出温度下降,一线泵抽空时可初步断定回流油带水,应迅速检查回流油罐水界位控制是否过高,在仪表控制阀下面打开放空阀,直接观察回流油是否含水就可以准确判断。

回流油罐水界位过高,造成回流油带水,应采取如下处理办法:

① 排除仪表控制故障,开大脱水阀门或副线阀门加大切水流量,使水界位迅速降低。

② 如是冷却器管束泄漏,停止使用及时检修。

③ 适当提高塔顶温度,加速塔内水的蒸发。

④ 塔顶压力上升可启动空冷风机,关小塔底吹汽阀门,降低塔内吹汽流量。

如进料含水过大进入脱丁烷塔(或硫化氢汽提塔),造成脱丁烷塔(或硫化氢汽提塔)顶回流带水,应加强冷高分、冷低分脱水,适当降低冷低分界位。遇到回流油带水时,首先要及早判断迅速处理,把油中水脱除,就能很很快恢复正常操作,发现迟、处理慢,将对安全生产带来严重威胁。

☞ **63. 板式塔在操作中会出现哪些不正常的现象？**

了解蒸馏塔塔板的流体力学特性对于提高塔的处理能力、改善产品分割具有重要的意义。随着塔内气液相负荷的变化，操作会出现以下不正常的现象：

① 雾沫夹带：雾沫夹带是指塔板上的液体被上升的气流以雾滴携带到上一层塔板，从而降低了塔板的效率、影响产品的分割。塔板间距增大，液滴沉降时间增加，雾沫夹带量可相应减少，与现场生产操作有关的是气体流速变化的影响，气体流速越大，阀孔速度(或网孔气速)、空塔气速均相应上升，会使雾沫夹带的数量增加。除此之外雾沫夹带量还与液体流量、气液相黏度、密度、界面张力等物性有关。

② 淹塔：在塔内由于气液相流量上升造成塔板压降随之升高，由于下层塔板上方压力提高，如果要正常地溢流，入口溢流管内液层高度也必然升高。当液层高度升到与上层塔出口持平时，液体无法下流造成淹塔的现象。淹塔一般是在塔下部出现，也就是最低的一条抽出侧线油品颜色变黑。它与处理量过高、原油带水、汽提蒸汽量过大等因素有关。

③ 漏液：塔板漏液的情况是在塔内气速过低的条件下产生的。浮阀、筛孔、网孔、浮喷等塔板，当塔内气速过低时，板上液体就会通过升气孔向下一层塔板泄漏，导致塔板分离效率降低。漏液现象往往是在开、停工低处理量操作时出现，有时也与塔板设计参数选择不当有关。

④ 降液管超负荷及液层吹开：液体负荷太大而降液管面积太小，液体无法顺利地向下一层塔板溢流也会造成淹塔。液体流量太小，容易造成板上液层被吹开气体短路，影响分离效果。这些现象生产操作时极少发生。

☞ **64. 填料塔内气、液相负荷过低或过高会产生哪些问题？**

在填料塔内随着气相流速的增加，床层的阻力降增加、填料层中的持液量也相应增大。当气相流速增加到某一特定数值时液体难以下流，产生液泛的现象，塔的操作完全被破坏，此时的气速称为泛点气速。填料塔适宜的操作气速一般为泛点气速的60%~80%。填料塔泛点气速的高低主要和气、液相介质的物性、密度、黏度、两相的流量以及填料层的空隙率等因素有关。

液相流量太小则可能使部分填料的表面没有被充分地润湿，填料塔内气、液相的传热和传质过程主要是通过被液体浸湿的填料表面来进行的，如果部分填料没有被润湿，也就意味着传热、传质的表面积相应减小，必然会使分离的效果降低。填料塔内的液相流量太低时应设法增加该段循环回流的流量。

☞ 65. 原料性质变化对蒸馏装置操作有什么影响？如何处理？

原料性质变化，通常指所加工的原料组成发生变轻、变重。原料性质变轻时，分馏塔塔顶压力上升，塔顶不凝气量增加，塔顶冷却负荷增加，冷后温度升高，分馏塔液面下降，塔顶石脑油产量增加。原料性质变重时，分馏塔塔顶压力下降，冷后温度降低，分馏塔塔底液位上升，石脑油产量减少。

原料性质变化，平稳操作时，变化最明显的为分馏塔顶压力和塔底液面的变化。原料性质变轻时，由于油气分压上升应适当提高塔顶温度，变重时适当降低塔顶温度。原料变轻后，要加大火嘴的供油量，增大加热炉负荷，保证较轻部分油品汽化。原料变轻后汽化率增大，增大了分馏塔汽化段以上热量和油气分压，此时侧线产品的馏出温度也会随之升高，为此应该增大产品抽出量，同时增大中段回流流量，减少塔底吹汽量，以降低塔顶的负荷，侧线汽提塔吹汽量不能降低，以免影响产品闪点。必要时可降低原料处理量和降低加热炉出口温度措施，来保证平稳操作和安全生产。原料变重，加热炉负荷减少。原料变重后，进塔汽化率减少，侧线馏出口温度随之降低，此时应该减少产品抽出量，保证产品质量合格。

☞ 66. 塔顶石脑油干点变化是什么原因？如何调节？

石脑油干点受塔顶温度、压力、进塔原料温度、进塔原料轻重变化、中段回流流量温度变化、侧线产品流量变化、塔底吹汽压力流量大小、塔顶回流油是否带水及塔板堵塞情况的影响。塔顶回流量过少，内回流不足，分馏效果变差，会使石脑油干点发生变化。

塔顶温度是调节石脑油干点的主要手段，当塔顶压力降低时，要适当降低塔顶温度；压力升高时，要适当提高塔顶温度。

进塔原料变轻时，石脑油干点会降低，应当提高塔顶温度。中段回流流量突然下降，回流油温度升高，使塔中部热量上移，石脑油干点升高，应平稳中段回流流量。常一线馏出量过大，内回流油减少，分馏效果不好，可引起石脑油干点升高，应稳定常一线馏出量。塔底吹汽压力高或吹汽阀门开度大吹汽量大，蒸汽速度高，塔底液位高，会使重组分携带引起各侧线变重，塔顶石脑油干点会变重。回流油带水可引起塔顶石脑油干点升高，要切实做好回流油罐脱水工作。塔板压降增大堵塞，应洗掉堵塞物，提高分馏效果。塔顶回流量过少，内回流不足，可使塔顶石脑油干点升高，应适当降低一二中段回流量，增大顶回流或循环回流流量，改善塔顶的分馏效果，使塔顶石脑油干点合格。

进料含水量增加时，虽然塔顶压力增大，但由于大量水蒸气存在降低了油气分压，塔顶石脑油干点也会提高，应切实高好原料脱水工作。

☞ 67. 甲基二乙醇胺(MDEA)有什么危害？

脱硫系统所采用的脱硫剂是甲基二乙醇胺，它是一种无色有臭胺味透明黏稠液体，呈碱性，其碱性随温度的升高而降低，易与水、酒精互溶，具有微毒性。主要表现在于具有轻微的腐蚀性，对人的眼睛和皮肤都有极大的危害，因此，如有胺液溅到眼睛或皮肤上应立即用干净水冲洗以避免灼伤，严重者应立即送往医院作进一步治疗。

☞ 68. 影响溶剂再生塔再生效果的主要因素有哪些？

影响溶剂再生塔再生效果的主要因素有：①再生温度低，H_2S 不能很好地解析；②装置胺溶液循环量小，造成溶液负荷过大；③再生塔塔盘故障，解析效果差；④再生塔塔底重沸器内漏。

☞ 69. 影响循环氢脱硫塔液位的因素有哪些？如何调整？

影响因素：①胺液循环量变化；②压力变化；③循环氢脱硫塔底富液排量变化；④循环氢量变化。

调节方法：①稳定胺液循环量；②稳定塔压；③调节循环氢脱硫塔富液排量；④稳定反应操作，避免循环氢量大幅波动。

☞ 70. 溶剂再生塔底温度的主要影响因素是什么？ 有何影响？

影响溶剂再生塔底温度的主要因素是：①蒸汽压力及温度变化；②液面控制失灵，造成液面不稳；③富液进塔流量变化；④塔顶压力的变化和塔的压差变化；⑤塔回流量的变化。

再生塔底温度由调节塔底重沸器加热蒸汽量来控制，自动控制仪表阀。温度控制太低，胺液的解析效果显著下降，再生效果差，贫液中 H_2S 含水量高，影响脱硫、尾气净化的效果；温度控制太高，将使塔顶温度较难控制，同时增加装置能耗，胺液组成高温易发生变化。

☞ 71. 再生后贫液中 H_2S 含量超高的原因是什么？

再生后贫液中 H_2S 含量超高主要有如下原因：①再生温度低，H_2S 在该温度下不能很好地解吸。②胺液循环量太小，造成胺液负荷过大。③贫富液换热器漏，富液窜入贫液中。④顶回流太大，塔顶温度太低。

处理方法：①提高再生塔底温度。②提高胺液循环量，使胺液循环量与干气、液化气量相匹配。③查明内漏原因，请示停工检修。④查明顶回流太大的原因，恢复正常。

☞ 72. 影响干气脱硫塔液面的因素有哪些？应做哪些相应调节？

影响液位因素：①干气脱硫塔贫液泵停运；②干气脱硫塔贫液流量控制阀失控；③脱硫塔内部塔盘堵塞，或浮阀卡；④脱硫塔液位控制阀失控；⑤贫液、富液过滤器堵塞；⑥干气带胺；⑦干气压力波动。

调整：①启用贫液备用泵，查明原因，修复停运的泵；②联系仪表人员处理流量控制阀，现场改副线操作；③向车间汇报，请示停工处理；④联系仪表人员处理，液控改现场副线操作；⑤过滤器改副线，用新鲜水反复冲洗过滤器，如仍不通，打开过滤器清理；⑥降低塔液面，提高塔压力；⑦联系反应、分馏岗位调整。

☞ 73. 干气、液化气脱硫效果差的原因是什么？采取哪些处理办法？

原因：①胺液浓度低；②相对干气量来说，含 H_2S 浓度太高，胺液循环量太小；③贫液中的 H_2S 太高；④干气带液，胺液中烃含量太高而起泡；⑤贫液入塔温度太高；⑥胺液使用时间长，太脏、降解物太多。

处理措施：①及时补充胺液，调节浓度，同时查明浓度降低的原因及时处理；②适当提高胺液循环量，但不能太大，防止淹塔。③查明贫液中硫化氢浓度高的原因，如果是再生不好，提高再生塔底温度；如果是贫富液换热器内漏，要停工检修。④加强干气脱液，同时联系反应、分馏岗位调整操作。⑤调整贫液冷却器操作，降低贫液出口温度。⑥加强胺液各过滤器的冲洗，发现胺液起泡，加阻泡剂，同时分析胺液的浓度。

☞ 74. 降低胺液发泡损失的措施有哪些？

在操作过程中胺液会发泡，为了减轻发泡现象，可采取以下措施：①为杂质较多的液化气和干气增设原料过滤器，以免原料中的杂质引起发泡。②控制贫液入塔的温度高于气体入塔的温度

4~7℃，以防止重质烃的冷凝；可在干气入塔前设置水冷却器，使冷却后的干气分出冷凝的烃后，再进入吸收塔。

☞ 75. 脱硫设备的腐蚀形式有哪些？脱硫设备腐蚀的主要部位有哪些？

脱硫设备的腐蚀形式主要有坑蚀、冲蚀、氢脆、电化学腐蚀等。脱硫设备腐蚀的主要部位有：溶液再生塔顶部、塔顶酸性水分液罐、塔底重沸器、脱硫吸收塔顶扑沫网支梁、塔板、富溶液换热器等。

☞ 76. 脱硫后气体中 H_2S 含量超标的原因是什么？如何调节？

原因：①原料气中酸性气量增加；②原料气量增大或流量不稳；③胺液循环量不足，贫液中酸性气含量高或胺液浓度低；④溶剂冷后温度高或压力波动导致吸收、抽提效果差；⑤酸性气负荷过大；⑥实际液面过低；⑦溶剂发泡、跑胺冲塔；⑧塔结垢、堵塞或再生不正常、胺液脏等造成吸收、抽提效果差。

处理：①适当增大胺液循环量；②根据进料或富液-贫液的情况，及时调节胺液循环量，调整好再生操作；③增大贫液冷却器冷却水量，或适当降胺液循环量，控好塔的压力；④维持设计负荷或适当提高胺液浓度或溶剂循环量；⑤控制好塔液面至正常位置；⑥原料气暂时改出装置，溶剂进行再生处理；⑦适当置换胺液，稳定再生塔操作。

☞ 77. 脱硫系统溶剂循环的主要注意事项是什么？

脱硫系统溶剂循环的注意事项如下：

①脱硫系统在建立溶剂循环前，必须和其他系统一样，认真组织蒸汽吹扫试压工作，循环氢脱硫塔参与反应系统的气密工作；②在引进溶剂前，整个系统要进行反复的氮气置换，防止溶剂被氧化降解；③引进溶剂前严格进行流程三级检查，防止物料互窜、跑损溶剂或污染溶剂。④引溶剂前，各设备的安全阀需要投用，压控投用，后路去低压瓦斯；⑤严格控制好进出物料平

衡，防止液位抽空发生窜气、低压系统超压；⑥配制溶剂时，要注意保护溶剂，装一桶开一桶，尽量避免和空气接触，配置用水要用除氧水；⑦溶剂循环时，富溶剂过滤器先投用，尽量将系统脏物滤出，同时做好对溶剂泵的检查。

☞ 78. 循环氢脱硫系统跑胺如何处理？

原因及现象：①液面看不清或仪表失灵导致实际液位超高。②塔压、循环量波动大，导致液面波动。③循环气量过大或波动或压缩机工作不正常。④胺液发泡。

处理：①联系仪表工修理液面计。②胺液流量改手动控，平稳塔液位。③稳定反应系统和循环氢压缩机操作。④胺液缓冲罐加阻泡剂，同时联系溶剂再生装置控好贫液质量。⑤加强循环氢压缩机入口分液罐脱液。⑥如果跑胺严重，影响到正常生产，则立即打开循环氢脱硫塔循环氢旁路阀，切出循环氢脱硫塔。

☞ 79. 胺液供应中断循环氢脱硫系统如何处理？

原因：①溶剂再生装置故障。②贫胺液管线故障。

现象：①胺液缓冲罐液位不断下降。②胺液换热器出口贫液温度上升。

处理：①立即停循环氢脱硫塔进料泵，稳定胺液缓冲罐和循环氢脱硫塔液位。②打开循环氢脱硫塔循环氢旁路阀，切出循环氢脱硫塔的循环氢。③切断胺液换热器热源。④通知调度和溶剂再生装置，如果可能联系调度切换低硫原料油。

☞ 80. 跑胺的原因有哪些？

跑胺的原因有：

① 液面看不清或仪表失灵导致实际液面超高；

② 塔压或循环量波动较大，导致液面波动大；

③ 气体进料超负荷(线速度过大)；

④ 胺液发泡。

☞ **81. 跑胺有哪些处理办法?**

跑胺处理方法如下:

① 塔的液控阀改手控,平稳塔的液面;

② 核实液面计,如果液面计失灵则联系仪表工处理;

③ 如果循环量波动过大则改手动控制,平稳后再投自动;

④ 防止气体进料超负荷,如果气体量过大则让部分放火炬;

⑤ 如果胺液发泡则往系统内加阻泡剂,操作中不能中断注入阻泡剂。

☞ **82. 脱硫塔窜气的原因有哪些?**

脱硫塔窜气的原因有:

① 脱硫塔液面失灵或误操作;

② 塔压波动过大,导致液面波动过大而压空;

③ 胺液泵事故停运,而控制阀滞后造成压空。

☞ **83. 脱硫塔窜气如何处理?**

脱硫塔窜气应按如下处理:

① 外操去现场关闭液控阀的上下游截止阀,建立塔的液面;

② 降低脱硫塔压力,可打开压控阀的副线阀,压力恢复正常后关闭副线阀;

③ 如果是泵的故障,则迅速切换到备用泵,建立正常的液面。

☞ **84. 循环氢脱硫塔发生循环氢带液严重,如何处理?**

一旦发生循环氢脱硫塔带液严重,将威胁压缩机的运行安全和富液低压系统的安全,必须采取果断的措施进行处理:①立即对循环压缩机入口分液罐进行脱液,防止满罐或液位超过联锁值跳车;②内操立即手动控制脱硫塔塔底液位,防止液位抽空,此时塔底紧急切断阀联锁必须投用;③立即将脱硫塔跨线打开,降低进入脱硫塔气体量,减轻带液程度。如果跨线打开速度较慢,需要先降低压缩机转速,待正常后恢复;④必要时停止贫液进料，关闭贫液和富液进出阀门，暂时停止脱硫；⑤溶剂再生系统根据循环氢脱硫塔的操作变动情况，平衡好物料和蒸汽量，保持平稳操作。

☞ 85. 开工阶段影响加氢反应深度的关键控制因素是什么？

加氢装置的开工一般分为系统吹扫爆破、催化剂装填、气密、干燥、硫化和初活稳定、切换原料油几个阶段。各个阶段影响加氢反应深度的因素包括：①系统爆破吹扫不彻底，导致开工后系统压降偏高，压缩机排量受到限制，氢油比不能满足要求，换热设备换热效率差影响反应温度的提高；②催化剂装填不均匀，产生沟流偏流；反应器内构件安装不合要求，气液分布不均，产生偏流；催化剂的级配装填不合理，压降上升过快，影响压缩机排量和氢油比的提高；催化剂装填密度低，相同的体积空速下，质量空速偏低，催化剂有效活性有限；③催化剂干燥升温速度过快引起催化剂破碎，操作压力过高，恒温时间不够，导致脱水不完全。干燥介质夹带烃类，导致催化剂过早结焦；④硫化温度、恒温时间控制不当，硫化不完全，催化剂被还原；硫化油选择不当，注硫速度过快，温升太大，催化剂过早结焦；⑤未经过初活稳定，催化剂快速结焦；⑥开工阶段炉管介质中断，干烧后炉管结焦，导致炉管压差高，炉管表面温度超标，限制反应温度提高。

☞ 86. 装置开工吹扫目的和注意事项是什么？

新建装置或大修后，设备管线内部可能遗留焊渣及杂物，即使没有施工的部位也因停工时间较长，将产生大量的铁锈。为了保证设备、保证产品质量，保证开工顺利进行，采用吹扫方法清除杂物，使设备和管线保持干净，清除残留在管道内的泥沙、焊渣、铁锈等杂物，防止卡坏阀门、堵塞管线设备和损坏机泵。通过吹扫工作，可以进一步检查管道工程质量，保证管线设备畅通，贯通流程，并促使操作人员进一步熟悉工艺流程，为开工做好准备。在对加氢装置进行吹扫时，应注意以下方面：①引吹扫介质时，要注意压力不能超过设计压力；②净化风线、非净化风线、氮气线、循环水线、新鲜水线、蒸汽线等一律用本身介质进行吹扫；③冷换设备及泵一律不参加吹扫，有副线的走副线，没有副线的要拆入口法兰；④要顺流程走向吹扫，先扫主线，再扫支线及相关联的管线，应尽可能分段吹扫；⑤蒸汽吹扫时必须坚持先排凝后引汽，引汽要缓慢，严防水击，蒸汽引入设备时，顶部要放空，底部要排凝，设备吹扫干净后，自上而下逐条吹扫各连接工艺管线；⑥吹扫要反复进行，直至管线清净为止。必要时，可以采取爆破吹扫的方法。吹扫干净后，应彻底放空，管线内不应存水。

☞ 87. 原料、低压系统水冲洗及水联运定义及注意事项是什么？

水冲洗是用水冲洗管线及设备内残留的铁锈、焊渣、污垢、杂物，使管线、阀门、孔板、机泵等设备保持干净、畅通，为水联运创造条件。水联运是以水代油进行岗位操作训练，同时对管线、机泵、设备、塔、容器、冷换设备、阀门及仪表进行负荷试运，考验其安装质量、运转性能是否符合规定和适合生产要求，为下一步工作打下基础。

水冲洗过程注意事项如下：①临氢系统、富气系统的管线、设备不参加水联运、水冲洗，做好隔离工作；②水冲洗前应将采样点、仪表引线上的阀、液位计、连通阀等易堵塞的阀关闭，待设备和管线冲洗干净后，再打开上述阀门进行冲洗；③系统中的所有阀门在冲洗前应全部关闭，随用随开，防止跑串，在冲洗时先管线后设备，各容器、塔、冷换设备、机泵等设备入口法兰要拆开，并做好遮挡，以防杂物进入设备，在水质干净后方可上好法兰；④对管线进行水冲洗时，先冲洗主线，后冲洗支线，较长的管线要分段冲洗；⑤在向塔、容器内充水时，要打开底部排凝阀和顶部放空阀，防止塔和容器超压，待水清后再关闭排凝阀。

然后从设备顶部开始，自上而下逐步冲洗相连管线。在排空塔、容器的水时，要打开顶部放空阀，防止塔器抽空。

☞ 88. 原料和分馏系统试压及注意事项是什么？

原料和分馏系统试压的目的是为了检查并确认静设备及所有工艺管线的密封性能是否符合规范要求；为了发现工程质量大检查中焊接质量、安装质量及使用材质等方面的漏项；进一步了解、熟悉并掌握各岗位主要管道的试压等级、试压标准、试压方法、试压要求、试压流程。试压过程应注意如下事项：①试压前应确认各焊口的X光片的焊接质量合格；②试压介质为1.0MPa蒸汽和氮气，其中原料油系统用氮气试压，分馏系统绝大部分的设备和管线可以用蒸汽试压；③需氮气试压的系统在各吹扫蒸汽线上加盲板隔离，需蒸汽试压的系统在各氮气吹扫线上加盲板隔离；④设备和管道的试压不能串在一起进行；⑤冷换设备一程试压，另一程必须打开放空；⑥试压时，各设备上的安全阀应全部投用。

☞ 89. 开工时应注意的问题有哪些？

开工时应注意的问题有：①泄漏：设备升温期间热膨胀和热应力会使法兰和垫片接点处有小的泄漏。当发生这样的泄漏时，应在泄漏处放置蒸汽软管，将油气吹散，这样可在连接点紧好以前，防止发生火灾。为使热膨胀的危害减到最小，一般加热升温速度不应超过25℃/h。②当反应加压时，充入气体，必须是按正常的气体流动方向通过反应器的。③爆炸性混合物：系统内空气还未除去之前（O_2应不大于0.5%），决不允许引进烃类到工艺管线、容器中。在引入烃类原料前，所有设备必须用惰性气体或蒸汽置换，并经爆炸分析确认合格。④水的危险：决不允许将热油加到即使只有少量水的系统中。反应器系统用热气体循环干燥，分馏系统气密试验后，用气体加压后要将液体排干。系统里留有的水先用冷油冲洗，然后在循环期间用热油冲洗，从容器的底部、管道的低点以及泵处排放。⑤由于真空而造成的设备损坏：新鲜原料缓冲罐和分馏部分的所有容器没有按真空设计。这些设备用蒸汽吹扫后，决不允许将其出口全部关闭。设备冷却时，因为蒸汽冷凝会造成容器内真空，关闭蒸汽前，采取措施严防产生真空。⑥开工期间，正常时用较轻物料运转的设备可能会加入高倾点的原料油，因此应使用蒸汽伴热管，必要时，运转温度可设定得比正常时高一点。

☞ 90. 发生跑油事故的原因有哪些？应如何防止？

发生跑油事故的原因大致如下：① 工作人员责任心不强，缺乏检查或违反劳动纪律脱岗等；② 不按工艺指标办事，造成超温憋压等。③ 交接不清或联系不周；④ 阀门、加温管等泄漏；⑤ 计量仪表失灵；⑥ 检修施工质量差；⑦ 缺乏防冻保温，冻裂油管和阀门；⑧ 储油和输油设备年久失修。

防止跑油事故的安全措施：① 组织作业人员进行思想和安全技术的教育；② 认真执行岗位责任制，做到按时检尺，不出差错；③ 严格按操作规定指标办，不超温、不超压；④ 执行巡回检查一丝不苟；⑤ 发现渗漏等缺陷，要立即设法解决；⑥ 要定期检查设备有无泄漏，检修要保证质量；⑦ 加强油罐切水作业；⑧ 搞好与有关人员的联系，交接要清楚。

☞ 91. 操作中对反应器的使用有哪些限定？

加氢装置反应器所用材质多为21/4Cr-1Mo，由于铬钼钢长时间在370~575℃下操作，材质会发生脆化，因此，这种钢材在温度低于121℃时存在脆性断裂的可能性。故一般建议：温度在121℃以下时，21/4Cr1Mo和3Cr1Mo钢设备内的压力限制在产生的应力不超过材料屈服强度的20%的压力范围，但考虑到反应器内的温度与反应器外壁温度的差异，有的装置将此温度改为135℃。此外，对有明显的高残余应力或机械负荷应力的地方，可谨慎地进行密切监视和进行更严格的检查。为了确保安全，一般要求当温度在135℃以下时，压力不能超过总压的1/4。要求反应器开工操作时，要先升温后升压，在停工操作中，要先降压后降温。对于机械设计方面的考虑，冷却速度不应超过25℃/h，在压力降到总压的1/4以前不得将反应器温度降到135℃以下。这些措施对设备应力、堆焊层剥离倾向及防止因回火脆性引起的破坏都有好处。为了防止停工期间反应器不锈钢堆焊层和不锈钢工艺管道内壁接触到潮湿空气，与金属表面的硫化铁形成连多硫酸，造成不锈钢的连多硫酸应力腐蚀开裂，规定了设备和管线的氮气保护措施或用碱中和清洗措施。

☞ 92. 硫化过程有哪些限定？

为了得到好的硫化效果，并安全地完成硫化，在硫化过程中有如下要求：

① 不管怎样，任何阶段硫化剂用量不得超过最大额定注硫量。

② 在提温的过程中，若催化剂床层的最高温度超过入口温度25℃，就不得再提入口温度；如床层继续升温且超过入口温度35℃，应切断硫化剂，并降入口温度30℃，但要保证循环氢中硫化氢浓度不低于0.2%(体积)，此时可用急冷氢；如温升仍得不到控制，则泄压，熄火，并引入纯度大于99.99%(体积)的氮气。

③ 硫化期间正常情况不用冷氢，但冷氢阀必须处于随时可用状态。

④ 硫化期间不允许任何一个反应器床层温度大于400℃，特别是在370℃下硫化时，一旦超温3℃则速减硫化剂注入量20kg/h，若超温5℃则减量40kg/h，如果床层大于395℃，即启动0.7MPa/min泄压。

⑤ 硫化期间如发生故障而终止硫化，重新开始时必须恢复到终止前的状态进行。

☞ 93. 柴油加氢催化剂在预硫化过程需要注意的问题有哪些？

需注意的问题有：

① 为防止催化剂发生氢还原，引氢气进装置时床层最高点温度应低于催化剂厂商提供的最高允许引氢温度。在 H_2S 未穿透催化剂床层前，床层最高点温度不应超过 230℃。避免高温氢气对催化剂金属组分的还原作用。

② 硫化过程中，一定要严格控制升温速度及各阶段硫化温度，硫化反应是放热反应，若升温太快或硫化剂注入过多，则反应剧烈，会导致床层超温。

③ 当循环氢中硫化氢含量大于 1%(体积)时，适当减少硫化剂的注入量。如循环气中硫化氢浓度低于 0.5%(体积)，可适当提高硫化剂的注入量。

④ 在催化剂预硫化期间，各工艺参数每小时记录一次，脱水、称重必须有专人负责。

⑤ 硫化剂注入点阀门需要在硫化剂储罐压力控制稳定后再打开，防止倒窜，对注硫管线需要在投用前用氮气吹扫干净。

☞ 94. 加氢催化剂干燥时的主要注意事项有哪些？

加氢催化剂干燥时的注意事项有：

① 为了能使催化剂中的水分能在较低的温度下释放出来，催化剂干燥阶段反应系统压力应维持在 1.5MPa；

② 在压缩机能达到的情况下，气剂比应尽量大些，反应床层温波推进快，温度分布均匀，催化剂中水脱除得快。

③ 升温和恒温阶段有专人对脱水量进行称重记录；

④ 升温速度不可过快，在 250℃恒温阶段时间不小于 6h；

⑤ 当床层温度高于催化剂供应商给定的进氢最高温度时，不能引氢。

⑥ 当高压分离器释放不出水及循环气中水含量不变时，可以认为催化剂干燥结束，否则可适当延长催化剂恒温时间。

☞ **95. 开工中为使分馏产品尽快合格，分馏塔应如何操作调整？**

为尽快使产品合格，脱丁烷塔如下操作：①作好接生成油准备，脱丁烷塔底重沸炉油嘴、瓦斯嘴、长明灯畅通，反应来油时随时有提温余地；②控好炉出口(塔底)温度250℃，切用备泵赶水，校好液位、压力等仪表；③生成油进入脱丁烷塔后，按规定(30℃/h)提温，后逐步提压原则，尽量不使C_4组分带至主分馏塔(提温、提压过程参考主分馏塔塔压力不超限)。常压分馏塔如下操作：①做好接生成油的准备，重沸炉油嘴、瓦斯嘴、长明灯畅通，反应来油时随时有提温的余地；②调节炉出口温度至250℃，切换备泵赶水，校好液位、压力、流量等仪表；③当反应进料为1/4设计进料时，生成油进入分馏塔后按规定提温至正常指标，主分馏塔顶、侧线温度略控高于正常温度3~5℃，拔除轻组分；④反应进料到正常后，参考抽出量及温度调整各产品馏出量至正常值。

☞ **96. 停工中发生反应炉管结焦的原因是什么？**

反应炉管结焦的事故将严重影响装置的安稳长运行，对于炉前混氢流程，只要设计得当，在如此大的氢油比下，一般不易结焦。对于炉后混氢的加热炉，其原因是炉出口管线上的单向阀失灵，一旦循环氢中断或紧急放空过程中部分原料油或循环油窜入炉管，开工升温后导致结焦，严重的会烧坏炉管和影响装置运行。

☞ **97. 反应器开大盖时的安全措施有哪些？**

反应器开大盖时的安全措施有：①电动葫芦必须检验合格；②作业人员经过安全教育，作业人员在打开大盖时应佩戴防尘口罩；③反应器已经冷却至40℃或更低；④反应器出口8字盲板已翻至堵的位置；⑤反应器内通入氮气保持微正压；⑥起吊反应器大盖必须由专业起重人员进行吊装作业；⑦反应器大盖打开后，应从顶部通入氮气皮带，同时做好防雨措施；⑧安排人员对反应器床层温度和氮气压力进行监视并作好记录；⑨吊装现场用便携式 H_2S 监测仪进行监测；⑩吊装现场放置空气呼吸器以备急用。

98. 紧急泄压后开工应注意什么？

紧急泄压后开工应注意：①升压过程要对系统进行气密；②要注意加热炉管内是否有油，防止炉管结焦。

99. 装置检修时按什么顺序开启人孔？为什么？

蒸馏装置检修时，开启人孔的顺序是自上而下，即应先打开设备(塔或容器)最上的人孔，尔后自上而下依次打开其余人孔，以便有利于自然通风，防止设备内残存可燃气体，使可燃气体很快逸出，避免爆炸事故，并为人员入塔(器)逐步创造条件。有的厂是自上而下打开上中下三个人孔，也是便于自然通风，为人员入塔创造条件。

在打开设备(塔或容器)底部人孔前，还必须再次检查低点放空阀是否确实打开，防止设备底部残存有温度较高的残存液面而造成开人孔时的灼伤事故。

塔(器)必须经自然通风、化验分析合格后，办理入塔(器)工作票，方可入塔(器)工作。塔(器)采样化验分析是为了防止入塔窒息中毒和有残剩油气动火时发生爆炸着火，确保动火工作安全。总之，设备人孔的开启工作具有一定的危险性，要求检修和操作人员一定要头脑清醒，注意力集中，谨慎从事这项工作。

100. 未再生的催化剂卸出时应注意什么？

卸出催化剂时，存在不容忽视的安全技术问题，必须注意：①防止未再生的催化剂和硫化铁自燃。将催化剂床层降温至40℃甚至更低，保持氮气掩护杜绝空气进入反应器。②预防硫化氢中毒。在打开反应器及含硫化氢的设备、管线时，都应使用硫化氢检测器，佩戴有效的防毒面具，工作人员必须“结伴”作业。

③严防羰基镍中毒。加氢过程中广泛应用的含金属镍组分的催化剂经过长期运转后失活或其他故障需卸出处理时，如操作不当，很可能产生羰基镍致癌物质伤害操作人员和毒化环境。

羰基镍是一种挥发性液体，被人们吸入体内或接触皮肤后，都有严重的致癌性。羰基镍的生成主要是卸出的废催化剂中的元素镍与一氧化碳在低温下化合的产物。一般在 149 ~204℃的降温冷却过程中，必须确保惰性再生气中的一氧化碳浓度低于 10μL/L，以防止羰基镍的生成。同时，在反应器温度降至 149 ~204℃以前，必须将循环氢气中的一氧化碳含量降至 10μL/L 以下，才能继续降温。

由于卸出的废催化剂在空气中会自燃，故必须在氮气存在下卸出，卸出时反应器内应保持微正压的氮气流，其入口前面加上盲板，以杜绝空气进入反应器。在氮气中卸出或处理催化剂，可以避免催化剂闷烧，也就能防止羰基镍生成，在卸剂之前和卸出过程中，都要检测反应器中有无羰基镍存在。所有站在卸出口附近的人员都要戴上防毒面具，穿上全套防护服。

☞ 101. 为什么新催化剂升温至 150℃ 以前，应严格控制 10 ~ 15℃/h 的升温速度？

在催化剂床层从常温开始升温开始，分为两个阶段，常温~150℃和 150~250℃。新装催化剂温度<150℃时属于从催化剂微孔向外脱水阶段，如此阶段升温速度过快，水汽化量大，易破坏催化剂微孔，严重的很可能使催化剂破碎，造成床层压降过大，缩短开工周期；所以一般控制 10~15℃/h 的升温速度。

150~250℃提温阶段可以适当提高升温速度。催化剂中的大多数水分经 150℃恒温已逸出催化剂，但是仍应保证升温速度≤20℃/h。

☞ 102. 冷换设备在开工过程中为何要热紧？

装置开工时，冷换设备的主体与附件用法兰、螺栓连接，垫片密封。由于它们之间材质不同，升温过程中，特别是超过200℃（热油区），各部分膨胀不均匀造成法兰面松弛，密封面压比下降。高温时，会造成材料的弹性模数下降、变形，机械强度下降，引起法兰产生局部过高的应力，产生塑性变形弹力消失。此时，压力对渗透材料影响极大。或使垫片沿法兰面移动，造成泄漏。热紧的目的就在于消除法兰的松弛，使密封面有足够的压比保证静密封效果。

☞ 103. 停工过程中加热炉熄火应注意的事项有哪些？

停工过程中当常压炉出口温度降至250℃、减压炉出口温度降至300℃时，加热炉开始熄火。装置可根据情况留一个瓦斯嘴不熄火，以保持炉膛温度，方便管线扫线。熄火的火嘴要及时扫线，加热炉全部熄火后，要及时扫燃料油线。

加热炉熄火后根据炉膛温度下降情况，关小烟道挡板、一二次风门，并向炉膛吹汽进行闷炉，以溶解炉管外壁上的结盐。特别注意凡是用陶纤衬里的加热炉绝不允许闷炉，因为陶纤吸水性能特别强，大量吹汽会损坏陶纤衬里。

☞ 104. 停工扫线的原则及注意事项是什么？

停工扫线的原则及注意事项如下：

① 停工前要做好扫线的组织工作，条条管线落实到人。

② 做好扫线联系工作，严防串线、伤人或出设备事故。

③ 扫线时要统一指挥，确保重质油管线有足够的蒸汽压力，保证扫线效果。

④ 扫线给汽前一定要放尽蒸汽冷凝水，并缓慢地给汽，防止水击。

⑤ 扫线步骤是先重质油品、易凝油品，后轻质油品、不易凝油品。

⑥ 扫线时必须憋压，重质油品要反复憋压，这样才能达到较好的扫线效果。

⑦ 扫线前必须将所有计量仪表甩掉改走副线，蒸汽不能通过计量表。

⑧ 扫线前必须将所有的连通线、正副线、备用线、盲肠等管线、控制阀都要扫尽，不允许留有死角。

⑨ 扫线过程中绝不允许在各低点放空排放油蒸气，各低点放空只能作为检查扫线情况并要及时关闭。

⑩ 扫线完毕要及时关闭扫线阀门，并要放尽设备、管线内蒸汽、冷凝水。

⑪ 停工扫线要做好记录。给汽点、给汽停汽时间和操作员姓名等，均要做好详细记录，落实责任。

☞ 105. 蒸塔的目的及注意事项是什么？

装置停工后，各侧线虽然已向装置外扫线，但是各中段回流、塔进料线等全部是向塔内扫线的，这些残油均进入塔内，加之塔盘上还有很多油，塔顶挥发线及塔内还存有很多石脑油，这些残油、油气若不处理干净，空气进入后将形成爆炸气体，就不能确保安全检修，为了保证检修安全，通常采用蒸塔的方法来处理塔内油品、油气，并通过蒸塔进一步为洗塔创造条件。

蒸塔时注意以下问题：

① 塔顶流程必须按正常生产时的流程进行，不得遗漏任何冷凝冷却器。

② 打开塔顶油水分离器人孔排气，并将排水副线阀全部打开。

③ 所有侧线抽出阀及汽提塔抽出阀均要关闭，防止蒸汽窜入侧线。但主塔与汽提塔相连的阀门要打开。

④ 与主塔相连的各汽提塔均要按流程一道蒸塔，并将汽提塔底放空打开。

⑤ 塔底液面计放空阀也应打开。

⑥ 必须保证一定的蒸汽量和足够的吹气时间，介质不同蒸塔时间不同，按安全规范规定执行。

⑦ 蒸塔时给蒸汽一般以塔底汽、进料汽为主，中段回流处给汽为辅。

☞ 106. 阀门的盘根泄漏怎么处理?

阀门的盘根一般有两种压紧方式，一是由盘根压盖通过两个螺栓压紧，另一种是由螺帽直接压紧(小阀门用)。阀门盘根泄漏时，可以均匀地上紧两个螺栓压紧压盖，再压紧盘根填料起到密封作用，但盘根不宜压得太紧，否则阀门无法开关，如果盘根压盖已压到最低位置还有泄漏，就只能更换盘根了。对于螺帽压紧盘根阀，可直接上紧螺母即可。

☞ 107. 加热炉烘炉的目的是什么?

加热炉及烟气余热回收系统内部都砌有耐火砖及耐火材料。新建或修补的上述设备在施工过程均有大量水分，烘炉的目的就是要通过对这些耐火材料缓慢的加热升温，逐步脱除其中的自然水、结晶水，以免在开工过程中由于炉温上升太快，水分大量汽化膨胀造成炉体胀裂、鼓泡和变形，甚至炉墙倒塌。通过烘炉，可以使耐火胶泥得到充分的烧结，增强材料强度和延长使用寿命。通过烘炉，考验炉体各部分零部件及炉管在热态下的性能及“三门一板”(风门、油门、汽门及烟道挡板)、火嘴、阀门等是否灵活好用；进一步考验加热炉仪表的性能；并考验燃料气系统是否符合生产要求。通过烘炉，使操作人员掌握加热炉、空气预热系统的性能和操作。

☞ 108. 预硫化期间的紧急事故处理原则是什么?

预硫化期间，由于催化剂具有一定活性，遇紧急事故时，若温度控制不当，可能发生超温，因此要严格遵守预硫化过程中有关温度限制，并且密切监视催化剂床层温度，防止发生超温。

预硫化期间，催化剂上的氧化态金属组分易被氢气还原成金属，造成催化剂损坏，活性损失。在较高温度和预硫化还未产生更多 H_2S 时，还原发生的更快。因此，硫化期间催化剂的安全温度是在 180℃或更低。

☞ 109. 预硫化期间新氢中断如何处理？

预硫化期间如果新氢中断，硫化剂不能反应转化为 H_2S，必须视氢气恢复情况保持循环氢中一定的 H_2S 浓度，降低温度以防止催化剂被还原。当新氢恢复时，恢复反应系统至预硫化压力，恢复温度至新氢中断时的温度，恢复注硫化剂，继续正常的预硫化步骤。

☞ 110. 预硫化期间循环氢压缩机停机如何处理？

循环氢吸收预硫化反应放出的反应热量，循环氢中断后，催化剂有可能发生超温现象。

如果预硫化期间循环氢压缩机发生故障，首先停止注硫，降低反应温度，新氢机继续运转维持新氢补入，继续硫化油循环，加快降温速度，反应温度降到 180℃以下，直到压缩机恢复运行为止。

当压缩机重新启动时，密切观察催化剂的温度，必要时用冷氢控制任何热点。当反应器温度稳定后，重新开始注入硫化剂，恢复预硫化。

☞ 111. 湿法预硫化期间进料泵中断如何处理？

预硫化期间进料泵中断且备用泵也不能备用时，如有干法预硫化注剂点，可改为干法预硫化操作(如无特别要求，一般催化剂都能适应这两种方法)，此时应降低反应温度或放缓升温速度，或降低硫化剂注入量，将部分硫化循环油外甩，维持原料(低分)罐液面。进料泵恢复后，恢复湿法预硫化，或将干法预硫化进行到底。

如无干法预硫化注剂点，反应系统应降温，将部分硫化循环油外甩，维持原料(低分)罐液面，停止注硫化剂，反应加热炉降瓦斯量，反应器降温。如果循环氢中的 H_2S 含量开始明显减少时($\leq 0.1\%$)，继续降低反应温度，直至 180℃时以下。进料泵恢复后，恢复预硫化操作。

☞ 112. 预硫化期间硫化剂注入中断如何处理？

硫化剂中断会导致循环氢中 H_2S 浓度下降，从而导致催化剂活性金属的还原和活性损失。较好的处理方法是降低催化剂的温度直到恢复硫化剂的注入。硫化剂注入中断时，按以下步骤处理：

如果 H_2S 穿透反应器床层之前发生硫化剂注入中断，把反应器温度降到 180℃以下。如果穿透之后发生硫化剂注入中断，将反应温度降低 20℃，并注意循环氢中 H_2S 的含量。当循环氢中的 H_2S 含量开始明显减少时（≤0.1%），继续降低反应温度，直至 180℃以下。

当硫化剂恢复时，视循环氢中 H_2S 含量，逐渐把温度升到中断时的温度，继续正常的硫化步骤。

☞ 113. 预硫化期间的注意事项有哪些？

在催化剂预硫化期间，注意进行现场检查，发现漏点及时汇报和处理。由于循环气中过高的 H_2S 含量，操作、采样时要特别注意防止 H_2S 中毒。并通知所有现场施工人员及仪表、化验、电气等相关部门，加强注意和防范。

硫化过程中维持循环氢纯度≥80%，硫化过程中一般不排废氢和使用冷氢。

硫化过程中若循环氢中 H_2S 含量≤0.3%，反应床层任一点温度均不超过 230℃。

增大硫化剂注入量时，应暂停升温，升温时应保证硫化剂注入量不变，即不能同时升温和增大硫化剂注入量。

硫化过程中反应床层温升应控制不超过 25℃/h，硫化过程中反应床层任一点温度均不超过 400℃。硫化剂注入后，从反应器顶部开始产生温升，如无温升，应先提温，产生温升并贯通反应器，防止 H_2S 积聚产生飞温。如温升超标，应停止升温或降低入口温度，必要时减少或停止硫化剂注入，直至使用冷氢，情况危急时加热炉熄火，系统泄压。

☞ 114. 加氢装置开停工时容易出现哪些危险?

（1）开工时容易出现的危险：

① 加氢反应是放热反应，由于新催化剂活性强，因此要特别注意新催化剂开工控制好反应温度，防止催化剂床层超温。

② 设备升温期间热膨胀和热应力会使法兰和垫片接点处有小的泄漏。当发生这样泄漏时，应在泄漏处放蒸汽软管，使油气吹散，这样可在连接点紧好前，防止发生着火。泄漏处可用超声波检测或在法兰处用肥皂水或气体检测器检查，为了使热膨胀的危害减到最小，一般加热速度不应超过25℃/h。

③ 空气还未除去之前，决不允许引进烃类到工艺管线容器中，在引入烃类原料前，所有设备必须用惰性气体或蒸汽置换。

④ 热油决不允许加到即使只含少量水的系统中，反应器系统用循环热气体干燥，分馏系统气密试验后，用气体加压后要将液体排干，系统里留有水先用冷油冲洗，然后在循环期间用热油冲洗，从容器的底部、管道的低压以及泵处排放。

⑤ 新鲜原料缓冲罐和分馏部分的所有容器没有按真空设计，这些设备用过蒸汽后，决不允许让其关闭着，设备冷却时，因为蒸汽冷凝会造成容器内真空，关闭蒸汽前，采取措施严防产生真空。

（2）停工时容易出现的危险：

① 当催化剂床层温度高于80℃(175 ℉)时，绝不能用供风来帮助催化剂床层降温，这是为了避免在催化剂床层上的燃烧和羰基镍的形成(因为催化剂含有镍)。

② 在打开的盲板两侧都应保持氮气正压。

③ 在全面停车期间，加热炉炉膛温度必须维持在205℃(400 ℉)，以保护炉管，或按特殊程序的要求进行中和。

④ 任何奥氏体不锈钢设备在打开接触空气前都必须按照特

殊程序的说明用纯碱溶液中和。

⑤ 分馏部分在设备打开前必须排液和蒸汽吹扫。建议塔和塔顶罐在接触空气前用水彻底冲洗，以避免塔壁上的硫化亚铁锈自燃。

⑥ 在停车和停检期间，必须特别小心，避免人员进入含有 H_2S 或使用氮封的环境。所有打开的容器必须彻底检查，确认安全后方可进入。

☞ 115. 停工检修时为什么反应器出入口盲板不能同时调向？

主要原因是防止空气进入反应器，因为同时开盲板，则可产生烟筒效应，使空气进入反应器，这样就使催化剂氧化超温，甚至着火。所以在检修时，不能同时打开反应器出入口盲板。

☞ 116. 如何调节反应进料量？

调整反应进料应严格按“先提量后提温，先降温后降量”的要求进行。当进料量增加时，应适当提高精制入口温度，一般提量后应等待一段时间再提量、提温，至少前一股物料经过一个床层后，才可以继续。这主要是经过一个催化剂床层后，反应热量已经均匀释放，可以通过下一床层入口冷氢加以控制，避免超温事故的发生。

第四章　设备故障应急处理

☞ 1. 事故处理时设备运行的原则是什么？

所有塔、罐不能满或空，严防跑冒。高低压有关联的设备严防串压，防止超压爆炸着火。高压串低压的关键部位是：高压分离器由于液位过低大量气体串低压分离器；反应进料泵在开停过程中，造成串压；高压注水泵在开停过程中，造成串压；压缩机开停过程中，新氢返回线容易造成串压。各设备充压、泄压速度不要太快，以免破坏设备及压碎催化剂。

压力容器发现下列异常现象时，操作人员有权采取紧急措施，并及时报告车间及有关处室。

① 容器的工作压力、介质温度或壁温超过允许值，采取各种措施，仍不能使之下降。

② 容器的主要受压元件裂缝、鼓包、变形、泄漏等缺陷危及安全。

③ 发生火灾且威胁容器安全运行和生产时。

☞ 2. 操作使用设备的安全规定是什么？

① 启用换热器、冷却器时，先开冷介质，后开热介质；停用时，先停热介质，后停冷介质。冷却器停用后，将其中存水放净。

② 启动空冷器时，应先检查风机有无问题。

③ 管壳式冷换设备，若一程吹扫时，另一程必须打开放空阀泄压，防止液体汽化憋坏设备。

④ 阀门，特别是铸铁阀门关闭时不要用力过大，打开时不应开到头，防止损坏。

⑤ 蒸汽吹扫管线，应脱尽蒸汽中的凝结水，防止打水锤。

⑥ 运转的设备，安全阀的上下手阀必须打开。

⑦ 在使用公用管线时，要注意压力变化，防止油倒窜，影响产品质量和正常生产。

⑧ 女操作员不准露长发靠近转动设备，应戴女工帽。

⑨ 对高温临氢系统，要闭灯检查，发现问题及时汇报。

☞ **3. 氢气压缩机及其附属系统有哪些安全保护措施?**

保护措施如下：

① 机组所处区域属含氢区域，所用的电气设备和仪表的防爆等级应与此相适应。

② 循环氢压缩机的轴端密封是安全运转的关键，也是易发、多发机械故障的部位。端面密封的选择应和其工况相适应，对入口压力在12.0MPa以上的压缩机，应首选油膜密封；干气密封可以在入口压力12.0MPa以下按实际情况使用；8.0MPa以下的入口压力可以考虑选用机械密封。

③ 要正确选择压缩机的辅助系统，如入口过滤器、级间气液分离罐、级间冷却器、进出口缓冲罐、润滑及冷却系统等，以保障正常生产和安全运行。

④ 往复式压缩机在设计阶段必须进行配管系统管路震动的模拟分析，以选择适宜的缓冲罐、孔板、管线长度及系统中的重要元件，如冷却器、分离器等。

⑤ 润滑油系统的主油泵须设备用泵，原动机以一汽动一电动为宜。正常时运行汽动泵，电动泵备用。

⑥ 密封油高位油罐的液位高度控制密封油的压力，其安装高度应由制造厂规定，在设计安装和检修时不能随意变动。润滑油低油压停机联锁宜设三取二的方式。

⑦ 高位罐、油气分离器、脱气槽的低液面报警及低液面停机应有单独的液面开关。

⑧ 设置防喘振控制，将一部分气体从出口通过自动控制返

回入口，以保证入口流量大于喘振值。

☞ 4. 氢气压缩机有哪些监控保护和应急处理措施？

压缩机除了对机组的轴震动进行重点监控外，还对一系列的运行参数进行监控以保证机组的安全运行。这些参数包括轴瓦温度、汽轮机转速、润滑油及密封油压力等。它们和紧急停车系统（ESD）共同组成对机组的全面保护。停机的项目包括：机组超速；润滑油低油压；密封油高位罐低液位；机组轴震动位移超标；机组外的工艺参数联锁系统动作；手动紧急停机。有的机组可能还包括轴瓦温度过高、汽轮机背压过高。在正常运行中这个系统是处于备用状态，因此必须时刻保持良好，同时要建立定期检测制度。ESD 不仅在机组出现问题时提供停机保护，以避免更严重的安全事故发生。同时它还能和工艺过程的相关参数联锁，成为装置安全保护的重要措施。

☞ 5. 压缩机的巡回检查内容有哪些？

压缩机的巡回检查内容：

① 检查基础无浸油、裂缝及大幅度振动，无沉陷。②检查机体无振动、渗油现象；内部无异声；呼吸器无油雾；连接螺栓及地脚螺栓无松动。③检查主轴承温度小于 70℃；油封不漏油。④检查十字头无异响、松动；上下滑道温度小于 70℃；油质油量是否正常。⑤检查汽缸各级进排气压力、温度正常；汽缸盖、气阀盖、汽缸填料函无泄漏；缸体无振动，汽缸内及气阀运动无异声；气体进、出口接管及冷却水回水管不漏气；冷却水进出口温度、进气阀盖温度正常；各连接螺栓无松动；注油止逆阀灵活好用。⑥检查冷却器进出口气体和水的温度正常，水量符合规定；器内无异声及振动；气体管路及冷却水管路上的焊缝、连接管口及阀门无渗漏；气体管路无强烈振动，各螺栓固定处无松动。⑦检查各分液罐液位正常；各连接点无泄漏。⑧检查油泵油压正常，油路畅通；泵壳、油路管线无渗漏。注油器视油罩内应

有油滴下，油位正常，其外无积油。曲轴箱油质合格，油位油温正常。

☞ 6. 为什么设备不能在超温、超压、超负荷下运行？

机泵、设备都是按照一定的使用要求进行设计和制造的，但考虑材质、制造使用等方面的因素，在设计时虽然有一定的安全系数，但决不允许在超温、超压、超负荷下运行，否则超出极限就会发生着火爆炸、机器设备严重损坏事故。所以不经慎重的核算、研究，任意改变工艺指标规定，超温、超压、超负荷运行必须坚决制止。

☞ 7. 按工作原理分，压缩机可以分成哪两大类？各自的工作原理如何？

压缩机可分为容积式(往复式)压缩机和速度式(离心式)压缩机。容积式压缩机工作原理是依靠汽缸工作容积周期性变化，使气体容积缩小，气体密度增加，从而提高气体的压力。速度式压缩机工作原理主要依靠在高速旋转叶轮的作用下，得到巨大的动能，然后在扩压器中急剧降速，使气体的动能转换成所需要的压力能。

☞ 8. 为什么往复式压缩机出口阀片损坏或密封不严会造成出口温度升高？

根据往复式压缩机工作原理，汽缸在吸气过程中出口阀是关闭的，入口阀才是打开的，一旦出口阀片故障，那么吸气过程中就会有气体从出口阀倒窜入缸内，而且这些气体是已被压缩过的130℃左右的气体，这些高温气体再压缩再排出，出口温度就变高，如此反复循环，出口温度就越来越高。

☞ 9. 活塞杆过热的原因有哪些？

活塞杆过热的原因有：①活塞杆与填料函装配时产生偏斜。②活塞杆与填料函配合间隙过小。③活塞杆与填料的润滑油有污垢或润滑油不足造成干摩擦。④填料函中有杂物。⑤填料函中密封圈卡住不能自由移动。⑥填料函中密封圈装错。⑦填料函往机身上装配时螺栓紧的不正，使其与活塞杆产生倾斜，活塞杆在运转时与填料中的金属盘摩擦加剧产生发热。

☞ 10. 往复式压缩机带液时会产生什么现象？

往复式压缩机带液时现象：①机体及汽缸等出现异常振动；②电流大幅波动；③流量、压力波动；④管线振动。

☞ 11. 往复式压缩机最常见的故障及主要现象是什么？

(1) 常见故障：①出入口阀片裂或断裂；②出入口阀座垫片坏；③活塞背帽、十字头螺母松动。

(2) 现象：①汽缸阀体温度高，气体出入口压力高，阀动作噪声大；②阀体温度高，出口温度高；③响声异常，有撞击声。

☞ 12. 往复式压缩机流量不足的原因是什么？

原因：①入口压力不足；②总出口压力过高；③各级压控表调节不当；④入口过滤网堵塞；⑤吸排气阀故障；⑥汽缸内窜气严重或填料漏气严重；⑦余隙容积过大；⑧系统漏串；⑨容量控制不当；⑩负荷不够。

☞ 13. 活塞杆拉断的原因可能有哪些？

活塞杆拉断的原因：①活塞环磨平后，缸体同活塞接触面积加大，摩擦热量骤增。②注油不畅或减少。③汽缸内侧有异物进入。④装配同心度不够或紧力不够。⑤活塞杆本身缺陷。

☞ 14. 往复式压缩机运动部件发生异常声音的原因及处理方法是什么？

原因：①连杆螺栓，轴承盖螺栓，十字头螺母松动或断裂等。②主轴承，连杆大、小头瓦、十字头滑道等间隙过大。③各轴承与轴承座接触不良，有间隙。④曲轴与联轴器配合松动。

处理方法：①紧固或更换损坏件。②检查并调整间隙。③刮研轴瓦瓦背。④检查其他情况并采取相应措施。

☞ 15. 往复式压缩机汽缸过热的原因是什么？

原因是：①冷却水不足或中断；②缸套结垢；③入口温度高；④活塞环磨损或断裂；⑤注油中断；⑥余隙或死点间隙过大；⑦气阀倒气。

☞ 16. 压缩机排气量达不到设计要求的原因及处理方法是什么？

原因有以下几点：①气阀泄漏，特别是低压气阀泄漏；②填料漏气；③第一级汽缸余隙容积过大；④第一级汽缸的设计余隙容积小于实际结构的最小余隙。

处理方法：①检查低压级气阀，并采取相应措施；②检查填料的密封情况，并采取相应措施；③调整汽缸余隙；④若设计错误，应修改设计或采用措施调整余隙。

☞ 17. 压缩机级间压力超过正常压力的原因是什么？

原因是：①后一级的吸、排气阀不好；②第一级的吸入压力过高；③前一级冷却器冷却能力不足；④活塞环泄漏引起排出量不足；⑤到后一级间的管路阻抗增大；⑥本级吸、排气阀不好或装反。

☞ 18. 压缩机排气温度超过正常温度的原因是什么？

原因是：①排气阀泄漏；②吸气温度超过规定值；③汽缸或冷却器冷却效果不良。

☞ 19. 吸排气阀有异常响声的可能原因是什么？消除方法有哪些？

原因：①吸排气阀折断；②阀弹簧松软或损坏；③阀座深入汽缸与活塞相碰；④阀座装入阀室时没有放正，或阀室上的压盖螺栓没有拧紧；⑤负荷调节器调得不当，产生半负荷状态，使阀片与压开进气调节装置中的减荷叉顶撞。

处理：①检查汽缸上的气阀，对磨损严重或折断的要更换新的；②更换符合要求的阀弹簧；③用加垫的方法使阀升高；④检查阀装的是否正确，阀室上的压盖螺栓要拧紧；⑤重新检查调整负荷调节器，使其动作灵敏准确。

☞ 20. 压缩机汽缸内发生异常声音的原因是什么？

原因：①气阀有故障；②汽缸余隙容积太小；③润滑油太多或气体中含水多，产生水击现象；④异物掉入汽缸内；⑤汽缸套松动或裂断；⑥活塞杆螺母或活塞螺母松动；⑦填料破损。

☞ 21. 压缩机汽缸部分发生不正常振动的原因？

原因：①支撑不对；②填料和活塞环磨损；③配管振动引起的；④垫片松；⑤气管内有异物掉入。

☞ 22. 压缩机管道发生不正常振动的原因是什么？排除方法是什么？

原因有：①管卡太松或断裂。②支撑刚性不够。③气流脉动引起共振。④配管架子振动大。

排除方法：①紧固之或更换新的，同时应考虑管子热膨胀。②加固支撑。③消除气流引起共振。④加固配管架子。

☞ 23. 压缩机机体部分发生不正常振动的原因及处理方法是什么？

原因：①各轴承及十字头滑道间隙过大。②汽缸振动引起。③各部件接合不好。

处理方法：①调整各部间隙。②消除汽缸振动。③检查并调整各部件。

☞ 24. 新氢压缩机在什么情况下应紧急停机？

①润滑油压下降到联锁值时，联锁未动作；②管线(油、气)破裂无法修复或发生着火时；③轴承温度急剧上升；④压缩机出现严重撞击声和任一部件损坏；⑤电机温升超过规定值；⑥电机超电流调节无效时；⑦润滑油温超过规定值无法处理时；⑧供氢中断无法恢复时；⑨系统联锁需要新氢机停运而未停时。

☞ **25. 新氢压缩机紧急停机步骤是什么？**

步骤如下：①立即切断电源（按停机电钮），如情况允许可先将负荷打至0%；②关闭出入口总阀，打开泄压阀泄压；③其他按正常停机步骤进行。

☞ **26. 压缩机轴承或十字头滑履发热的原因是什么？处理方法有哪些？**

原因有：①配合间隙过小。②轴和轴承接触不均匀。③润滑油压力低或中断。④润滑油太脏。

处理方法：①调整间隙。②重新刮研轴瓦。③检查油泵，油路情况。④更换润滑油。

☞ **27. 离心压缩机组由哪几个系统构成？各系统的主要作用是什么？**

通常离心压缩机组是由蒸汽轮机、离心式压缩机及其所属的润滑油系统、密封油系统和调节系统等构成。

蒸汽轮机的作用是带动离心式压缩机转子旋转。它由机壳、转子、润滑系统、密封系统和调节系统组成。它借助油压变化控制汽轮机的过热蒸汽量，由蒸汽吹动转子旋转，进而控制汽轮机的转速和控制压缩机的转速，使压缩机在稳定的工况下工作。

离心式压缩机是机组惟一做功的机器，在同一缸体内安装几个叶轮，配有级间密封、浮动环密封、可倾瓦轴承及推力轴承等。叶轮在原动机（汽轮机）带动下高速旋转，氢气进入叶轮后，在叶片的作用下跟着叶轮旋转，流出叶轮时速度和压力都有增加，经扩压器后，氢气的动能转变为压力能，经过弯道把氢气引至下一级再进行压缩，从末级流出的氢气经过蜗壳排入系统。

润滑系统是对离心式压缩机组的汽轮机和离心压缩机起润滑、密封、减震和冷却作用。通常由油泵和一些辅助系统构成，在轴承与轴之间形成一定厚度的油膜。

密封系统的作用是防止气体轴端泄漏，通过密封油使机组的两个浮环(外浮环和内浮环)形成一定厚度的油膜，再配以一个大气压的密封气，达到机腔内气体的密封。

调节系统，通过润滑油站提供的调节油调节汽轮机的工况，它是由一系列调节机构组成。

☞ 28. 发生喘振的特征是什么？引起压缩机喘振的原因是什么？如何防止？

特征：①流量和排压出现周期性波动；②出现周期性的气流吼叫声；③压缩机的轴振动急剧上升，机后出口管线振动。

原因：①压缩机实际运行流量小于喘振流量，诸如生产降量过多、吸入气源不足、入口滤清器堵塞、管道阻力增加、叶轮通道或气流通道堵塞等。②压缩机出口压力低于管网压力。诸如管网压力增加、进气压力过低、进气温度或气体相对分子质量变化太大、压缩机转速变化太快、升压速度过快过猛、管路逆止阀失灵等。③加热炉进料控制阀或循环氢换热控制阀限量。

防止喘振：①根据工艺要求，保证足够流量，使压缩机处于稳定工况区；②根据工艺条件变化，及时调整转速，使压缩机工作点远离喘振点；③采取出口放空或出入口之间增加旁路回流(开反飞动阀)等措施，保证入口足够的气体流量。

☞ 29. 引起离心机振动增加的主要原因有哪些？

原因有：①同心度不对；②轴承损坏；③动、静部分摩擦；④联轴器损坏；⑤转子不平衡。

☞ 30. 引起机组振动的原因有哪些？

原因：①轴承油压下降，油温过高，过低或油质劣化；②喘振；③蒸汽带水，氢气带液；④主轴弯曲或叶轮与主轴接合处松动；⑤叶片断裂，动平衡破坏；⑥轴封破坏，迷宫梳齿之间碰撞或与轴发生摩擦；⑦因升降温不合适，热应力过大造成气罐变形；⑧转子与定子之间有异物；⑨联轴节中心不对正或轴瓦间隙不合适；⑩机组基础螺栓及轴承座与基座之间联结螺栓松动。

☞ 31. 循环氢压缩机在什么情况下必须停运？

如果发生下列情况之一者，应立即停运氢气循环压缩机：①循氢机突然出现严重带油，输送介质出口压力大幅度波动；②循氢机出口温度过高，润滑油压力低于指标，应认真查找原因，查不清原因或处理无效时，停止运转；③氢气大量外漏；④循氢机主要部件严重故障，危及安全。

☞ 32. 压缩机活塞杆断裂如何处理？

处理方法如下：①发生压缩机活塞杆断裂事故，一般伴随装置现场压缩机附近巨大的撞击声音，需要立即紧急停运压缩机，可通过内操紧急停机按钮或外操现场急停按钮紧急停机；②紧急停机后，外操先关闭机组进出口阀门进行泄压；③内操通知调度和装置负责人及技术人员；④紧急停机后再紧急启动备机，高分压力可手动控制，系统压力可控制稍微低一点，平稳后恢复系统压力。

☞ 33. 加氢装置新氢压缩机泄漏着火如何处理？

当加氢新氢压缩机发生泄漏着火时，应立即按以下步骤处理：①压缩机负荷降为零，迅速关闭出口阀、入口阀，机组紧急泄压后进行置换；②打开消防蒸汽、箱式消火栓进行初期扑救和掩护；③通知内操紧急降量、降温操作，通知调度；④迅速拨打消防大队和气防站急救电话进行抢救；⑤如火势得到控制，应立即启动备机恢复生产。

☞ 34. 循环氢压缩机密封油过滤器前后压差突然降低是什么原因？如何处理？

在正常情况下，过滤器前后压差随着过滤器的堵塞逐渐增大，为维持滤后油压，滤油前油压调节系统动作，通过控制回流量逐步提高滤前油压，由于前后压差增大，有时会损坏过滤网，使其破裂，这样压差会突然降低，这意味着一部分油未经过滤就进入系统，是不允许的，应立即切换滤油器，对损坏的过滤网进行更换。

☞ 35. 循环氢压缩机润滑油泵出口压力不足、不稳的原因是什么？

原因：①小透平调速器工作不正常，导致转速不正常；②蒸汽参数不正常，导致转速不够；③油泵出口环过量磨损或流道堵塞；④润滑油温过高；⑤润滑油质量不正常；⑥机组用油不正常；⑦油罐液面过低；⑧泵内带入气体 。

☞ 36. 循环氢压缩机入口流量不足的原因是什么？

原因有：①反应系统压力不足；②循环氢压缩机转速不够；③循环机反飞动阀开得过小；④循环机入口过滤网堵塞；⑤空冷被堵严重；⑥机出口或入口开度不够或故障；⑦系统阻力过大；⑧压缩机叶轮流道堵塞。

☞ 37. 汽轮机的工作原理是什么？

汽轮机的工作原理是：进入汽轮机的具有一定压力和温度的蒸汽，流过由喷嘴、静叶片和动叶片组成的蒸汽通道时，蒸汽发生膨胀，从而获得很高的速度，高速流动的蒸汽冲动汽轮机的动叶片，使它带动汽轮机转子按一定的速度均匀转动。

☞ 38. 汽轮机叶片为什么会断？

汽轮机叶片折断原因如下：①汽轮机超负荷运行时，使叶片超过许用应力而折断；②汽轮机叶片频率不合格，运行中发生共振而折断，特别是高、低频率运行时尤为严重；③叶片由于机械杂质冲击，湿蒸汽水蚀和化学腐蚀等因素，使机械强度减弱而断落；④汽轮机蒸汽温度超过正常限额，使叶片受高温影响，材料许用应力降低或产生高温膨胀；⑤其他重大事故(如水冲击、轴承烧毁)引起叶片损坏。

叶片断裂的现象如下：①汽缸内有金属响声或冲击声；②汽轮机振动可能增大(当叶片断落后嵌入动静部分造成摩擦或引起质量不平衡时)；③末级叶片飞落，可能打断凝汽器第一排铜管而漏水。

☞ 39. 汽轮机为什么会超速或飞车？现象是什么？

超速或飞车的原因是：①汽轮机甩负荷时调速系统作用不良或危急保安器卡涩；②汽轮机危急保安器动作，自动主汽门及调速汽门由于结垢、卡涩、垫料过紧、门杆变曲等原因而卡住；③汽轮机甩负荷时，抽气逆止门卡涩，蒸汽倒回入汽缸。

飞车的现象是：①转速表大大超过危急保安器动作转速或无法指示；②机组发出超速的异声；③严重超速时汽缸内有金属响声，机组振动剧增甚至产生巨大冲击声，转子零件破缸而出。

☞ 40. 汽轮机真空度下降如何消除？

可采用如下方法加以消除：①调整轴封进汽，尤其是低压轴封，不让空气漏入；②调整射汽抽气器的工作气压；③定期放出射汽抽气器凝结水侧空气；④保持一定的加热器水位。

☞ 41. 中压蒸汽压力大幅度下降时，循环氢压缩机机组做好哪些工作？

应做好如下工作：

① 迅速联系调度及蒸汽锅炉查明原因和可能发展趋势；

② 如果循环机转速出现下降现象，迅速平稳地切换两台汽泵至电泵运转；

③ 若循环机转速能保持在 7500r/min 以上，且参数正常，特别是响声振动，位移正常则维持；

④ 若转速接近临界转速，则作紧急停机处理，可看情况是否开机低速运行；

⑤ 整个过程都应十分注意参数变化，不同情况采取不同的灵活措施；

⑥ 蒸汽恢复正常后应抓紧开机。

☞ 42. 蒸汽温度下降有何现象？如何处理？

蒸汽温度下降的现象：①蒸汽温度指示下降，蒸汽流量下降，机声变化；②压缩机入口压力升高，流量下降。

处理方法：①联系锅炉岗位提高蒸汽温度，联系调度提高管网蒸汽温度；②加强脱水。

☞ 43. 蒸汽带水有何现象？如何处理？

蒸汽带水对压缩机的影响：①蒸汽温度指示急剧下降，蒸汽流量增大，转速下降，机声变化，汽轮机轴封甩水。②压缩机入口压力下降，流量下降。

处理方法：①加强脱水；②联系锅炉岗位和调度提高蒸汽温度；③严重时，联系反应岗位降机组负荷或停机。

☞ 44. 汽轮机发生水击时有哪些现象？

现象：①主蒸汽温度急剧下降；②蒸汽管道法兰、汽轮机轴封冒汽或溅出水滴；③有清晰的水击声；④机体振动加剧；⑤瓦温明显上升。

☞ 45. 调速系统晃动的原因有哪些？消除办法有哪些？

产生晃动的原因：①调速系统迟缓率大。②调速汽门重叠率大。③错油门重叠度大。④油压晃动。⑤调速器转动轴弯曲。⑥调速系统静特性曲线不合格。⑦负荷波动。

消除办法主要：①使调速系统静特性曲线合乎要求。②稳定油压。③定期检查及清洗调速系统。④调整调速汽门及错油门的重叠度。⑤稳定操作。

☞ 46. 压缩机油冷却器泄漏的现象及处理方法是什么？

现象：①油站油位短时间下降幅度较大；②油压下降；③油冷器冷却水出口水中含油；④轴瓦温度上升较快。

处理方法：①向油箱补充新油保持油位；②切换油冷器，调节油压油温至正常；③控制水压小于油压，防止油中带水；④轴瓦温度上升较快，无法控制时可紧急停机，避免烧瓦事故。

☞ 47. 压缩机轴瓦温度上升的原因及处理方法是什么？

原因：①润滑油油压下降；②油温过高或过低；③油中带水；④油变质或乳化；⑤轴振动增大引起轴间隙变化；⑥循环水压下降或水温上升；⑦负荷过大；⑧轴承损坏或油路堵塞。

处理方法：①查明润滑油压力下降的原因，调节油压至正常；②调节冷却水量，控制润滑油冷后温度在指标内；③控制水压小于油压，必要时切换油冷却器；④油箱及时脱水，化验分析油质，必要时更换新油；⑤查明原因，消除振动，保证机组运行平稳；⑥调节循环水温度和压力正常；⑦适当降低压缩机负荷；⑧检查更换轴瓦，若轴瓦温度上升较快，无法控制时可紧急停机，避免烧瓦事故。

☞ 48. 润滑油油压下降的原因及处理方法是什么？

原因：①主油泵故障；②油泵油管路堵塞或吸入空气；③油箱油位低；④滤油器堵塞严重；⑤油路控制阀失灵；⑥油路有泄漏或堵塞；⑦仪表显示失灵；⑧油温过高；⑨油冷器泄漏。

处理方法：①启动辅助油泵，停主油泵处理；②保证油压的前提下，处理漏点或堵塞处；③向油箱加油至规定位置；④切换过滤器，并清洗；⑤切换油冷器；⑥控制阀改副线控制，联系仪表人员处理；⑦联系处理漏点或疏通油路；⑧联系仪表人员检验仪表；⑨调节油温至正常；⑩油压过低不能处理时可紧急停机。

☞ 49. 压缩机轴振动增高的原因及处理方法是什么？

原因：①地脚螺栓松动；②轴承间隙增大；③转子平衡不好；④机组处于喘振工况；⑤润滑油温度过低或过高；⑥系统共振或基础共振。

处理方法：①联系钳工紧固地脚螺栓；②查明压缩机轴振动增高的原因，消除隐患，必要时停机处理。

☞ 50. 润滑油温度高的原因及处理方法是什么？

原因：①冷却水温度高、压力低、流量小；②油冷器结垢，冷却效果差。

处理方法：①联系调度提高冷却水温度和压力；②及时切换油冷器，并进行清洗；③调节蒸汽加热器给汽阀开度。

☞ 51. 离心泵的启动步骤是怎样的？应注意什么问题？

（1）启动前的准备：

① 认真检查泵的入口管线、阀门、法兰、压力表接头是否安装齐全，是否符合要求，冷却水是否畅通，地脚螺栓及其他连接部分有无松动。

② 向轴承箱加入润滑油(或润滑脂)，油面处于轴承箱液面计的2/3。

③ 盘车检查转子是否松动灵活，检查泵体内是否有金属碰击声或摩擦声。

④ 装好靠背轮防护罩，严禁护罩和靠背轮接触。

⑤ 清理泵体机座，搞好卫生工作。

⑥ 开启入口阀，使液体充满泵体，打开放空阀，将空气赶净后关闭，若是热油泵，则不允许放空阀赶空气，防止热油窜出自燃(如有专门放空管线及油罐可以向放空管线赶空气和冷油)。

⑦ 热油泵在启动前，要缓慢预热，特别在冬天应使泵体与管道同时预热，使泵体与输送介质的温度差在52℃以下。

⑧ 封油引入油泵前必须充分脱水。

（2）离心泵的启动：

① 泵入口阀全开，出口阀全关，启动电机全面检查机泵的运转情况。

② 当泵出口压力高于操作压力时，逐步开出口阀门，控制泵的流量、压力。

③ 检查电机电流是否在额定值以内。如泵在额定流量运转

而电机超负荷时，应停泵检查。

④ 热油泵正常时，应打入封油。

（3）还应注意的事项：

① 离心泵在任何情况下都不允许无液体空转，以免零件损坏。

② 热油离心泵，一定要预热，以免冷热温差太大，造成事故。

③ 离心泵启动后，在出口阀未开的情况下，不允许长时间运行（小于1~2min）。

④ 在正常情况下，离心泵不允许用入口阀来调节流量，以免抽空，而应用出口阀来调节。

☞ 52. 热油泵为何要预热？怎样预热？

泵如不预热，泵体内冷油或冷凝水与温度高达200~350℃的热油混合，就会发生汽化，引起该泵的抽空。热油进入泵体后，泵体各部位不均匀受热发生不均匀膨胀，引起泄漏、裂缝等。还会引起轴拱腰现象，产生振动。热油泵输送介质的黏度大，在常温和低温下流动性差，甚至会凝固，造成泵不能启动或启动时间过长，引起跳闸。

预热步骤：①关死泵出入口排凝阀；②打开润滑油阀；③给上少量的冷却水，保持畅通；④打开预热阀（稍开冲洗油阀）；⑤稍开出口放空阀（不能开太大，以免着火）；⑥泵腔充油后打开入口阀；⑦慢慢预热50℃/h，预热要均匀；⑧预热到介质的温度和泵壳≯10℃；⑨不要使泵倒转。

热油泵预热应以50℃/h的速度升温。预热过快的害处有以下几种：①对泵的使用寿命有较大的影响；②对泵的零件预热不均匀造成损坏或失灵；③端面密封漏，法兰、大盖漏。

☞ 53. 泵在运行中常出现哪些异常声音？

（1）滚动轴承异常声音：

①新换的滚动轴承，由于装配时径向紧力过大，滚动体转动吃力，会发出小的嗡嗡声，此时轴承温度会升高。②如果滚动轴承体内油量不足，运行中滚动轴承会发出均匀的口哨声。③滚动体与隔离架间隙过大，运行中可发出较大的唰唰声。④在滚动轴承内外圈道表面上或滚动体表面上出现剥皮时，运行中会发出断断续续的冲击和跳动。⑤如果滚动轴承损坏(包括隔离架断开、滚动体破碎、内外圈裂缝等)运行中有破裂的啪啪啦啦响声。

（2）松动产生的异常声音。由转子部件在轴上松动而发出的声音，常带有周期性。如叶轮、轴套在轴上松动时，就会发出咯噔咯噔的撞击声。如这时泵轴有弯曲，则碰撞声将更大。在这种情况下运行是危险的，会使叶轮产生裂纹，泵轴断裂。

☞ 54. 电动机运行中应注意哪些问题?

为保证电动机的安全运行，日常的监视、维护工作很重要。电动机的运行状况会通过表计指示、温度高低、声响变化等方面的特征表现出来。因此，只要注意监视，异常情况是可以及时发现的。除了规程所规定的监视、维护项目外，这里要强调注意以下几点：

① 电流、电压。正常运行时，电流不应超过允许值。一般电动机只在一相装电流表，对低电压电动机，如有必要，可用钳形电流表分别测三相电流。电流的最大不对称度允许为 10%。检查电压，一般借用电动机所接的母线电压表监测。电压可以在额定电压的+10% ~-5%的范围内变动，电压的最大不对称度允许为 5%。

② 温度。除了电动机本身有毛病如绕组短路、铁芯片间短路等可能引起局部高温外，由于负载过大、通风不良、环境温度过高等原因，也会引起电动机各部分温度升高。绕组的温度除可以用电阻测温外还可用电动机制造时预先埋入的热电偶来测定。铁芯、轴承和滑环等部分的温度可以用酒精温度计测量。运行中有必要时，可在电动机外壳贴酒精温度计监视温度，但控制温度

应低于电动机的最高温度允许值。关于温升的允许值，应参照有关规程规定或厂规定。

③ 音响、振动、气味。电动机正常运转时，声音应该是均匀的，无杂音。振动应根据电动机转速控制在规程规定允许值之内。凡用手触摸轴承部位觉得发麻，说明振动已很厉害，应进一步用振动表测量。如电动机附近有焦臭味或冒烟，则应立即查明原因，采取措施。

④ 轴承工作情况。主要是注意轴承的润滑情况，温度是否过高，有无杂音。大型电动机要特别注意润滑油系统和冷却水系统的正常运行。

⑤ 其他情况。绕线式电动机还应注意环上电刷的运行情况。

☞ 55. 离心泵在出口阀关死时运转会烧坏电动机吗？

离心泵在出口闸阀关死的工况下运行是否会引起电动机因过载而烧毁，这与泵的比转速、流量–功率曲线形状以及所选择的电动机有关。一般来说，离心泵的比转速小于300，泵所消耗的功率在零流量时最小，随着流量的增加，消耗的功率也增大，而且选择离心泵用的电动机是以设计点功率为依据，留有相当的裕量。所以，一般来说，不会由于离心泵在关死出口阀工况下运行时，大部分功率转变为热能，使泵内的液体温度上升，发生汽化，这会导致离心泵损坏。因此，离心泵不能长期在出口阀关死工况下连续运行。

☞ 56. 离心泵抽空有何危害？

从操作上讲，因压力、流量的降低，使操作难以平稳；从设备上讲，泵抽空会在叶轮入口处靠近前盖板和叶片入口附近出现麻点或蜂窝状破坏。抽空会破坏原有的轴向力平衡，使轴承受冲击力；容易导致机械密封失效；振动大，可能导致损失泵内部件。严重时，还会导致轴承、密封元件磨损，使端面密封泄漏或抱轴、断轴等。

☞ 57. 什么叫汽蚀？有哪些现象？会造成什么不良影响？消除汽蚀现象有哪些方法？

当液体在管道内流动时，一旦压力等于或低于该液体在当时温度下的饱和蒸气压时，液体就会汽化形成气泡，当气泡流动到泵内的高压区时，它们便急速破裂，而形成液体，于是大量的液体便以极大的速度向凝结中心冲击，发出响声和剧烈震动，在冲击点上会产生很大的压力，使该区域的叶轮表面受到很大的负荷产生麻点，当叶轮压力超过极限时，便遭到破坏，上述现象便称为汽蚀现象。

当泵发生汽蚀时，可以听到泵内发生噪音，汽蚀剧烈时，泵体都会振动。汽蚀会造成泵流量减少，能量损失增加，压力不够，甚至泵抽空，造成强烈的噪音和泵的不平稳运行。此外，由于气泡在压力升高时突然崩溃，流体猛烈撞击壁面造成机械锤击作用，会对材料逐渐发生侵蚀。这个连续的局部冲击负荷，会使材料的表面逐渐疲劳损坏，引起金属表面的剥蚀，进而出现大小蜂窝状蚀洞。严重时少则1~2h，多则几十小时，泵的叶轮被剥蚀成通或甚至是海绵状。

除了在设计和安装时正确确定泵的安装高度，吸入管尽量少转变，以减少管路阻力损失外，在操作中可采取下述措施消除汽蚀现象：①泵入口增压法：即对储罐加压；②泵出口排气法：即在引入介质后，以出口排气阀处缓慢排出泵体内气体；③降低泵出口流量法：因为离心泵所需要的汽蚀余量随流量的平方变化，所以，适当地控制泵出口流量，也是消除汽蚀现象的好方法，但离心泵的最小流量不小于其额定流量的30%。

☞ 58. 滚动轴承有何优、缺点？离心泵的轴承出现故障通常有什么现象？有哪些原因？

滚动轴承优点是起动灵敏，运转时摩擦力矩小，效率高，润滑方法简便，易于互换。缺点是抗冲击能力差，工作时有噪音，寿命较低。通常出现轴承箱发热、噪音大、振动，严重时电机电流增加等现象。

主要原因：①润滑油压太低；②润滑油变质；③轴承里有脏物；④油里有脏物或水；⑤油路中断；⑥轴承太紧；⑦泵不对中。

☞ 59. 泵振动大有哪些原因？

原因：①吸入管未充满液体；②吸入管串入气体或蒸汽；③电机和泵不同心；④轴承磨损或松动；⑤旋转不平衡；⑥轴弯曲；⑦基础不牢固；⑧驱动装置振动；⑨控制阀定位错误；⑩地脚螺栓或基础松动。

☞ 60. 泵盘不动的原因有哪些？

泵盘不动的原因：①因长期不盘车而卡死；②介质凝固结晶；③泵的部件损坏或卡住；④轴严重盘曲；⑤轴封过紧或被脏物堵死。

☞ 61. 为什么阀门不能速开速关？

原因：① 阀门速开，会使管线突然升压，承受较大的冲击，损坏设备。

② 使管线、设备突然升温，产生过大的热应力；

③ 管线设备如有问题，发现不及时；

④ 如果切换操作有误时，由于阀门的速开速关，而造成联系不及时或处理不及时，则可能造成事故。

☞ 62. 机泵着火如何处理？

机泵着火按下述步骤处理：① 立即切断电源，停起火机泵；

② 关闭机泵出入口阀门，切断物料来源；

③ 通知消防队，同时用灭火器、蒸汽等灭火；

④ 如火势很大，立即切断总电源，装置紧急停工处理；

⑤ 如火势不大，力争局部迅速灭火，启动备用泵，恢复生产。

☞ 63. 泵着火的原因有哪些？

泵着火原因如下：

① 热油漏出引起着火；

② 封油中断引起的端封部件损坏，漏油着火；

③ 修泵时出入口阀未关严；

④ 盘根密封或端面密封严重漏热油；

⑤ 压力表漏式焊锡被烤化；

⑥ 泵出入口管线、管壁、焊口腐蚀减薄或焊缝焊接质量较差。

☞ 64. 在什么情况下进行紧急停泵？如何处理？

发生下列情况之一时，紧急停泵：

① 电机烧坏或着火；

② 装置发生爆炸或大面积着火；

③ 抱轴或轴承烧坏；

④ 停冷却水；

⑤ 停电；

⑥ 工艺要求。

处理：对于离心泵，先关出口阀，停电机。对于往复泵，先按停车按钮，再关出、入口阀。

☞ 65. 热油泵预热时注意什么？

热油泵预热时应注意如下几点：

① 预热流程要正确。一般流程是泵出口管线→预热线→泵体→泵入口；

② 预热线上截止阀不得开得过大，防止泵倒转；

③ 泵体预热速度一般不能太快，应小于 50℃/h。特殊情况下，可以通过向泵体吹蒸汽、热水等措施加快预热速度。

④ 预热时每隔 30 ~40min 应盘车 180°，使之均匀受热；

⑤ 轴承箱、泵座冷却水要畅通，以保护轴封或轴承；必要

时可给上少量封油。

☞ 66. 机泵轴承发生“抱轴”事故的原因是什么？怎样防止？

机泵轴承发生“抱轴”事故的原因是：轴承间隙不当，无润滑油或润滑油不足及油箱内进水所致。为了防止此类事故发生，一是要在装配时调整好轴承间隙，二是运转时务必添加足够的润滑油。

☞ 67. 泵出口无流量或流量小的原因及处理方法是什么？

原因：泵反转；泵启动未灌液；吸入管、泵体未充满液体；吸入管串入气体或蒸汽；泵运转未达到额定转速；流量仪表故障或未启用；泵入口管阻塞（含入口过滤器阻塞）；叶轮上有异物堵塞；叶轮损坏或破裂。

处理方法：检查电机转向；泵体排气并进行充分灌泵；关闭出口阀，打开放空阀排净气体；关闭蒸汽及吹扫的阀门；检查出口管线路是否畅通；联系仪表检查或修理；停泵清洗入口过滤器；检查、更换新叶轮等。

☞ 68. 泵轴承温度升高的原因及处理方法是什么？

原因：冷却水不足中断或冷却水温度过高；油冷却器结垢或阻塞；润滑油不足或过多；轴承箱进水，润滑油乳化、变质，有杂物；轴承损坏或轴承间隙大小不够标准；泵负荷过大。

处理方法：调大冷却水或联系调度降低循环水的温度；切换清洗油冷却器；加注润滑油或调整润滑油液位至1/2~1/3；更换轴承箱内的润滑油；根据工艺指标适当降低负荷。

☞ 69. 泵振动超限的原因及处理办法是什么？

原因：泵与电机不同心；轴承磨损或松动；转子不平衡；轴弯曲；泵入口管线堵，泵抽空；泵基础不牢固。

处理方法；联系钳工修理或更换；清扫过滤网；重新打基础或加固。

☞ 70. 泵轴功率过高的原因及处理办法是什么?

原因：介质密度大或入口压力大；机械故障(两轴不同心、轴弯曲、旋转体有阻力、耐磨环磨损)；液体温度低或黏度大；泵输送流量过大；转速超过规定转速；泵壳密封环严重磨损；转动部分与静止部分碰擦，泵运行不平衡。

处理方法：检查流量是否过大，适当降量；联系检修，检查驱动电机及增速箱停泵更换配件；提高输送液体温度；检查平衡装置，必要时停泵更换平衡装置。

☞ 71. 平衡管回液压力和流量突然增加或减少的原因及处理办法是什么?

原因：泵和入口管线没有注满液体；入口过滤网堵塞；叶轮上有异物堵塞；转动部分与静止部分碰擦，泵运行不平衡；泵壳密封环严重磨损；壳体密封不合理；轴承推力过大，平衡装置本身故障。

处理方法：确认吸入口液位是否正常，入口阀是否全开；清洗过滤网；冲洗泵，检查吸入端；检查泵平衡装置，必要时停泵更换平衡装置。

☞ 72. 往复泵运行中有哪些异常现象？如何处理?

往复泵运行中，一旦发现严重泄漏、异常振动、异味、火花、烟气、撞击、电流持续超高，应该立刻停泵检查。

往复泵不上量，往往是因为介质温度高、介质内含气、出入口阀未开、出入口线堵或单向阀关不严，应该降低介质温度、泵体内排气、开出入口阀、疏通出入口管线、更换单向阀。

往复泵出口压力不稳，往往是因为单向阀关不严、单向阀垫片损坏、压力表失灵、缸套磨损间隙太大，应该研磨单向阀、更换单向阀垫片、更换压力表及更换缸套。

往复泵振动大且有撞击声，往往是因为冲程过长或零件磨损、连接松动，应该调整冲程或更换受损零件、紧固连接。

☞ 73. 分馏塔底泵密封泄漏应急处理预案是什么？

塔底一般都是热油泵，工作介质温度高，如发生密封大量泄漏，就可能发生火灾爆炸，严重威胁装置安全。塔底泵如发生轻度泄漏，马上采用蒸汽掩护，切换备用泵，停在运泵更换密封。如果塔底泵大量泄漏着火，则按以下方法处理：

① 采用蒸汽灭火，第一时间停运在运泵，同时启动备用泵，如有必要，马上降低炉子温度，以防炉管结焦。

② 如果火势大，现场不能停运在运泵，马上通知电工停在运泵，立即降低炉子温度，以防炉管结焦。在停下泄漏泵后，同时开启备用泵恢复生产。

③ 如两台泵都发生泄漏，无法维持生产，则马上熄灭炉火，降低炉子温度，从低分过来的油则通过事故线排出装置，平衡好各塔液位、压力。

④ 产品质量难于保证时，应联系调度改变产品流程，配合作好改流程工作。

⑤ 反应视情况降量生产或打循环，等待塔底泵处理好后恢复生产。

☞ 74. 分馏塔底泵抽空的现象有哪些？

现象：泵出口压力波动大，电流下降，泵内响声异常，泵出口流量下降或回零。塔底液面升高。

☞ 75. 分馏塔底泵抽空的原因是什么？

原因：分馏塔底液面过低（指示失灵或误操作）；泵进口管线故障如阀芯脱落，或过滤器堵塞。操作不当，轻油压至塔底汽化；前部操作不当生成油中夹带水，特别是开工停工过程，汽提塔温度太低，蒸汽被冷凝。

☞ 76. 分馏塔底泵抽空如何处理？

查明分馏塔底泵抽空原因，分别处理。首先关小泵出口阀，尽量保持低流量运转。如运行泵故障，则切换备用泵。若泵入口过滤器堵塞，开备用泵后将停下的泵清洗入口过滤器。处理过程中，要尽量平稳泵出口流量，勿使流量忽大忽小，特别是脱硫化氢汽提塔波动时，处理过程中应使产品分馏塔进料平稳。控制好高压分离器的界位，不使水带入分馏系统中。如果脱硫化氢汽提塔温度太低，应先停掉汽提蒸汽。如果分馏塔轻组分压入塔底，则应降低回流，适当提高塔底温度或降低塔压，将塔底的轻组分蒸发至塔顶。

☞ 77. 分馏塔回流泵抽空的现象有哪些？

现象：分馏塔塔顶回流温度升高；回流流量减少或回零；塔顶回流罐液面上升；回流泵出口压力波动大，电流突降，泵内响声异常。

☞ 78. 分馏塔回流泵抽空的原因是什么？

原因：回流罐液面过低；回流油温度太高，轻油汽化；回流油太轻、汽化；进口管线堵或阀芯脱落，或泵入口过滤器堵塞。

☞ 79. 分馏塔回流泵抽空如何处理？

分馏塔回流泵抽空，应寻找原因，对症处理的同时，迅速启用备用泵，尽快建立回流，如塔顶温度超高可适当降低重沸炉出口温度，同时降低塔顶冷后温度至正常温度。情况较严重时，迅速降低塔底温度，防止冒罐，并要注意硫化氢中毒，人站在上风向。如操作曲线波动较大，可将精制柴油、汽油改不合格线。若泵入口过滤器堵塞，开备用泵后将停下的泵清洗入口过滤器。

☞ 80. 分馏塔冲塔的现象、原因及处理措施是什么？

现象：分馏塔塔底液面波动较大、塔压波动大、塔顶温度波动大、回流温度和回流罐液面波动大。

原因：原料带水，塔压过低，汽提蒸汽量偏大，分馏塔塔顶回流中断，塔底温度低，回流泵抽空或控制阀故障。重沸炉出口温度失控，造成出口温度超高。处理量太大，塔内负荷大，或塔盘吹翻油气走短路。塔顶回流带水。进料中汽油比例大，塔底组分太轻。

处理措施：立即恢复分馏塔塔顶回流，按工艺指标的要求调整回流量。降低炉出口温度、循环量，联系仪表工修理塔顶温控阀。加强回流罐脱水，检查汽提塔蒸汽和回流罐界位，防止分馏塔进料带水。联系有关部门查明汽油混合比例，降低焦化汽油等掺炼量，同时降低反应系统处理量。

☞ 81. 分馏塔淹塔的现象、原因及处理措施是什么？

现象：分馏塔液位迅速上升直到漫塔，液面波动大；塔顶温度波动，突然上升或下降；塔顶压力突然增长。

原因：进料量过大，原料带水，汽提蒸汽量偏高。

处理方法：处理量过大则降低处理量；汽提塔减小塔顶回流量并避免带水；加大汽提塔底流量；保持进料温度平稳；高分加强脱水；降低汽提蒸汽量。

☞ 82. 换热器在使用中应注意哪些事项？

换热器在使用中的注意事项有：

① 一切换热器在新安装或检修后必须经试压合格后方能使用；

② 换热器在启用时要先通冷流，后通热流；在停用时，要先停热流，后停冷流，以防不均匀的热胀冷缩而引起泄漏或损坏；

③ 固定式换热器不允许单向受热，浮头式换热器管壳两侧也不允许温差过大；

④ 蒸汽加热器或换热器停工吹扫时，引汽前必须放净存水，并缓缓通气，以防水击，停工吹扫时，换热器一侧通蒸汽时，必须把另一侧放空阀打开，避免憋压损坏；

⑤ 启运过程中，排气阀应保持打开状态，以便排出全部空气，启动结束后应关闭。如果使用碳氢化合物，在装入碳氢化合物之前应用惰性气体驱除换热器中的空气，以免爆炸的可能性；

⑥ 经常检查，防止泄漏；

⑦ 对于高压换热器要注意换热管束两侧压差，不能超过设计值。

☞ 83. 高压换热器内漏的现象、原因及处理方法是什么？

现象：生成油颜色变深，杂质含量上升，易反应的烯烃、硫醇硫等异常升高，硫、氮等质量指标不合格。反应器温升下降。

原因：换热管腐蚀穿孔、开焊。换热管与管板焊口裂开。浮头式换热器浮头法兰密封泄漏。螺纹锁环式换热管板密封漏。

处理方法：高压换热器管束内漏后，反应系统将局部停车。停用的内漏换热器按如下要求进行处理：

① 换热器内部管束泄漏一般采用水压试验方法进行检查，发现内漏管束后更换或堵死。

② 换热管与管板焊口裂开时采取补焊或堵死。

③ 浮头式换热器浮头法兰密封泄漏时应采取紧固螺栓或更换密封垫片。

④ 螺纹锁环式换热管板密封漏时，应采取紧固内圈压紧螺栓或更换垫片。

☞ 84. 高压空冷器哪些部位最易腐蚀？是什么介质引起的？设计上采取了哪些措施进行保护？

目前国内使用干式空冷器的型式主要有水平式、斜顶式两种，对于加氢装置，基本上都是使用水平式干空冷器。为减少占地面积，提高占地的利用系数，设备布置趋向于向高处发展。从生产安全角度看，空冷器不应布置在操作温度等于或高于物料自燃点和输送、储存液化烃设备的上方，否则，应采用非燃烧材料的隔板隔离保护。

此类空冷器过去曾发生过的突出损伤问题是管子的腐蚀穿孔及弯头处腐蚀。为了防止在反应过程中生成的硫化氢和氨在空冷器中会形成铵盐结晶，导致管束的结垢和堵塞，需注水溶解铵盐。但溶解了铵盐后的水溶液有相当强的腐蚀性，对冷却器和流出管造成腐蚀，国内外已有多起反应器出口冷却器及流出管线因腐蚀穿孔而发生爆炸或泄漏着火的事故。因此在生产、施工和设计中必须对此予以高度重视。

为防止空冷器腐蚀，在实际生产中主要采取如下措施：

① 在空冷器的上游注水，以防铵盐沉积，洗涤水宜用除氧水。洗涤水不能中断。同时控制注水量，使高压分离器排水中铵盐浓度不超过8%。

② 保持冷却器中介质流速在设计选取的最佳范围内。

③ 应根据不同的运行工况和腐蚀介质采用合适的耐腐蚀钢材。如采用碳钢、SUS430、蒙乃尔、ALLOY800合金钢等。空冷器的管箱中所有管子入口端加长450mm、厚约0.8mm的不锈钢衬套。

④ 多片管束组成的空冷器，入口物流应采用对称平衡分配方式进行配管搭配。各入口管在安装时要保持在同一平面上，以便物流分配均匀。采用管箱结构，以避免在空冷器管束上使用回弯头(或U形管)。

☞ 85. 高压空冷管束穿孔如何处理？

高压空冷管束穿孔应按下述步骤处理：

① 根据实际情况，如果可能的话岗位人员立即关闭该台空冷器进出口手阀并向操作室汇报，同时要及时向厂调度及车间领导或值班人员汇报。

② 关闭空冷器进出口阀后如果泄漏得到控制，岗位人员可以参考高压空冷出口温度(避免超过循环氢压缩机入口温度限制)及时调整装置处理量，等待进一步处理。如果超过循环氢压缩机入口温度限制，导致必须停机的话，装置作紧急停工处理。

③ 若空冷器出现泄漏，切勿停运风机，防止泄漏气体向下蔓延。

④ 如果发现空冷器出现大量的喷漏导致失火或可能导致失

火的情况而影响到装置的人身和设备安全，立即向消防队及调度、车间领导或值班人员汇报，装置作紧急停工处理。

⑤ 有的加氢装置高压空冷没有进出口手阀，无法切除。必须立即向消防队及调度、车间领导或值班人员汇报，装置作紧急停工处理。

☞ 86. 防止原料换热器过早结焦的措施有哪些？

据美国联合石油公司(Unocal)的经验，为了减轻与防止原料换热器过早结焦，首先要经常仔细地检查进料系统，确保空气没有与进料油接触的机会；其次要防止原料换热器的出口温度过高，据称如出口温度达到371℃时，结焦就会很明显；第三是对油焦层作定期清除。按国外经验及国内对加氢进料换热器失效分析的结论，换热器不宜轻易采用化学清洗的方法。酸洗浸泡会造成沉积层下以及换热器沟缝死区处杂质离子(尤其是氯离子)的积聚和浓缩，从而造成危害；宜用气体或蒸汽吹扫、高压水枪冲洗或机械的方法(如有效的机械铲刮、刷除、喷砂等)去除。

☞ 87. 如何进行副线阀改调节阀控制的操作？

① 关闭导淋，联系内操对调节阀进行调试，要求内操分别给定0、50%、100%的阀门开度，进行跟踪校验。

② 全开下游阀。

③ 给控制阀一定的开度，打开上游阀的虚扣，直到指示有波动为止。

④ 慢慢打开上游阀，同时慢慢关闭副线阀，以指示波动最小为好，直到副线全关，上游阀全开。

⑤ 调节阀门的开度，使被控参数控制在正常的范围内。

☞ 88. 调节阀有故障时，如何改副线操作？

① 对照现场一次表指示或用对讲机同内操进行联系，先关上游阀虚扣，直到指示有变化为止，此时调节阀的最大流量已有上游阀控制。

② 一边慢慢打开副线阀，一边慢慢关闭上游阀，以指示不波动为好，直到上游阀完全关闭，用副线阀控制。

③ 关下游阀，打开导淋泄压，联系仪表工处理。

☞ 89. 如何判断玻璃板液位计指示是否正确？

玻璃板液位计是利用流体"U 形"管原理，两个管子中液位保持同一水平面，因此塔内的液位与玻璃板指示的液位一致。玻璃板液位计指示错误，对分馏塔或容器的操作带来麻烦。正确使用玻璃板液位计，关键是玻璃板上下两端与塔容器联接口应保持畅通，有一端联接口堵塞，都将影响玻璃板液位计正常指示。重质油品冬季温度低，保温不佳会引起液位计指示失灵，造成假象。使用玻璃板液位计，要与仪表控制的液位相对照，发现玻璃板液位计指示的液位有异常，要进行检查(伴热是否良好，指示是否灵敏)，可将液位或界位提高或降低以考察玻璃板液位指示是否真实。

首先关闭液位计上、下引线阀，排空液位计(对于热油要注意防止烫伤和自燃)，然后分别开上、下引线(让其中一引线关闭)，如均有介质流入玻璃液位计内，则说明两引线畅通，就可确认玻璃液位计指示准确。

☞ 90. 高压分离器作用是什么？对液体停留时间有何要求？高压分离器分为哪几种？

高分的主要作用是把经冷却后的反应产物进行气、液两相分离以及把油和水分开。

其作用原理是：经冷却后的反应产物从进料口进入，由于进口处有一段水平短管，在其作用下流体被改变方向作切线方向流动，进入分离空间，气液两相便进行分离，密度轻的气体往上走，其夹带的油雾被破沫网阻隔收集下来，比较干净的气体从气体出口排出，循环使用。密度较重的油和水便往下落；由于油和水密度不同又进一步进行油水分离，油在上面，水在下底，油通过聚结器，在多层钢丝网的作用下将悬浮在油中的微细水珠聚结下来，不带水的油从油出口排出。沉降到分离器底部的水从水出口管排出。为了不至于产生旋涡，影响水分离效果，在油、水出口处均装有防涡器。生成油在高分上、下限之间的停留时间一般为2min。

反应流出物高分流程有冷高压分离器流程和热高压分离器流程两种。热高分的工作温度一般在200~300℃左右，设于往反应器流出物中注入脱盐水点之前，将物流中的气、液进行分离。冷高分的工作温度一般在40~60℃左右，设于往反应器流出物中注入脱盐水点之后，将物流中的油、气、水三相进行分离。从安装方式来看，高分有立式和卧式之分。卧式又有平卧和斜卧两种。斜卧高分的倾斜度，以分离液面所处的容器的对角线形成最大的椭圆面积为好。一般与地面成8°~12°放置。目前，立式高分由于占地面积小而得到普遍应用。但立式高分由于不如卧式高分那样有利于油、水、气的分离，因此在冷高分设计时，应对内部构件进行特殊考虑，以满足工艺的需要。

☞ 91. 加热炉有可能发生哪些事故？加热炉系统有哪些安全、防爆措施？

对于各类油品加热炉，管道破裂泄漏会发生沸腾液体膨胀汽化爆炸着火的事故；而对于氢气加热炉则存在喷射式火灾爆炸事故的可能。

为确保加热炉的安全运转，主要安全、防爆措施有：① 在炉膛设有蒸汽吹扫线，供点火前吹扫膛内可燃物；② 在对流室管箱里设有消防灭火蒸汽线，一旦弯头漏油或起火时供掩护或灭火之用；③ 在炉用瓦斯线上设阻火器以防回火起爆；④ 在燃气的炉膛内设长明灯，以防因仪表等故障断气后再进气时引起爆炸；⑤ 在炉体上根据炉膛容积大小，设有数量不等的防爆门，供炉膛突然升压时泄压用，以免炉体爆坏。

☞ 92. 加热炉设计时应注意哪些问题?

加热炉是加氢过程中的明火设备，而且介质的温度、压力都相当高；介质中的氢和硫化物含量高；这些因素可使加热炉的炉管结焦从而导致局部过热。因此对加氢加热炉型的选择、炉管表面热强度和管内流速的确定都会对其安全运行有重大的影响。据报道，日本出光炼油厂的重油加氢加热炉采用双面辐射立管立式炉，长期未达到设计的平均热强度，而且曾多次发生严重结焦和烧坏炉管的恶性事故。加热炉设计时应注意：

① 催化加氢的加热炉，尤其是重质原料的加热炉宜采用受辐射面较大、热强度较为适中的炉型，单排卧管双面辐射炉是一种较好的可供选择的炉型。

② 加热炉的辐射管的支承型式应充分考虑其在高温下变形、膨胀的特点，以保障加热炉长周期安全运行。

③ 对于处理黏度大、有结焦倾向原料的加热炉，应在炉管壁最大热强度处设置管壁热电偶，用以监视管壁温度和判断管内结焦情况。

④ 炉管出口是温度高、流速大的部位，在有腐蚀介质的情况下会产生比较严重的冲蚀，容易减薄，尤其是像弯头那样的一些部位，有必要实行重点监控。

⑤ 加热炉出口温度应设置联锁系统，以便在紧急情况下可以迅速切断火源。

☞ 93. 加热炉在哪些情况下需要紧急停炉?

加热炉在以下情况下需紧急停炉：

① 工艺介质进料流量过低或中断；进料泵或进料管道故障；加热炉管内结焦；仪表失灵；燃料气大量带油等。在此情况下，炉管表面温度超过设计温度或炉管的进口压力高于操作压力，有可能导致炉管破裂。

② 加热炉内发生爆炸或着火。如炉管破裂，燃烧不完全，

燃烧系统设备或火嘴不完善及故障。

③ 加热炉外壁金属温度过高。

④ 反应温度超高或装置紧急停工。

☞ 94. 加热炉事故紧急停炉程序是怎样的?

程序如下:①如果加热炉发生爆炸(或着火),炉管破裂,应立即切断进料,再进行下列操作:切断所有的燃料系统;停炉进料,并用蒸汽吹扫;停运鼓风机;用蒸汽吹扫加热炉。②如果炉嘴发生故障,应将故障烧嘴切断熄火。③如果工艺进料不正常,炉管过热,炉管金属表皮温度过高,首先,减少烧嘴数,使加热炉处在安全温度范围内,然后查明故障原因,否则按正常停炉。

☞ 95. 如何搞好"三门一板"操作?它们对加热炉的燃烧有何影响?

加热炉的"三门一板"是指油门(包括燃料气)、汽门、风门和烟道挡板。

油门:调节燃料进炉膛量;汽门:调节蒸汽量使燃料油达到理想雾化状态;风门:调节入炉空气量,使燃料燃烧完全;烟道档板:调节炉膛负压(抽力)。

"三门一板"决定了燃料油蒸汽雾化的好坏,供风量是否恰当等重要因素,对燃料的完全燃烧有很大作用,直接影响到加热炉的热效率。因此司炉工应勤调"三门一板",搞好蒸汽雾化,严格控制过剩空气系数,使加热炉在高效率下操作。

在正常操作时,应通过调节烟道挡板,使炉膛负压维持在1~3mm 水柱(9.8~29.4Pa)。当烟道挡板开度过大时,炉膛负压过大,造成空气大量进入炉内,降低了热效率;同时使炉管氧化剥皮而缩短使用寿命。烟道挡板开度过小后炉子超负荷运转时,炉膛会出现正压,加热炉容易回火伤人,不利于安全生产。对流室长期不清灰,积灰结垢严重,阻力增加,也会使炉膛出现正压。故加热炉在检修时应彻底清灰，并在运转过程中加强炉管定期吹灰，以减少对流室的阻力。

烟气氧含量决定了过剩空气系数，而过剩空气系数是影响加热炉热效率的一个重要因素。烟气氧含量太小，表明空气量不足，燃料不能充分燃烧，排烟中含有 CO 等可燃物，使加热炉的热效率降低。烟气氧含量太大，表明入炉空气量过多，降低了炉膛温度，影响传质传热效果，并增加了排烟热损失。因此要根据烟气含氧量勤调风门，控制入炉空气量。

为了燃烧完全，除适量调节空气量外，燃料油和雾化蒸汽也必须调配得当，使燃料雾化良好，充分燃烧。

☞ 96. 燃料油和瓦斯带水时燃烧会出现什么现象？

燃料油含水时会造成燃料油压力波动，一般情况下炉膛火焰冒火星，易灭火。含水量大时会造成燃料油泵抽空，炉子熄火，打乱平稳操作。

瓦斯带水时，从火嘴喷口可以发现有水喷出，影响火焰的稳定性，降低热效率，加热炉各点温度，尤其是炉膛和炉出口温度急剧下降，火焰发红。带水过多时火焰熄灭，少量带水时，会出现缩火现象。

☞ 97. 燃料油、瓦斯中断的现象及其原因是什么？怎样处理？

(1) 燃料油中断：

现象：炉子熄火，炉膛温度和炉出口温度急剧下降，烟囱冒白烟。

原因及处理：①燃料油罐液面低，造成泵抽空，应控制好液面。②燃料油泵跳闸停车，或泵本身故障不上量，应立即启动备用泵，如备用泵也起不到备用作用，应改烧燃料气。③切换燃料油泵和预热泵时，造成运转泵抽空，应注意泵预热要充分，切换泵时要缓慢。④燃料油计量表或过滤器堵塞，应改走副线，修计量泵或清理过滤器。

（2）瓦斯中断：

主要原因是阻火器堵塞或瓦斯系统供应不足，应切换阻火器并与厂调度及时联系或改用燃料油。

☞ 98. 造成加热炉回火的原因及现象是什么？怎样预防？

现象：炉膛内产生正压、防爆门顶开，火焰喷出炉膛，回火伤人或炉膛内发生爆炸而造成设备的损坏。

原因：①燃料油大量喷入炉内或瓦斯大量带油；②烟道挡板开度过小，降低了炉子抽力，使烟气排不出去；③炉子超负荷运行，烟气来不及排放；④开工点火发生回火，主要是瓦斯阀门不严、使瓦斯串入炉内，或因一次点火不着，再次点火前如炉膛吹扫不干净，造成炉膛爆炸回火。

预防：①严禁燃料油和瓦斯在点燃前大量进入炉内，严禁瓦斯带油；②搞清烟道挡板的实际位置，严防在调节烟道挡板时将挡板关死或关得太小；③不能超负荷运行，应使炉内始终保持负压操作；④加强设备管理，瓦斯阀门不严的要及时更换修理，阻火器也要经常检查，如有失灵应及时更换；⑤开工点火前应注意检查瓦斯和燃料油的阀门是否严密，每次点火前必须将炉膛内的可燃气体用水蒸气吹扫干净。

☞ 99. 加热炉进料中断的现象、原因及处理方法有哪些？

现象：火墙烟气温度、炉管油出口温度急剧直线上升。

原因：进料泵抽空；操作失误导致进料控制阀全关；进料泵坏；管线阀门堵塞。

处理：①内操立即将反应炉燃料气流控改为手动操作，关闭反应炉燃料阀门，同时通知外操到现场关闭反应炉燃料气流控阀及主火嘴阀，长明灯不熄灭。②联系生产管理部门、油品车间停供加氢原料，内操将原料罐液控阀改手动操作，关闭原料液控阀，通知外操分馏改循环，循环氢脱硫塔将原料气切出，脱硫系统循环降温操作。打开分馏循环线阀门，关闭精制柴油出装置阀门。③内操加强观察反应炉膛及炉出口温度，防止炉膛温度超温。④尽可能快地恢复进料，条件许可的话，要保持工艺介质的流动。⑤当进料恢复后，按正常升温速度提至工艺指标。

☞ 100. 炉管结焦的原因、现象及防止措施是什么？

炉管结焦原因：①炉管受热不均匀，火焰扑炉管，炉管局部过热；②进料量波动、偏流，使油温忽高忽低或流量过小，油品停留时间过长而裂解；③原料稠环物聚合、分解或含有杂质。④检修时清焦不彻底，开工投产后炉管内的进料焦质起了诱导作用，促进了新焦的形成。

炉管结焦现象的判断：①明亮的炉膛中，看到炉管上有灰暗斑点，说明该处炉管已结焦；②处理量未变，而炉膛温度及入炉压力均升高；③炉出口温度反应缓慢，表明热电偶套管处已结焦。

防止结焦措施：①保持炉膛温度均匀，防止炉管局部过热，应采用多火嘴，齐火苗，炉膛明亮的燃烧方法；②操作中对炉进料量、压力及炉膛温度等参数加强观察、分析及调节；③搞好停工清扫工作；④严防物料偏流。

☞ 101. 加热炉炉墙坍塌如何处理？

处理步骤如下：①一旦发生加热炉炉墙坍塌事故，操作人员需要立即汇报装置相关技术人员和领导进行现场确认，确认炉墙坍塌的严重程度。②小面积的炉墙坍塌可通过调整火焰、配风等措施进行临时保护；③如发生大面积炉墙坍塌，必须进行紧急熄炉处理，防止钢结构被烧毁，发生炉体坍塌事故。熄炉时必须将瓦斯火嘴全部关闭，炉膛自然通风，开大烟道挡板，对炉膛进行降温；④停炉过程，反应分馏系统按停工方案进行停工处理；⑤事故处理过程，如发生火焰外漏，必须注意禁止周围进行瓦斯排放作业。

☞ 102. 进料加热炉爆管如何处理?

加氢装置加热炉的炉管故障是一件非常严重的紧急情况，会导致氢和烃类在高压下失控泄放。首先要保护人和设备的伤害最小。通过停止工艺管线向加热炉中的供氢和油，并且向爆管处充蒸汽或氮气，避免从工艺管线和设备带入空气。

如果可能，进行下列操作：

① 启用紧急放空泄压。

② 关闭所有通向加热炉的燃料供给和返回线，并向炉膛通入保护蒸汽。

③ 完全打开烟道挡板。

④ 停运并切断补充氢气和循环氢压缩机、反应器进料泵、反应器冲洗水注水泵。

⑤ 在系统泄压后，将临时氮气(蒸汽)软管接到加热炉两侧，吹扫至爆管处，以避免空气从爆管处反窜在系统内形成烃类的爆炸性混合物。如果必须穿过反应器吹扫，吹扫介质只能应用氮气而不能使用蒸汽。不管怎样，氮气都是保护催化剂和回路内奥氏体不锈钢管道和设备的首选。

⑥ 其余按停“中压蒸汽”处理。

⑦ 救火期间应注意硫化氢的防护。

☞ 103. 日常操作中采取哪些措施防止加热炉发生火灾和爆炸?

加热炉是装置的主要工艺设备之一，是一个直接热源。火焰在炉管外燃烧，管内为流动的高温油，一旦泄漏就会发生火灾或爆炸，因此加热炉的安全操作十分重要。采取的防火和爆炸措施主要有：

① 炉管、弯头要保证质量，严格质量验收标准。在检修中及时更换掉管壁减薄、弯曲、变形、鼓包严重的炉管，弯头检修

后保证不漏。

② 炉管系统要严格进行试压检查，保证各连接处不发生泄漏。

③ 加热炉的防爆门要动作灵活，灭火蒸汽及紧急放空线要完备好用。

④ 燃烧时要防止直接接触炉管，以免炉管局部过热烧穿。

⑤ 加热炉点火前一定要用蒸汽吹扫炉膛，排除炉膛内积存的可燃气体，防止点火时发生爆炸。如果一次点火不成，不允许接着再点，应再次排除可燃气体后，方可二次再点火。具体规定点火前，向加热炉炉膛吹蒸汽15min。

⑥ 当遇有停电、停风、停汽、停燃料时，应进行紧急停炉熄火处理，防止着火。

⑦ 加热炉操作时一定要保持平稳。炉膛内要保持负压。烟道挡板要有一个安全限位装置确保安全。

⑧ 在运行中发现炉管泄漏，应立即停炉进行处理；如果弯头箱发现漏油着火，要用蒸汽掩护，然后再做停炉处理。加热炉的停炉应按操作规程的规定处理。

⑨ 油气联合火嘴和瓦斯火嘴的阀门要强制检修更换，管线中杂物要吹扫干净，确保阀门严密不内漏，开关灵活好用。

⑩ 炉用瓦斯要有切水罐及加热器，以使切水脱凝，解决瓦斯带油问题，防止瓦斯带油窜入炉内造成事故。

☞ 104. 装置工艺炉出现不完全燃烧现象时，对余热锅炉系统有何影响？如何处理？

当部分工艺炉出现不完全燃烧现象时，其烟气中将有CO_2、H_2、CH_4等可燃烧气体，这些气体进入联合烟道后，由于O_2的增大，高温下发生二次燃烧，造成余热锅炉入烟气温度波动，引起发汽量增大，随之造成汽包除氧器等各容器液面进出水量的波动，严重时，余热炉会超温而烧坏设备。

处理方法：在调整流量、压力、温度、液面等各参数的同时，迅速通知反应、分馏岗位，调整加热炉的燃烧，保证各加热炉的完全燃烧。

105. 如何判断炉管是否结焦？造成结焦的原因有哪些？炉管更换的标准是什么？

炉管是否结焦可以从以下几方面去判断：①在进料不变的条件下，炉管进出口压差是否增大，若有变化要及时分析原因；②炉出口温度下降，增大燃料量也很难提上来；③观察炉管表面有无发红现象，由于管内结焦、热阻增大、热量传不开去，于是管壁局部温度升高，使管壁烧红。

造成炉管结焦的原因有：①管内油流速小，停留时间长或进料中断造成干烧；②火焰直扑炉管，造成局部过热；③仪表失灵，不能及时准确反映各点温度，造成管壁温度超高。

当有下列情况时应进行炉管更换：①有鼓泡、裂纹或网状裂纹；②若是横置炉管，相邻两支架的弯曲度大于炉管外径的1.5~2倍；③炉管由于严重腐蚀剥皮，管壁厚度小于计算允许值；④外径大于原外径的4%~5%；⑤胀口在使用中反复多次胀接，超过规定胀大值；⑥胀口腐蚀、脱落，胀口露头低于3mm。

106. 如何判断炉子烧的好坏？

炉子烧的好坏可以从以下几方面去判断：

（1）从仪表上判断：烧得好的炉子出口温度应是一条直线，其变化范围在±1℃以内。

（2）从加热炉声音上判断。

①第一种是加热的正常声音，响声一直均匀。②第二种是轰隆一声便熄灯，这是突然停电、停汽或自保系统起作用。③第三种是有规则的来回轰喘声，是仪表比例、积分调节不当。④第四种是无规则的来回轰喘声，是操作人员调节不当，或是燃料压力变化或瓦斯带油。

（3）从加热炉火焰上判断。

燃烧的标准要达到：多火嘴、短火焰、齐火苗、火焰不扑炉管(圆筒炉的火焰不能长于炉膛2/3，不能短于炉膛的1/4)，烧油时火焰呈杏黄色，烧瓦斯时火焰呈天蓝色。炉膛明亮燃烧完全，烟囱不见冒烟。违反上述标准都属不正常。

火焰燃烧不正常现象大体有以下几种：①燃烧不完全，火焰发飘，软而无力，火焰根部是深黑色甚至冒黑烟，原因是燃料油及蒸汽配比不当，蒸汽量过小或雾化不良。②火焰燃烧不完全，火焰四散乱飘软而无力。颜色为黑色或者冒烟，系蒸汽、空气量过小。③炉膛火焰容易熄灭，散发火星，燃料油黏度大或者带水，或者是油量少蒸汽量过大并含水。④燃料喷出后离开燃烧道燃烧，是燃料油轻、蒸汽量大、油阀开度过大、三通阀不严、油气相窜、空气量不够。⑤火焰不成形，是火嘴堵塞或结焦。⑥所有火焰时长时短，是仪表比例、积分调节不当。⑦火焰发白、硬、跳动，是蒸汽、空气量过大。⑧闪火，是油汽阀开度过大，燃料压力有规则急剧变化。

(4) 从加热炉排烟上判断。

①肉眼看不见烟囱冒烟为正常。②间断冒小股黑烟：为蒸汽量不足、雾化不好、燃料不完全，或是个别火嘴油、汽配比不当、熄火、加热炉负荷达大等。③冒大黑烟：是燃料突增，仪表失灵，蒸汽压力突然下降，炉管严重烧或破裂。④冒黑灰色大烟：是气体燃料突增及带油。⑤冒白烟：过热蒸汽管子破裂。⑥冒黄烟：操作忙乱，调节不当，造成时而熄火，燃烧不完全。

☞ 107. 加热炉在点火时的注意事项?

注意事项：①在点长明灯时如果加热炉已进入一些燃料但点不着火，应切断火嘴，用灭火蒸汽吹扫，直至烟囱冒蒸汽后，方可重新点火。②如果在燃料油阀完全打开之后，主烧嘴在5s左右还未被点着，应立即关闭燃料阀，并保持蒸汽吹扫炉膛约15min，才可重新点火。

☞ **108. 加热炉为什么要保持一定的负压？负压过大或过小有何危害？造成压力增高的原因有哪些？如何调节？**

因为燃料燃烧时是需要一定的空气量的，而我们的炉子燃烧时所需空气是靠炉膛内有一定的负压自然吸进去的，如果负压很小时，则吸入的空气就少，炉内燃料燃烧不完全，热效率低，冒黑烟，炉膛不明亮，甚至往外喷火，会打乱系统的操作。

危害：加热炉炉膛负压太小或出现正压会导致炉膛的火焰经看火孔、点火孔等部位外喷，容易造成伤人或火灾、爆炸事故。

造成加热炉炉膛内压力增高的原因有：调风门开得过大，过量空气太多；烟道挡板调节不当；余热锅炉引风机故障等。可以通过调节加热炉烟道挡板或烟道气引风机入口挡板的开度来调整炉膛负压。

☞ **109. 加热炉熄火的原因有哪些？**

原因：塔底泵故障，造成炉进料循环量过低，联锁停炉；仪表故障或调节阀芯脱落造成循环量过低，联锁停炉；烧燃料油时，燃料油压力过低；因燃料油炉前控制阀芯脱落或仪表故障造成燃料油压力过低；炉烟道挡板开得过大。

☞ **110. 烟囱冒黑烟的原因及处理方法是什么？**

原因：①炉管烧穿；②仪表失灵，燃料油控制阀全开或增大瓦斯量的操作过快，瓦斯流量大，没有充分燃烧；③瓦斯带油；④雾化蒸汽压力突然下降；⑤烟道挡板，一、二次风门及蝶阀开度不当，造成缺氧，使燃料燃烧不完全。

处理：①炉管烧穿，如果不大，则按正常停工处理；如果严重烧穿，则按紧急停工处理；②仪表控制失灵，应立即改为手动控制；③如果瓦斯带油，应立即与有关单位联系处理；④在雾化蒸汽压力下降后，应调整燃料油压力，使油达到良好的雾化；

⑤根据燃烧情况，调节烟道挡板、风门及蝶阀开度。

☞ 111. 当鼓风机发生故障时应如何处理？

按如下处理：①如果各烧嘴还未熄灭，则应迅速打开热风道的快开门，采取自然通风，根据通风能力确定加热炉的负荷。②如果烧嘴已熄灭(包括长明灯)，则应立即切断燃料，并向炉内吹入灭火蒸汽。直至烟囱见汽3~5min后，才能重新点火。③当长时间停炉时，应保持工艺介质继续流通，直到各炉内部温度低于180℃为止，然后用蒸汽吹扫炉管，再用氮气置换。

☞ 112. 烟道引风机停运原因及处理方法是什么？

原因：①停动力电。②操作负荷过大造成跳闸。

处理：

①联系电力部门恢复供电，重新启动引风机。

②启动备用引风机。

③如无法启动则全开烟道挡板，降低处理量。

④如果客观原因造成引风机无法启动，装置按停工处理。

☞ 113. 加热炉为什么会出现正压？其原因如何？怎样处理？

原因：①当炉膛里充满油气的情况下，一点火油气体积骤然膨胀，出现正压并回火。②一般炉膛是负压为2~4mmH_2O，当燃烧不好、烟气不能及时排除时，则炉膛负压就渐渐地变成正压，使空气无法进入，燃烧无法正常进行。③炉子超负荷。④瓦斯带油或燃料油量突然增大。⑤烟道挡板或风门开得太小造成抽力不够。

出现负压是由于烟道挡板开度小或炉子超负荷运转而使炉膛出现正压，炉子闷烧易产生不安全现象，应及时开大烟道挡板，使负压值达到标准。有时由于对流室长期不清灰，积灰结垢严重，也易使炉膛出现正压，这就应采取吹灰措施，减少对流室阻力。

☞ **114. 加热炉的炉墙外壁温度一般要求不超过多少度？壁温超高的原因及处理方法是什么？**

为了减少加热炉辐射室及对流室的炉壁散热损失，要求加热炉的炉墙外壁温度不超过80℃。

由于烟道挡板开度太小、炉膛负压值偏低而造成壁温超高，就必须调节“三门一板”，维持炉膛负压在2~4mmH_2O。

由于炉体保温不好引起壁温超出，应优化加热炉燃烧工况，在检修时，应对炉体重新保温，或在砖缝、膨胀处塞耐火陶纤，使炉壁温度降到40℃以下为宜。

☞ **115. 刮大风或阴天下雨加热炉如何操作？**

如风小，对加热炉操作影响不大；但风大时，必须适当关小烟道挡板和风门以防止抽力过大，使加热炉熄火，影响操作。阴天下雨时，气压低，烟囱抽力受影响，必须适当开大烟道挡板，增加烟囱抽力，保证操作正常。

☞ **116. 反应炉炉管破裂的处理步骤是什么？**

处理步骤如下：

① 如炉管裂开程度较严重，立即报火警，同时联系生产管理部门、部门领导和值班人员。

② 内操按装置紧急停工处理。按下紧急泄压按钮，原料泵和反应炉联锁停，炉膛内暂不通灭火蒸汽，待炉管泄漏的物料烧完。由于泄漏气体含有硫化氢，进行火灾扑救和事故处理时要注意防硫化氢中毒，同时要掌握硫化氢中毒人员的抢救方法。

③ 外操到现场去停新氢压缩机，关闭压缩机出入口阀门。

④ 外操到现场引管网氮气，在压缩机出口向系统内充氮气置换、降温。

⑤ 外操到现场关闭燃料气阀和长明灯阀，停空气预热器，打开快开门和烟道挡板。

⑥ 系统充氮时要保持正压，要求将系统内油气置换干净。

⑦ 分馏系统和脱硫系统按正常停工处理。

⑧ 如炉管裂开不严重，则停原料泵，熄灭反应炉主火嘴，待反应器床层温度下降后，再缓慢泄压，其余按正常停工处理步骤进行。

☞ 117. 分馏炉炉管穿孔如何处理？

处理步骤如下：

① 在确认炉管破裂的情况下，应马上熄灭加热炉的所有火嘴和长明灯(现场和调节阀相配合)，停运塔底泵，停止加热炉的循环。开炉子吹扫蒸汽帮助灭火。如果是减压炉炉管泄漏着火，则立即恢复减压系统为常压。

② 关烟道挡板，防止火势进一步扩大，同时防止烧坏烟道挡板。如现场情况无法关闭烟道挡板，可关总的烟道挡板。

③ 切断塔进料，上游塔塔底高温物料经紧急放空线和尾油冷却后排出装置，低分来的物料经液体放空线排出。各塔液位尽可能控低。

④ 其他分馏炉降温，联系调度将各产品改不合格线。

⑤ 其余按正常停工处理，反应按“新鲜进料中断”处理。

☞ 118. 加热炉炉管破裂着火的现象、原因及处理方法是什么？

现象：加热炉炉膛出现正压，氧含量急剧下降。加热炉炉管表面温度偏高，加热炉炉膛温度高。加热炉炉出口温度上升，燃料气消耗突然下降。向加热炉炉膛观察，管壁着火，有油火下滴。加热炉炉膛温度、烟气温度突然上升，烟囱冒黑烟、炉膛看不清。破裂严重时，加热炉周围淌油着火，进料泵压力下降。除加热炉外，其他方面会出现或多或少的物料不平衡。

原因：一般加热炉炉管破裂是因为炉管长时间失修，炉管膨胀鼓泡、脱皮、管色变黑以致破裂。自动控制失灵，大量燃料油喷入加热炉炉膛以及蒸汽压力低、喷嘴雾化不好、加热炉炉管局部过热。燃料气带油喷入炉管上燃烧也会造成加热炉炉管局部过热；火嘴不正，火焰直扑炉管；辐射加热炉炉管偏流，造成局部过热。

处理方法：加热炉炉管破裂时应立即关闭燃料阀门，切断燃料气；切断加热炉燃料油；切断加热介质；及时报火警，汇报有关人员。

立即打开加热炉炉膛消防蒸汽阀向炉膛吹入蒸汽。

停鼓风机，减少加热炉炉内空气量(烟道档板不能关得太小，以防炉膛爆炸)。其他按紧急停工处理。

☞ 119. 原料加热炉突然熄火的原因及处理方法是什么?

原因：①燃料调节阀失灵。②仪表停电。③炉膛负压过大，抽熄。④燃料带水。⑤外来燃料气中断。⑥阻火器故障。

处理：①炉子突然熄火后，立即关闭燃料气调节阀和火嘴手阀，如果长明灯已熄灭，必须开蒸汽吹扫炉膛直至烟囱冒蒸汽，按岗位操作法重新点火。②如果长明灯未熄灭，炉膛不需要吹蒸汽，可直接打开燃料气手阀。③如果外来燃料气中断，脱硫系统应停止进料，马上改自循环，待燃料气恢复后再点火升温。④切换阻火器，更换。

☞ 120. 炉膛内局部过热的原因及处理方法是什么?

原因：①各火嘴火焰长短不齐，或点燃的火嘴分布不均；②各风门开度不均；③烟道挡板开度不当；④炉管破裂。

处理：①及时调整火嘴；②应调整各风门开度尽量一致；③应适当调节挡板开度；④按事故停炉处理，更换炉管。

☞ 121. 炉出口温度不稳的原因及处理方法是什么?

原因：①炉管内介质流量波动；②瓦斯压力、流量、组分波动；③进料入口温度波动；④气温变化，下雨等；⑤仪表失灵。

处理：①控稳介质流量；②控稳瓦斯压力、流量；③控稳进料入口温度；④加强调整；⑤请仪表工维修。

☞ 122. 火嘴回火的原因及处理方法是什么？

原因：①燃烧器喷嘴处流速过低；②火嘴倾斜或烧嘴结炭、堵塞；③烟道挡板开度太小，抽力不足或炉膛呈正压；④燃料气压力大幅度波动。

处理：①提高燃料气压力，若提不起压力，可关掉部分火嘴，以增加其余火嘴的燃烧量；②调一次风门，适当开大些，增大混合气流速；③及时修理火嘴，清除积炭。④降低加热炉负荷，开大烟道挡板；⑤联系调度控稳燃料气压力。

☞ 123. 加热炉点不着火的原因及处理方法是什么？

原因：①炉膛抽力太大；②瓦斯含空气或氮气太多；③瓦斯带液严重；④火嘴或瓦斯管线如阻火器堵塞不通。

处理：①关小风门或关小烟道挡板；②置换瓦斯关小提高瓦斯浓度；③加强瓦斯的排凝；④检修清理火嘴或清理过滤器。

☞ 124. 正常生产中，清瓦斯阻火器如何操作？要注意些什么？

在正常生产中，清瓦斯阻火器，先将操作室仪表自动改手动操作，在现场先慢开副线阀并同时关调节阀前后截止阀，尽量保持原瓦斯量，在关截止阀瓦斯量不变时，绝对关死截止阀，打开低点放空，放净瓦斯，卸法兰，卸下过滤器，接蒸汽管至低点放空，引蒸汽吹扫，清干净过滤器，装好法兰，然后按规程改回调节阀操作。注意：① 要防止炉子熄火或引起的回火；② 要防止炉子的温度太低或太高；③ 要防止瓦斯中有害气体中毒。

☞ 125. 瓦斯控制阀后压力很高，炉温上不去是什么原因？如何处理？

原因：① 瓦斯性质改变，轻组分增加，热值降低；② 阻火器堵塞；③提原料量过快而瓦斯量跟不上。

处理：① 继续增加瓦斯入炉量，联系有关单位保证瓦斯组分；② 改副线清扫阻火器；③ 提原料要缓慢，先提温后提原料量。

☞ 126. 引起炉膛爆炸的原因是什么？ 如何避免？

炉膛内吹扫置换不干净，内有易燃气体，点火发生爆炸，所以点火前必须用蒸汽吹扫置换 10min，烟道见汽（对于转化炉，需用烟道风机抽 15min）。

☞ 127. 加热炉对流室压降太大怎么办？

对流室压降太大是由于对流管积灰严重所造成，可以用临时或固定的蒸汽管送入对流室吹灰，减少对流室的压降。

☞ 128. 烟气中氧含量过高怎么办？

由于炉体堵漏不好，风门开的过大，挡板开度偏下，炉膛负压值超高，过剩空气漏入炉内，造成烟气中氧含量过高，过剩空气系数增大，而降低炉子的热效率。应加强堵塞，及时调节一、二次风门及烟道挡板，控制合理的过剩空气系数。

☞ 129. 烟气中一氧化碳含量过高的原因及处理方法是什么？

正常燃烧的炉子，烟气中含有 CO_2、H_2O、N_2及少量过剩的 O_2，不应有 CO 的存在，若在烟气分析中出现了一氧化碳，说明燃料燃烧不完全，存在化学不完全燃烧损失。这主要是由于供风量不足或瓦斯量太大而造成。若炉膛发暗、火焰发红或者烟囱冒黑烟时，烟气中必有一氧化碳存在，必须及时调节风门及烟道挡板，使燃料达到完全燃烧。

☞ 130. 瓦斯火焰颜色发红或发白怎么办？

火焰颜色发红是由于通风量不够而造成，应适当调节风门，若因烟囱抽力不够时，可适当调节烟道挡板。火焰发白是由于燃料量过小，风门过大所造成，应适当开大燃料，关小风门。

☞ 131. 余热锅炉汽包进料管线振动的原因是什么？

在余热锅炉运行初期，汽包进料管线会产生剧烈振动，这主要是汽包压力尚未正常，压力低，进料中水汽化量大造成。当压力达到正常值后，振动就会消除。

☞ 132. 余热锅炉炉管炸破的现象、原因及处理方法是什么？

现象：

①不严重时，从破裂处发生蒸汽喷出的声音，烟囱冒白烟。

②严重时有明显的炸破声，烟囱冒白烟。

③水位、气压、烟气温度迅速下降。

原因：

①给水硬度超过规定，在管壁积结水垢。

②水中的沉淀物积存下来，没有定期排污，管道堵塞，冷水混合物上升时，沉淀物随着上升，使管道堵塞，管子得不到应有冷却而过热爆炸。

③管子腐蚀、管壁减薄，不能承受原设计操作压力。

④管壁受粉尘的磨损减薄或管壁有夹渣、分层等缺陷或焊接质量不合格。

⑤开工不按规程进行，升温、升压太快，受力、受热不均，因应力集中而损坏。

⑥停炉时放水过早或冷却过快。

⑦严重减水时，因无水冷却引起过热而炸破。

预防：

①加强水质管理，运行中严密监视水位，定期排污。

②开停工按操作规程进行。

处理：如余热锅炉炉管炸裂，应及时报告有关部门，协同处理。严重时，则按紧急停炉处理。

☞ 133. 什么是汽水共腾现象？它是如何产生的？有些什么危害？

由于锅炉不断发生蒸汽，给水中的杂质和腐蚀产物不断被浓缩而聚集在锅炉内。锅炉负荷急剧增加时，锅炉压力迅速降低，浓缩沉积物随水翻腾，发生像煮稀饭时“溢锅”一样的现象，这就是汽水共腾。

汽水共腾现象可分为两种，一种是蒸溅，一种是起泡。蒸溅是水沸腾时，气泡从受热面上升到水面破裂，气泡表面附着的固体颗粒未经完全分离，被蒸汽携带走。起泡是当锅炉水中杂质含量被浓缩到一定程度时，汽水分离界面会变成泡沫层，从受热面上升到汽水分界面的气泡被泡沫层拦截而不能迅速破裂，于是泡沫层愈积愈厚，到一定厚度时，蒸汽可直接把气泡带走，特别是蒸汽负荷增加，锅炉压力迅速降低时，大量带杂质的气泡被带入蒸汽。发生汽水共腾时汽包水位计内的水位剧烈振荡，看不清水位；过热蒸汽温度急剧下降，严重时发生水击；蒸汽及炉水品质恶化；水位报警间断出现高或低报警信号。

引起汽水共腾的原因很多，有机械设计不当的原因，有化学的原因。化学原因是炉水的各种杂质（如总固体、悬浮物、碱度、硅的氧化物及其盐类、钠盐、油等）和炉内外水处理方法不当等。汽水共腾危害很大，它不仅降低蒸汽的纯度和质量，而且会污染和损坏使用蒸汽的设备。具体原因有：炉水品质不良含盐浓度过高，没有及时排污，造成炉水碱度高、悬浮物多，油质过大；锅炉负荷增加太快，造成蒸汽大量带水。水位过高，炉水在极限浓度时负荷骤增。

处理步骤：降低锅炉负荷；打开连续排污和底部排污，注意水位变化；打开蒸汽有关疏水阀，必要时可适当放空；加强分析，寻找原因，加强水质监督。取水样化验，在炉水质量未改善前，不宜增加锅炉负荷；适当提高转化炉入口温度，防止催化剂水解。

☞ 134. 为什么锅炉给水要给除氧水？怎样除氧？除氧不合格的原因有哪些？

锅炉给水用除氧水是为了避免溶解氧腐蚀。在锅炉的化学腐蚀诸因素中，以溶解氧腐蚀的危害最大。正常情况下，锅炉金属表面上存在着氢膜和氢氧化亚铁薄膜，它类似电镀层保护锅炉金属表面并控制其进一步离子化，但当水中存在溶解氧时，氧与氢膜作用还原成水；氢氧化亚铁与氧反应生成氢氧化铁沉淀。因此，铁的表面暴露于水中，进一步发生离子化并使其处于溶解状态，其反应如下：

$$O_2 + 2H_2 = 2H_2O$$

$$4Fe(OH)_2 + O_2 + H_2O = 4Fe(OH)_3$$

这种反应受温度的影响很大，在70℃以下随着温度上升反应速度加快；超过70℃，温度升高，反应速度反而降低。

通常在除氧器中脱除氧气。除氧器有多种，常用的是“大气式热力除氧器”。除氧原理系根据亨利及道尔顿定律：“气体在液体中的溶解度与它的分压成正比，而与温度成反比。”是根据当水面上部空间气体分压减少时，气体能从液体中分出的道理进行的。给水从除氧器顶部引入喷下来，与逆流向上的蒸汽接触，被加热到除氧器压力下的沸点温度，气体分压降低至近于零，水中溶解的空气也几乎减至零，氧气即被除去。

为了进一步除氧和保持炉水碱度、防止腐蚀，有的还往锅炉给水中加入联氨，其反应式为：$N_2H_4+O_2 = 2H_2O+N_2$

除氧水含氧不合格的原因有：除氧器进水温度太低；加热蒸汽量小；进水量过大，超过除氧器设计值，使除氧器内水温达不到沸点；排气阀门开度太小，或取样方法不当。

☞ 135. 什么是锅炉缺水？如何处理？

锅炉缺水分轻微缺水和严重缺水。如果水位在规定的最低水位以下，但还能看见水位，或者水位已看不见，但用叫水法能看见时，属于轻微缺水。如果水位已看不见，用叫水法也看不见水位时，则属于严重缺水。

锅炉缺水是锅炉运行的重大事故之一，严重缺水会造成爆管，如果处理不当，在完全干锅的情况下突然进水会造成极其严重的后果。

锅炉缺水的原因一般为：给水自动调节阀故障；给水压力下降或给水中断；水位计堵塞或指示不正确，使操作员误操作；排污阀没关或漏量，使水位下降；炉管破裂。

锅炉缺水的处理方法：

① 当刚发生低水位报警，其他运行参数尚正常，仅汽包水位计不见水位，用叫水法可见水位时，属于轻微缺水，可将三冲量调节改为单参数自动调节，或改为手动控制加强上水。水位正常后，检查三冲量调节系统，无问题后逐步投用三冲量调节。

如加强上水后水位仍很低或保持不住时，要检查给水流量仪表有无问题；检查给水泵的运行情况；检查排污情况，必要时可暂时停止一切排污；检查并确定废热锅炉炉管是否有破裂漏水处；属系统外原因，联系尽快恢复，若无法恢复作停炉处理，属系统内原因，报告值班长并降低锅炉负荷。

② 当上汽包已不见水位，通过叫水法也看不见水位，过热蒸汽温度上升、压力也上升时，说明已属严重缺水，这时应立即报告值班长，采取紧急停炉措施。汽包见不到液位(严重缺水)时，严禁向炉内进水，应紧急停炉。

☞ 136. 什么是锅炉满水？有何危害？如何处理？

锅炉满水分轻微满水和严重满水。

当发生锅炉满水时，水位报警器发生高水位报警信号，蒸汽开始带水，蒸汽品质下降，含盐量增加，过热蒸汽温度下降。严重满水时，甚至炉水进入蒸汽管线，引起蒸汽管线水击。

满水的原因：操作人员疏忽大意，对液位监视不够或误操作；给水调节阀失灵；液位指示不准，使操作人员操作错误。

满水时的处理方法：

① 当汽包蒸汽压力和过热蒸汽温度正常，仅水位超高时，应采取如下措施：进行汽包水位计的对照与冲洗，以检查其指示

是否正常，将给水自动调节改为手动，减少给水流量，以使水位恢复正常。

② 当严重满水，过热蒸汽温度大降或蒸汽管线发生水击时，则应进行如下操作：手动停止给水；开大炉水的排污阀放水；打开蒸汽各疏水阀，防止水击；必要时，蒸汽稍开放空；以上措施仍无效时，应紧急停炉，通知值班长请其他岗位采取相应措施。

☞ 137. 停炉保护的目的和方法如何？

停炉保护的目的是防止锅炉内表面金属发生腐蚀。保护的方法有：

① 非冬季短期停炉保护：在锅炉正常停工后，汽包内保持正常液位，汽包空间用氮气置换合格，然后保持氮气正压密封。也可将上汽包充满除氧水湿法保护。

② 充氮保护：将全部炉水排净后，关死排污阀，锅炉系统内部用氮气置换合格，然后充以 0.5MPa 的氮气。

③ 干法保护(适于长期停运的锅炉)：锅炉系统从全部低点排污阀排净存水后，用氮气吹对流管组的存水，关死排污阀，在上汽包内装入生石灰或无水氯化钙(放在铁盘子上)，按每立方米锅炉容积放生石灰 3 公斤或无水氯化钙 2 公斤，然后将上汽包密封之。以后每月检查并更换一次失效的干燥剂。

☞ 138. 何时需紧急停运锅炉？关键要注意什么？

在下列情况之一下，需紧急停炉：

① 锅炉严重缺水，虽经“叫水”(冲洗水位计排水阀，关闭水位计汽阀)，仍未看到水位。

② 汽包水位迅速下降，虽增大给水并采取其他措施，仍不能使水位回升时。

③ 全部给水泵失效或给水系统发生严重故障，无法保障锅炉给水需要时。

④ 全部循环水泵失效，无法强制循环时。

⑤ 水位表、安全阀、压力表等最重要安全附件，其中有一种全部失效时。

⑥ 锅炉受压部件严重泄漏或严重损坏时。

紧急停炉注意事项：

① 注意锅炉热源，如有需要准备全装置紧急停工。

② 如系因汽包严重缺水而紧急停炉时，严禁向上汽包供水，以防扩大事故。

③ 只要不是因严重缺水而停炉，就应照常向汽包给水，并维持正常水位，强制循环泵也要正常运转。

④ 紧急停炉时，不得从汽包紧急卸压，也不得在高温下排掉炉水。

☞ 139. 加氢装置主要腐蚀类型有哪些？

在加氢过程中，如反应器等设备处于高温高压氢气中，氢损伤就是一个很大的问题。高温高压硫化氢与氢共存时的腐蚀也很严重。正因为如此，为抗高温硫化氢的腐蚀，通常也在反应器等设备内表面堆焊不锈钢(以奥氏体不锈钢居多)覆盖层和选用不锈钢材料制作内件。这样又有可能出现不锈钢的氢脆、奥氏体不锈钢的硫化物应力腐蚀开裂及堆焊层氢致剥离现象等损伤，另外还有 Cr-Mo 钢的回火脆性破坏也曾是重点的问题。在高压空冷器上，由于物流中存在氨和硫化氢等腐蚀介质可能引起传热管穿孔损伤等都是必须加以慎重考虑的。

常见的损伤类型有：

① 高温硫化氢-氢腐蚀；

② 高温高压下的氢腐蚀；

③ 氢脆；

④ 连多硫酸引起的应力腐蚀开裂；

⑤ 铬-钼钢的回火脆性；

⑥ 奥氏体不锈钢堆焊层的氢致剥离；

⑦ 低温硫化氢-氯化氢-水腐蚀；

⑧ 低温 $H_2S-NH_3-H_2O$ 型腐蚀。

☞ 140. 金属材料的主要腐蚀类型有哪些？均匀腐蚀有什么特征？晶间腐蚀有什么特征？

金属材料的主要腐蚀类型有均匀腐蚀、晶间腐蚀、选择性腐蚀、应力腐蚀破裂、腐蚀疲劳、点腐蚀、缝隙腐蚀、电偶腐蚀、磨损腐蚀、氢腐蚀。

在金属材料较大面积上均匀地发生化学或电化学反应，金属表现为宏观地变薄，是最常见的腐蚀形式。

金属的腐蚀沿晶粒边界进行，从而使晶间失去结合力，金属的强度和延伸性下降，破坏之前金属的外观(形状、尺寸)无明显变化，大多数仍保持金属光泽，但冷弯后表现出裂缝，失去金属声。作断面金相检查时，可发现晶界或毗邻区域发生局部腐蚀，甚至晶粒脱落，腐蚀沿晶界发展推进较为明显。

☞ 141. 操作规程中对反应器的使用有哪些限定？

由于铬钼钢在370~575℃操作温度下会产生脆化，故钢设备内的压力限制在产生的应力不超过材料屈服强度的20%的压力范围，但考虑到反应器内的温度与反应器外壁温度的差异，操作手册中将这一温度改为135℃。因此，规定了一些反应器在该温度下的最大压力分别为7MPa、6.8MPa、6.67MPa。要求反应器开工操作时，要先升温后升压，在停工操作中，要先降压后降温，操作手册中对停工时冷却过程又作了严格规定。对于机械设计方面的考虑，冷却速度不应超过25℃/h，在压力降到3.42MPa以前不得将反应器温度降到135℃以下。这些停工措施对设备应力、堆焊层剥离倾向及防止因回火脆性引起的破坏都有好处，为了防止停工期间反应器不锈钢堆焊层和不锈钢工艺管道内壁接触到潮湿空气，与金属表面的硫化铁形成连多硫酸，造成1B-B型不锈钢的连多硫酸应力腐蚀开裂，规定了设备和管线的氮气保护措施或用碱中和清洗措施。

☞ 142. 反应器在正常运行和开停工中应注意些什么？

应注意：①在正常运行中，要注意反应器床层的压降和温度，来判断设备的运行情况，严禁超温超压，以保护设备和催化剂；②在开停工时应严格控制升降温、升降压速度，尽量避免本体和构件形成不均匀的温度分布，而引起较大的热应力；③为防止奥氏体不锈钢内件产生硫化物应力腐蚀开裂，在停工时应抑制连多硫酸的形成，或在这种腐蚀产物产生前采用碱性溶液进行中和；④停工时应采取使操作状态下吸藏的氢能充分释放出去的方案。如先降压，后降温；⑤开停工时，应尽量避免反应器中有液相水和氧气存在。

☞ 143. 什么叫氢致裂纹？如何防止？

氢致裂纹也称氢诱导裂纹。这是由于反应器在高温高压的氢气中操作时，氢会扩散侵入到钢中，当反应器在停工冷却过程中，由于冷却速度太快，氢来不及从钢中向外释放，钢内就会吸藏了一定量的氢，严重的拉伸延性损失就会导致裂纹引发。

在操作中，当装置停工时，宜采用能使氢较彻底地释放出去的停工方案。例如，停工时的冷却速度不能过大，并在较高的温度下(大于350℃)保持一段较长时间。

☞ 144. 什么是氢腐蚀？

高温氢腐蚀是在高温高压条件下，分子氢发生部分分解而变成原子氢或离子氢，并通过金属晶格和晶界向钢内扩散，扩散侵入钢中的氢与不稳定的碳化物发生化学反应，生成甲烷气泡(它包含甲烷的成核过程和成长)，即 $Fe_3C+2H_2 \longrightarrow CH_4+3Fe$，并在晶间空穴和非金属夹杂部位聚集，而甲烷在钢中的扩散能力很小，聚积在晶界原有的微观孔隙(或亚微观孔隙)内，形成局部高压，造成应力集中，使晶界变宽，并发展成为裂纹，开始时裂纹是很微小的，但到后期，无数裂纹相连，引起钢的强度、延性和韧性下降与劣化，同时发生晶间断裂。由于这种脆化现象是发生化学反应的结果，所以它具有不可逆的性质，也称永久脆化现象。

在高温高压氢气中操作的设备所发生的高温氢腐蚀有两种形式：一是表面脱碳；二是内部脱碳。表面脱碳不产生裂纹，在这点上与钢材暴露在空气、氧气或二氧化碳等一些气体中所产生的脱碳相似，表面脱碳的影响一般很轻，其钢材的强度和硬度局部有所下降而延性提高。内部脱碳是由于氢扩散侵入到钢中发生反应生成了甲烷，而甲烷又不能扩散出钢外，就聚集于晶界空穴和夹杂物附近，形成了很高的局部应力，使钢产生龟裂、裂纹或鼓包，其力学性能发生显著的劣化。

☞ 145. 造成氢腐蚀的因素有哪些？

同一种钢材在不同的条件下，氢腐蚀的时间长短是不同的。造成氢腐蚀的因素：

①操作温度、氢的分压和接触时间。温度越高或者压力越大，发生高温腐蚀的起始时间就越早。氢分压 8.0MPa 是个分界线，低于此值影响比较缓和，高于此值影响比较明显；操作温度 200℃ 为分界点，高于此温度钢材氢腐蚀程度随介质温度的升高而逐渐加重。氢在钢中的浓度可以用下面公式表示：

$$C = 134.9P^{1/2}\exp(-3280/T)$$

式中 C——氢浓度，μg/g；

P——氢分压，MPa；

T——温度，K。

从式中可以看出，温度对钢材中氢浓度的影响比系统氢分压更明显。

② 钢材中合金元素的添加情况。在钢中添加不能形成稳定碳化物的元素(如镍、铜等)对改善钢的抗氢腐蚀性能毫无作用；而在钢中凡是添加能形成很稳定碳化物的元素(如铬、钼、钒、钛、钨等)，就可使碳的活性降低，从而提高钢材抗高温氢腐蚀

的能力。关于杂质元素的影响，在针对 $2^1/_4$Cr-1Mo 钢的研究中已发现，锡、锑会增加甲烷气泡的密度，且锡还会使气泡直径增大，从而对钢材的抗氢腐蚀性能产生不利影响。因为甲烷“气泡”的形成，其关键不在于“气泡”的生产，而是在于“气泡”的密度、大小和生成速率。

③ 加工过程。钢的抗氢腐蚀性能，与钢的显微组织也有密切关系。回火过程对钢的氢腐蚀性能也有影响。对于淬火状态，只需经很短时间加热就出现了氢腐蚀。但是一施行回火，且回火温度越高，由于可形成稳定的碳化物，抗氢腐蚀性能就得到改善。另外，对于在氢环境下使用的铬-钼钢设备，施行了焊后热处理同样具有可提高抗氢腐蚀能力的效果。曾有试验证明，$2^1/_4$Cr-1Mo 钢焊缝若不进行焊后热处理的话，则发生氢腐蚀的温度将比纳尔逊(Nelson)曲线表示的温度低 100℃以上。

④ 钢材受的应力。在高温氢气中蠕变强度会下降。特别是由于二次应力(如热应力或由冷作加工所引起的应力)的存在会加速高温氢腐蚀。当没有变形时，钢材具有较长的“孕育期”；随着冷变形量的增大，“孕育期”逐渐缩短，当变形量达 39%时，则无论在任何试验温度下都无“孕育期”，只要暴露到此条件的氢气中，裂纹立刻就发生。因此对于临氢压力容器的受压元件，应重视采用热处理消除残余应力。

⑤ 不锈钢复合层和堆焊层的影响。由于氢在奥氏体不锈钢以及铁素体钢中的溶解度和扩散系数不同，因此完整冶金结合的奥氏体不锈钢复合层和堆焊层能降低作用在母材中的氢分压。

☞ 146. 如何防止氢蚀？

防止氢蚀的措施：①采用内保温，降低筒壁温度；②采用耐氢蚀的合金钢做反应器筒体；③采用抗氢腐蚀的衬里(如，0Cr13、、1Crl8Nil9Ti 等)；④采用多层式结构，可在壁上开排气孔及采用特殊的集气层，将内筒渗过来的氢气集中起来排走；⑤采用催化剂内衬筒式反应器，新氢走环形空间，使筒壁降温；

⑥在实际应用中，对于一台设备来说，焊缝部位的氢腐蚀更不可忽视。因为通常焊接接头的抗氢腐蚀性能不如母材，特别是在热影响区的粗晶区附近更显薄弱，应引起重视。

☞ 147. H_2S 的腐蚀过程是怎样的？影响因素有哪些？什么部位易腐蚀？如何防止硫化氢腐蚀？

硫化氢是加氢过程中不可避免的气体组分，除原料中带来的硫化物经加氢后生成 H_2S 外，在预硫化时，也需要加 DMDS。这部分硫，一部分与催化剂作用，多余部分则生成 H_2S。为了保持催化剂的活性，也要求循环气中保持一定的 H_2S 浓度，因此，硫化氢腐蚀是一个不容忽视的问题，硫化氢在系统中与铁作用生成硫化铁。反应式如下：

$$Fe + H_2S \xlongequal{} FeS + H_2$$

这是一种具有脆性、易剥落、不起保护作用的锈皮，对反应器、换热器及高压管线危害极大。影响硫化氢腐蚀速度的因素主要有温度和 H_2S 浓度，当硫化氢在 200～250℃以下，对钢铁不产生腐蚀或腐蚀甚微；当温度大于 260℃时，腐蚀加快，随着温度的升高而徒直地加剧，尤其温度在 315～480℃之间时，每增加 55℃，腐蚀率增加 2 倍。H_2S 浓度越大、分压越高，腐蚀越厉害，在硫化氢体积浓度超过 1%时腐蚀率达到最大。

另外还有水、酸性化合物等影响硫化氢的腐蚀，如 HCl 存在时会发生 $FeS+2HCl \rightarrow FeCl_2+H_2S$ 等。其中以水的影响尤其严重。国家质量技术监督局 1999 年颁发的《压力容器安全技术监察规定》中对湿硫化氢应力腐蚀环境有如下定义：①温度≤(60+2P)℃，P 为压力，MPa(表压)；②硫化氢分压≥0.00035MPa，即相当于在常温水中的溶解度≥10mg/L；③介质中含有液相水或处于水的露点以下；④pH<9 或有氰化物(HCN)存在。湿硫化氢的腐蚀主要是由于电化学腐蚀和反应产生的氢原子扩散至钢中引起的。机理如下：

$$H_2S \longrightarrow H^+ + HS^-$$

$$HS^- \longrightarrow H^+ + S^{2-}$$

$$Fe \longrightarrow Fe^{2+} + 2e \text{（阳极反应）}$$

$$Fe^{2+} + S^{2-} \longrightarrow FeS \downarrow$$

$$Fe^{2+} + HS^- \longrightarrow FeS \downarrow + H^+$$

$$2H^+ + 2e \longrightarrow 2H \uparrow \longrightarrow H_2 \text{（阴极反应）}$$

$$2H \longrightarrow \text{向钢中扩散}$$

湿硫化氢引起钢材损伤的形式有：①均匀腐蚀。由电化学腐蚀引起的表面腐蚀，使设备壳壁均匀减薄。②氢鼓泡（HB）。腐蚀过程中析出的氢原子渗入钢中，在某些关键部位形成氢分子并聚集，引起界面开裂（不需要外加应力），形成鼓泡，其分布平行于钢板表面。③氢致开裂（HIC）。在钢内部发生氢鼓泡区域，当氢的压力继续增高时，小的鼓泡裂纹趋向于相互连接，形成有阶梯状特征的氢致开裂。钢中 MnS 夹杂物的带状分布增加 HIC 的敏感性。HIC 的发生不需要外加应力。④应力导向氢致开裂（SOHIC）。应力导向氢致开裂是由应力引导下，在杂物与缺陷处因氢聚集而形成的成排的小裂纹沿垂直于应力方向发展，即向压力容器与管道的壁厚方向发展。SOHIC 常发生在焊接接头的热影响区及高应力集中区。应力集中经常是由裂纹状缺陷或应力腐蚀裂纹引起的。⑤硫化物应力腐蚀开裂。硫化氢腐蚀产生的氢原子渗透到钢的内部，溶解于晶格中，导致脆化，在外加拉应力或残余应力作用下形成开裂。硫化物应力腐蚀开裂通常发生在焊缝热影响区的高硬度区。

硫化氢的腐蚀不但危害设备及管线，而且这些腐蚀产物被带进反应器内，将会堵塞床层，导至压差增大，影响开工周期。

防止高温硫化氢腐蚀的办法有：①控制循环气中硫化氢浓度，不要超过规定范围；②选用抗硫化氢腐蚀的钢材或采取防腐措施，如用不锈钢金属衬里或用渗铝钢等。

防止湿硫化氢腐蚀的措施有：对介质中硫化氢含量较低、腐蚀不太严重的，往往采用普通碳素钢，适当加大腐蚀裕度量，并在制造程序上加入消除应力的焊后热处理。对腐蚀性中等的场合，可选用抗 HIC 的钢材，国外应用最为普遍的是 SA516－Gr. 65，70(HIC)(与 16MnR 相似)。对腐蚀性非常苛刻的工况，可采用“隔绝”方法，即在内壁衬上(或堆焊)一层抗腐蚀的金属，如铁素体不锈钢、双相不锈钢、镍合金或防腐镀层等。

☞ 148. 什么是氢脆？它对操作会产生什么影响？

所谓氢脆，就是由于氢残留在钢中所引起的脆化现象。产生了氢脆的钢材，其延伸率和断面收缩率显著下降。这是由于侵入钢中的原子氢使结晶的原子结合力变弱，或者作为分子状在晶界或夹杂物周边上析出的结果。但是，在一定条件下，若能使氢较彻底地释放出来，钢材的力学性能仍可得到恢复。这一特性与前面介绍的氢腐蚀截然不同，所以氢脆是可逆的，也称作一次脆化现象。对于操作在高温高压氢环境下的设备，在操作状态下，器壁中会吸收一定量的氢。在停工的过程中，冷却速度太快，使残留的氢来不及扩散出来，造成过饱和氢残留在器壁内，就可能在温度低于 150℃时引起亚临界裂纹扩展，对设备的安全使用带来威胁。

☞ 149. 防止氢脆的对策有哪些？

应从结构设计上、制造过程中和生产操作方面采取如下措施：

① 尽量减少应变幅度，这对于改善使用寿命很有帮助。采取降低热应力和避免应力集中等措施都是有效的。

② 尽量保持堆焊金属或焊接金属有较高的延性。

③ 装置停工时冷却速度不应过快，且停工过程中应有使钢中吸收的氢能尽量释放出去的工艺过程(分阶段恒温脱氢，一般脱氢温度在 260~427℃之间)，以减少器壁中的残留氢含量。另外，尽量避免非计划的紧急停工(紧急放空)也是非常重要的。

因为此状况下器壁中的残留氢浓度会很高。

☞ 150. 应力腐蚀是怎样产生的？有什么预防措施？

金属材料在静拉应力和腐蚀介质同时作用下所引起的破坏作用，称为应力腐蚀。

产生应力腐蚀的原因，首先是由于内应力使钢材增加了内能，处于应力状态下的钢材的化学稳定性必然会降低，从而降低了电极电位。内应力愈大，化学稳定性愈差，电极电位愈低。所以，应力大的区域就成为阳极，另外，应力（特别是表示拉应力）破坏了金属表面的保护膜，保护膜破坏后形成裂缝，裂缝处就成为阳极，其他无应力的区域则为阴极，成为腐蚀电池，加速腐蚀。奥氏体不锈钢对应力腐蚀是比较敏感的，较易发生。这可能是和它容易产生滑移及孪晶有关。由于在滑移带和孪晶界应力集中，易遭受腐蚀破坏，裂缝一般都是穿晶的，也有在晶间发生的，由于这种应力腐蚀所产生的裂纹呈刀口状，所以也称为“刀口腐蚀”。奥氏体不锈钢形成刀口腐蚀的原因，除了焊缝有不均匀的应力以外，还由于焊缝在焊接后的冷却过程中，从奥氏体中析出了铬的碳化物，使晶界贫铬，刀口腐蚀就发生在焊缝区或热影响区里，而热影响区内某一段的温度很可能就是奥氏体中铬的碳化物的敏化温度（450～850℃），这样就使得晶界贫铬，发生晶间裂缝。

防止应力腐蚀的方法：

① 利用热处理消除焊接和冷加工的残余应力，以及进行稳定化和固溶处理；

② 采用超低碳（$<0.03\%$）不锈钢或用含铌、钛稳定的不锈钢，焊接时用超低碳或含铌的焊条进行焊接。

☞ 151. 奥氏体不锈钢的连多硫酸腐蚀机理是什么？

连多硫酸应力腐蚀开裂的特征应力腐蚀开裂是某一金属（钢材）在拉应力和特定的腐蚀介质共同作用下所发生的脆性开裂现

象。奥氏体不锈钢对于硫化物应力腐蚀开裂是比较敏感的。连多硫酸($H_2S_xO_6$，$x=3\sim6$)引起的应力腐蚀开裂也属于硫化物应力腐蚀开裂，一般为晶间裂纹。当炼油装置停工过程中，系统降温降压后，有水汽被冷凝下来或打开设备检修时，设备和管线内部与湿空气接触，铁/铬硫化物与水和氧发生化学反应，就有亚硫酸和连多硫酸生成，从而产生腐蚀。在石化工业装置中，奥氏体不锈钢或管道发生硫化物应力腐蚀开裂多有见到。连多硫酸应力腐蚀开裂在加氢装置中也都发生过。如日本一些加氢脱硫装置上的若干冷凝器的浮头盖连接螺栓由此原因发生过多根折断损伤。

防止奥氏体不锈钢产生连多硫酸应力腐蚀最好采取以下几点措施：

① 材质一般选用超低碳型($C\leqslant0.03\%$)或稳定型的不锈钢(如 SUS321，SUS347)，采用奥氏体+铁素体双相不锈钢也有较好效果。还可以选用铁素体不锈钢，它对连多硫酸的应力腐蚀开裂不敏感。制造上要尽量消除或减轻由于冷加工和焊接引起的残余应力，并注意加工成不形成应力集中或尽可能小的结构。

② 使奥氏体不锈钢设备或管线的金属表面保持干燥，即不与空气和水接触或处于热状态下。即在装置停工后，对不需检修的奥氏体不锈钢设备或管线用阀门或盲板封闭起来，内充氮气保持正压，使其隔绝空气，如果温度低于 38℃ 会生成液态水时，则要将无水氨注入系统中，浓度大约为 5000μg/g(体积)。特别是加热炉管，在停工检修期间，保持其温度在 149℃ 以上，使其干燥。

③ 对于需要卸开检修的奥氏体不锈钢设备、管线和不能保持 149℃ 以上的加热炉管，应用 1.5%~2%的碳酸钠(Na_2CO_3)或氢氧化钠(NaOH)溶液进行中和冲洗。冲洗后，务必要用不含氯化物的软化水或冷凝水冲洗，以防止残余碱留在表面上造成碱脆和在开工时被带到催化剂中，影响活性。在溶液中增加 0.5%的硝酸钠，可以减少不锈钢发生氯化物应力腐蚀开裂的可能性，但

必须防止溶液中加入过量的硝酸钠(不大于0.5%)，它有引起碳钢应力腐蚀开裂的危险。

④ 尽可能减少奥氏体不锈钢金属表面裸露在可能产生应力腐蚀的环境中的时间。

总之，每次停工前都要根据维修工作的不同，编制具体的奥氏体不锈钢的防护措施，并经设备、工艺、生产和检修审查批准。(具体细节详见NACE标准RP-01-70《炼油厂停工期间，使用中和溶液防止奥式体不锈钢产生应力腐蚀开裂》)

☞ 152. 氯离子(Cl^-)对18－8型奥氏体不锈钢有什么危害？其腐蚀过程是怎样的？

在有“Cl^-”存在时，18-8型奥氏体不锈钢对点腐蚀特别敏感。点腐蚀在生产中是很危险的，它在一定区域内迅速发展，并往深处穿透，以致造成设备因局部地区破坏而损坏。或因个别地方穿孔而进行渗漏。产生点蚀的原因，可能是不锈钢表层钝化膜(氧化膜)有个别地方是薄弱的，也可能是局部地方有夹杂或不平整所造成。当液体中有活性(Cl^-)时，它很容易被纯化膜表面所吸附，在钝化膜比较薄弱的局部地区，氯离子在膜上排挤氧原子，并取代氧原子的位置，取代之后，在吸附时Cl^-的点上就产生可溶性的氯化物，这样就在此地方逐渐形成小孔。形成小孔后，造成了不利的局面，即小孔为阳极，被钝化的表面为阴极，阴极面积大而阳极面积极小，这样构成的腐蚀电池，将大大加速腐蚀速度，点蚀的坑穴多了，相连起来，则形成裂纹，造成钢材恶性破坏。为了避免氯离子对奥氏体不锈钢的腐蚀，对奥氏体不锈钢设备及管线清洗或试压，所用的水其氯化物含量均要求小于30μg/g。

☞ 153. 什么是铬－钼钢的回火脆性？

铬-钼钢的回火脆性是将钢材长时间地保持在370~575℃或者从该温度范围缓慢地冷却时，其材料的断裂韧性就引起劣化损伤的现象。材料一旦发生回火脆性，材质冲击韧性明显降低，其延脆性转变温度向高温侧迁移。回火脆性除上述一些现象和特征外，还具有如下两个特征：①这种脆化现象是可逆的，也就是说，将已经脆化了的钢加热到600℃以上，然后急冷，钢材就可以恢复到原来的韧性；②一个已经脆化了的钢试样的断口上存在着的晶间破裂，当把该试样再加热和急冷时，破裂就可以消失。

铬-钼钢化学成分中的杂质元素和某些合金元素对回火脆性影响很大，P、Si、Mn 含量高时对脆化都有促进作用。在热处理过程中，奥氏体化的温度和从奥氏体化的冷却速度都将对回火脆性敏感性产生很大的影响。

☞ 154. 防止2¼Cr－1Mo 钢制设备发生回火脆性破坏的措施有哪些？

加氢装置所选用的铬-钼钢，以 $2^1/_4$Cr-1Mo 钢为多，而它是几种铬-钼钢中回火脆性敏感性较大的。防止产生回火脆性的措施：

① 尽量减少钢中能增加脆性敏感性的元素，尤其对焊缝金属加强关注；

② 制造中要选择合适的热处理工艺；

③ 采用热态型的开停工方案。当设备处于正常的操作温度下时，是不会发生由回火脆性引起的破坏的，因为这时的温度要比钢材的脆性转变温度高得多。但是，像 $2^1/_4$Cr-1Mo 钢制设备在经长期的使用后，若有回火脆化，包括母材、焊缝金属在内，其转变温度都有一定程度的提高。在这种情况下，于开停工过程中就有可能产生脆性破坏。因此，在开停工时必须采用较高的最低升压温度，这就是热态型的开停工方法。即在开工时先升温后升压，在停工时先降压后降温。

在 20 世纪 70 年代中期，根据当时生产 $2^1/_4$Cr-1Mo 钢的实际水平，曾有人提出先将温度升到 93℃(200F)以后再升压的建议。近年来，由于钢材和焊材的冶炼制造技术都有很大进步，材料的纯洁度大有提高，所以最低的升压温度还有可能适当降低。

④ 控制应力水平和开停工时的升降温速度。已脆化了的钢材要发生突然性的脆性破坏是与应力水平和缺陷大小两个因素有关的。当材料中的应力值很高时，即使很小的缺陷也可以引起脆断。因此应将应力控制在一定的水平以内。另外在开停工时也要避免由于升降温的速度过大，使反应器主体和某些关键构件形成不均匀的温度分布而引起较大的热应力。当温度小于150℃时，升降温速度以不超过25℃/h为宜。

☞ 155. 什么是堆焊层的氢致剥离？其主要原因是什么？影响堆焊层氢致剥离的主要因素是什么？

加氢装置中，用于高温高压场合的一些设备(如反应器)，为了抵抗H_2S的腐蚀，在内表面都堆焊了几毫米厚的不锈钢堆焊层(多为奥氏体不锈钢)。在十多年前曾在此类反应器上发现了不锈钢堆焊层剥离损伤现象。

堆焊层剥离现象有如下主要原因：堆焊层剥离现象也是氢致延迟开裂的一种形式。高温高压氢环境下操作的反应器，氢会侵入扩散到器壁中。由于制作反应器本体材料的Cr-Mo钢(如$2^1/_4$Cr-1Mo钢)和堆焊层用的奥氏体不锈钢(如Tp. 309和Tp. 347)的结晶结构不同，因而氢的溶解度和扩散速度都不一样，使堆焊层界面上氢浓度形成不连续状态，当反应器从正常运行状态下停工冷却到常温状态时，氢在母材中溶解度的过饱和度要比堆焊层大得多，使在过渡区(系堆焊金属被母体稀释引起化学成分变化的区域)附近吸收的氢将从母材侧向堆焊层侧扩散移动。而氢在奥氏体不锈钢中的扩散系数却比Cr-Mo钢小，所以氢在堆焊层内的扩散就很慢，导致在过渡区界面上的堆焊层侧聚集大量的氢而引起脆化，另外，由于母材和堆焊层材料的线膨胀系数差别较大，过饱和溶解氢结合成分子形成的氢气压力也会产生很高的应力。上述这些原因就有可能使堆焊层界面发生剥离，剥离并不是从操作状态冷却到常温时就马上发生，而是要经过一段时间以后

(需要一定的孕育期)才可观察到这种现象。从宏观上看，剥离的路径是沿着堆焊层和母材的界面扩展的，在不锈钢堆焊层与母材之间呈剥离状态，故称剥离现象。

在众多影响堆焊层剥离的因素中，操作温度和氢气压力是最重要的参数。氢气压力和操作温度越高，越容易发生剥离。因为它与操作状态下侵入到反应器器壁中的氢量有很大关系。氢气压力越高，温度越高侵入的氢量越多。

在高温高压氢气中暴露后，其冷却速度越快，越容易产生剥离。因为冷却速度的快慢将对堆焊层过渡区上所吸收的氢量有很大影响。

当堆焊层过渡区吸藏有氢的情况下，反复加热冷却的次数越多，越容易引起剥离和促进剥离的进展。因为堆焊层材料与母材之间的线膨胀系数差别很大，反复地加热冷却会引起热应变的累积。

焊后热处理对剥离也是一个很重要的影响因素。

☞ 156. 在操作中如何防止堆焊层出现剥离？

堆焊层剥离的基本因素归结为：①界面上存在很高的氢浓度；②有相当大的残余应力存在；③与堆焊金属的性质有关。因此，凡是采取能够降低界面上的氢浓度、减轻残余应力和使熔合线附近的堆焊金属具有较低氢脆敏感性的措施对于防止堆焊层的剥离都是有效的。在操作中应严格遵守操作规程，尽量避免非计划的紧急停车，以及在正常停工时要采取使氢尽可能释放出去的停工条件(恒温脱氢)，以减少残留氢量。

在操作中要严格遵守升温、升压和降温、降压规定，并且控制一定的降压速度(通常为1.5~2.0MPa/h)，这有利于钢材中吸收气的溢出，减少内应力，在一定程度上对控制剥离有积极作用。同时严禁超温、超压操作，并且对反应器内壁要作定期检查。

☞ 157. $H_2S-NH_3-H_2O$ 型腐蚀特征是什么?

加氢装置进料中，由于常含有硫和氮，经加氢之后，在其反应流出物中就变成了 H_2和 NH_3腐蚀介质，且互相将发生反应生成硫氢化胺，即 $NH_3+H_2S \longrightarrow NH_4HS$。$NH_4HS$ 的升华温度约为 120℃，因而此流出物在高压空冷器内被冷却过程中，常在空冷管子和下游管道中发生固体的 NH_4HS 盐的沉积、结垢。由于 NH_4HS 能溶于水，一般在空冷器的上游注水予以冲洗，这就形成了值得注意的 $H_2S-NH_3-H_2O$ 型腐蚀。此腐蚀发生的温度范围在 38~204℃之间，正好是此类空冷器的通常使用温度区间。这种腐蚀多半是局部性的，一般多发生在高流速或湍流区及死角的部位(如管束入口或转弯等部位)。

影响此形式腐蚀的主要因素有：①氨和硫化氢的浓度，浓度越大，腐蚀越严重；②管内流体的流速，流速越高，腐蚀趋剧烈；当然流速过低，会使胺盐沉积，导致管子的局部腐蚀；③某些介质存在的影响，如氰化物的存在，对腐蚀将产生强烈影响，氧的存在(主要是随着注入的水而进入)也会加速腐蚀等。

☞ 158. 高压空冷器的管子入口处最容易腐蚀是什么介质引起的?

它是由 H_2S 引起的，根据实验，NH_3和 H_2S 的摩尔浓度的乘积>0.04%或<0.01%腐蚀性都较大，只有在 0.01%~0.04%范围内腐蚀性较小，所以在操作中，最好把 NH_3和 H_2S 浓度的乘积控制在 0.01%~0.04%之间。

一般易发生腐蚀部位是形成湍流区弯头等处，若有 Cl^-及氧气的存在，会加速腐蚀。腐蚀的速度与介质的流速也有关系，速度过慢，腐蚀介质易集存加剧腐蚀；流速过快，冲刷与 NH_4HS 共同作用腐蚀也会加剧。因此要选择合适的流速而且一定要避免偏流，在投用时就应注意。碳钢内介质流速为 4.3~6.1m/s。下面是高压空冷发生腐蚀的条件：

摩尔浓度[H_2S]·[NH_3]<0.07，不会发生腐蚀；

当介于0.07~0.2之间时也能出现腐蚀；

当大于0.5时，肯定发生腐蚀。

高分酸性水中NH_4HS浓度≯4%，出现腐蚀的可能性较小。

对于在高温部位注软化水，在保证注水量足够的前提下要保证总注水量的20%在该部位为液态。高压空冷一般选用16MnR(HIC)或碳钢，碳钢使用温度应<200℃，否则会发生氢腐蚀(纳尔逊曲线)。

☞ 159. 在注水中加入多硫化钠和多硫化铵的目的是什么？注入时需注意哪些事项？

氰化物和H_2S化合物也具有能产生腐蚀的影响。在许多装置中，氰化物是以10^{-6}数量级的范围存在于反应产物物流中，装置原料的氮含量高时特别易于形成一定数量的氰化物。如果出现任何一点氰化物的话，腐蚀率就趋向于上升。

可以通过在反应产物冷却器上游的反应产物物流中注入多硫化钠和多硫化铵来抗氰化物的腐蚀。多硫化物与氰化物反应能够生成硫代氰酸盐，此外，多硫化物可以通过多硫化铵来抑制硫钢腐蚀，它是通过改变硫化铁腐蚀产物的附着力和组分来实现的，因此多硫化物的注入能降低腐蚀。通常，将多硫化物注进反应注水中引入系统。多硫化物不能中止堵塞管内的点蚀，但它会减少积垢物，当系统仍然干净时，注入多硫化物可以使堵塞和腐蚀减至最小。

应当注意在注水中加入聚硫化物，水中pH值必须≥7.5。pH值低于7.5会使多硫化物分解，氧能使多硫化物分解，生成单质硫等其他的腐蚀反应的产物加强腐蚀甚至堵塞管路，因此应加强对反应注水水质的检测。当使用多硫化物时，由于多硫化物会干扰氧的分析，故水的取样点在聚硫化物注入点的上游。多硫化物溶液在注入前应保持不与空气接触，多硫化物罐应有惰性气体覆盖或在多硫化物表面覆盖一层油，以与空气隔绝。

☞ 160. 要减少脱硫系统设备的腐蚀应采取什么措施?

措施：①胺的储槽及缓冲罐要用 N_2 保护，减少氧化作用；②控制好脱硫剂的使用浓度，防止高浓度操作；③对脱硫剂进行净化；④再生塔和重沸器尽可能采用较低压力和再生温度；⑤溶液中加入少量缓蚀剂；⑥溶液和蒸汽采用低流速，避免使用五角弯头；⑦重沸器和换热器的结构要良好；⑧对材质进行升级。

第五章　火灾爆炸的应急处理

☞　**1. 简述中国石化《关于安全生产的禁令和规定》中的“防火防爆十大禁令”内容是什么？**

内容是：① 严禁在厂内吸烟携带火柴、打火机、易燃易爆、有毒、易腐蚀物品入厂。

② 严禁未按规定办理用火手续，在厂区内进行施工用火或生活用火。

③ 严禁穿易产生静电服装进入油气区工作。

④ 严禁穿带铁钉的鞋进入油气区及易燃易爆装置。

⑤ 严禁用石脑油、易挥发溶剂擦洗各种设备、衣物、工具及地面。

⑥ 严禁未经批准的各种机动车辆进入生产装置、罐区及易燃易爆区。

⑦ 严禁就地排放轻质油品、液化气及瓦斯、化学危险品。

⑧ 严禁在各种油气区内用黑色的金属工具敲打。

⑨ 严禁堵塞消防通道及随意挪用或损坏消防器材和设备。

⑩ 严禁损坏生产区内的防爆设施及设备，并定期进行检验。

☞　**2. 防火防爆安全规定内容是什么？**

① 不准在装置内用铁器敲打设备，不准穿钉子鞋进入装置，不准穿产生静电的化纤服装进入装置，不准无防爆器的机动车进入装置，不准用干布擦有机玻璃看窗，不准用汽油擦洗设备。

② 装置内动火，必须有安全用火火票，设专人监护，特殊用火需特殊用火票，并有可靠的防范措施。

③ 装置内严禁吸烟。

④ 设备管线引入氢气瓦斯时，必须进行置换，分析系统氧含量<0.5%时方可进行，氢气管线、设备拆卸时，要经氮气置换合格后方可进行。

⑤ 高温设备管线上禁止放易燃物和晾晒衣物、烘烤食品等。

⑥ 不准将氢气、瓦斯、液化气任意排放，油品不准倒入下水道。

⑦ 未经再生的催化剂不准卸出。

⑧ 装卸活性炭时，必须用盲板与系统隔绝并用氮气置换合格。

⑨ 消防工具、器材应放在指定位置，任何人不得随意挪做它用。

⑩ 高温部位着火，应用蒸汽或干粉灭火器灭火，严禁用水灭火。电器着火，应用1211灭火器或干粉灭火器灭火，严禁用蒸汽或易导电的灭火剂灭火。

⑪ 装置内照明设施必须采用防爆型，检修临时用电，必须有安全措施同时绝缘良好，开关置于安全位置。

⑫ 加热炉点火时，不准用相邻火嘴点火。火熄灭后，必须用蒸汽吹扫至烟囱冒白汽时再点火。

☞ **3. 加氢工艺过程有哪些预防事故的措施?**

措施：① 在加工过程中，将危险物料或产品封闭在设备和管道中，使其与可助燃的空气及明火源隔绝，为此要求设备、管道、控制系统、动力供应系统具有所需要的可靠性。

② 设立紧急切断系统和紧急泄压火炬系统，保证非正常工况下危险物料能够安全排出并安全处置。

③ 设立危险物料泄漏检测系统和通风排放系统，对可能出现的泄漏进行实时检测；一旦泄漏被检出，立即采取切断、强制排风等措施，防止形成爆炸气体或可燃气体积聚。

④ 杜绝如雷击、静电等非受控火源；装置内的明火源，如

加热炉、裸露的高温管线应受到严格地控制。

⑤ 设定必要的安全距离，将不同的危险设备或区域分隔，以便一旦某一设备或部位发生事故时可减少其影响，降低损失，避免事故扩大；配备必要的消防和防护设施。

☞ 4. 哪些因素造成加氢装置有火灾爆炸的危险？

工艺过程的复杂性：催化加氢处理是使石油烃原料在催化剂、压力、临氢和一定温度条件下发生裂化转化或去除重金属、硫、氮、氧化合物，生产洁净石油产品的工艺过程。该工艺过程复杂、大型转动设备多；与其他炼油装置相比，更具有高温、高压、临氢、物料危险性高的特殊性。这些因素决定了加氢处理属于危险性大、风险高的工艺过程。

物料的可燃性：加氢处理工艺过程的物料绝大部分是易燃易爆的烃类化合物，其中有几种爆炸下限$<10\%$的气体和闪点$<28℃$的液体以及自燃点低于其操作温度的物料。因工业装置规模大，这些可燃物在装置的数量往往高达数十乃至数百立方米。原料中的氢和部分产物有强腐蚀性，使危险物料泄漏的机会更多。因此加氢装置均属火灾危险程度最高的甲类装置；装置内的大部分区域为爆炸危险 2 区。

☞ 5. 为什么说加氢装置发生火灾的危险性很高？

加氢装置加工处理的都是可燃物料，并处在高温、高压、临氢的条件下，在生产过程中会由于各种不同的原因而发生介质的泄漏，有的介质操作温度高于其自燃点，一旦暴露在空气中就能自燃着火；或者泄漏的介质遇到明火或落在高温的设备或管线上也可能引起火灾；甚至碰撞产生的火花都能点燃闪点低的介质。因此，加氢装置发生火灾的危险性很高。

☞ 6. 石油化工原料及产品的特点是什么？

特点：①易燃烧；②易爆炸；③易蒸发；④易产生静电；⑤易流动扩散；⑥易沸腾突溢。

☞ **7. 有火灾、爆炸危险的石油化工原料和产品可分为哪几类?**

从安全消防的角度出发，有火灾、爆炸危险的石油化工原料和产品，可分为爆炸性物质、氧化剂、可燃气体、自燃性物质、遇水爆炸物质、易燃与可燃液体、易燃与可燃固体七大类。

☞ **8. 火灾、爆炸的预防原则是什么?**

火灾的预防原则：严格控制火源；监视酝酿期特征；采用耐火建筑；阻止火灾蔓延；限制火灾可能发展的规模，组织训练消防队伍；配备相应的消防器材。

爆炸的预防原则：防止爆炸性混合物形成；严格控制着火源；燃爆开始就及时排泄压力；切断爆炸传播途径，减弱爆炸压力和冲击波对人员、设备、建筑物的损坏。

☞ **9. 石油火灾有何特点?**

特点：① 燃烧速度快；② 火焰温度高，辐射热量大；③ 易发生爆炸，火势极易蔓延；④ 含水分的油品还易发生突沸，不利于扑救火灾；⑤ 石油火灾燃烧猛烈阶段扑救比较困难。

☞ **10. 生产装置火灾有什么特点?**

特点：① 火灾几率比较高；② 起火原因大多数是人为因素；③ 火灾影响范围比较小；④ 着火时间比较短；⑤ 初期火灾比较容易扑灭。

☞ **11. 加氢装置具有哪些特殊安全防范设施?**

加氢装置特殊安全防范设施如下：

① 紧急泄压放空系统；

② 联锁自保系统；

③ 固定式及便携式可燃气、硫化氢检测报警仪；

④ 火警报警系统；

⑤ 双套电源供电系统和 UPS 系统。双套电源供电系统可以

保证供电装置用电为一级负荷。循环氢压缩机、补充氢压缩机、原料油泵、高压空冷器、塔顶回流泵这类重要设备供电系统属一级负荷，而控制室某些仪表或检测报警器应属特别重要的负荷，要设置应急电源(UPS 系统)。

⑥高温高压法兰安装低压蒸汽环形保护圈管，管上钻有 1~2mm 的小孔。一旦发生泄漏，可打开蒸汽，喷出的蒸汽成雾状覆盖泄漏处，既可隔绝空气，又可降低漏出气体的温度和稀释氢气的浓度。

☞ 12. 催化加氢过程中有哪些安全控制系统?

现代化的催化加氢装置以分散控制系统(DCS)为主要的监控方式，装置的开停工、正常运行、紧急停车等绝大部分操作均集中在控制室内完成；一些重要部位的自动阀如切断阀、泄压阀等也集中在控制室遥控操作；生产过程的各种参数、报警信号也在控制室内一一显示。整个装置的仪表控制系统可分为两部分：第一部分是以分散控制系统(DCS)为主完成监控功能；第二部分是紧急停车系统(ESD)/安全联锁系统(SIS)，它是催化加氢过程最重要的安全保护设施，在装置发生紧急情况或重大事故时能迅速安全地把装置停下来。

☞ 13. 加氢装置的联锁自动保护系统由哪几部分组成?

加氢装置的联锁自动保护系统一般由检测部分、逻辑运算、显示操作和终端执行器等组成。

① 检测部分。检测元件感应于工艺变量或机械量，输出信号(开关或模拟)到联锁自动保护系统的逻辑运算部分。检测部分可以是压力、差压、温度及液位开关或变送器，并应尽可能优先采用开关接点信号进入联锁自动保护系统的逻辑运算部分；重要的联锁信号检测部分应与监控分开，而逻辑运算更应与执行控制功能的部件分开，重要参数采用三选二表决式。设置三个测量信号进入逻辑判断单元，输出其中两个一致的信号作为该参数的

输出信号到联锁系统。

② 逻辑运算。一般采用继电器、固态逻辑元件、DCS逻辑运算系统、PCL(冗余)可编程逻辑控制器和以微处理器为基础的专用系统。逻辑运算系统也应采用独立设置的原则，要与控制系统分开；若采用PLC(可编程逻辑控制器)实现其逻辑功能应有防止任意修改程序的措施。

③ 显示操作。催化加氢装置采用Ⅰ系列常规电动仪表、电Ⅲ型仪表或数字式调节器作为工艺过程的监控手段，显示则为闪光报警器，用开关、按钮操作；如采用DCS集散型计算机，则联锁自动保护系统的显示操作与DCS构成一个整体，采用报警灯、CRT画面显示。

凡参与联锁停车的参数均应设置报警值，以提醒操作人员及时处理，尽量减少计划外停车；安全联锁的显示要清楚，操作要方便，开关、按钮要有清晰、明显的标记；联锁回路应设旁路开关，以便装置在运行中可以在需要时解除某一联锁回路。例如对联锁回路进行测试，改变回路的给定值，或者在开停工过程中需要暂时解除某个联锁回路；联锁回路应设置复位按钮，联锁动作后，只有在确认条件恢复正常后，再按下复位按钮，联锁系统才能再次投用，设备才能投入运行，其目的是起保护作用。

④ 终端执行器。终端执行器是以电磁阀为先导的调节阀、自动阀。终端执行器应考虑停电、停动力风时能处于安全位置。在多数情况下执行器上的电磁阀应带手动复位机构。优先采用非激磁停车系统，在正常时，开关闭合，电磁阀线圈通电。

☞ 14. 为什么说加氢装置反应部分是安全防护的重点？

无论哪一种加氢工艺，反应部分都是其核心。反应部分主要设备集中了装置的高压设备和大型机组、机泵，包括反应器、高压冷换设备、高压分离器和加热炉及高压的转动设备——循环氢压缩机、补充氢压缩机、原料泵和循环油泵、连接这些设备的管道、阀门等。它们都处在苛刻的反应条件下运行，是催化加氢过程重点防护的部位。

由于反应部分处在装置的高温高压的操作条件下，处理的介质又是易燃易爆的氢气和烃类化合物，其中还含有对金属腐蚀作用的氢、硫化氢。氢能破坏金属的晶格，有很强的渗透能力，使金属产生裂纹、鼓包、氢脆等现象；硫化氢可使金属产生应力腐蚀，生成的金属硫化物在流体的冲刷下脱落，结果会造成金属开裂、减薄甚至穿孔。高压设备或管道如果出现裂口、穿孔这样的一些情况很有可能引发喷射式泄漏性火灾、容器爆炸、蒸气云爆炸等严重的后果。这些因素决定了反应部分是发生灾难性事故的潜在部位。因此反应部分在设计、选材、制造、施工安装以及生产管理时必须充分考虑以上因素，配备可靠的安全防护措施来控制反应部分的正常运行，并且能在事故状态下控制反应部分不超温、超压，避免引发灾难性事故。

☞ 15. 反应器、高压容器、管道爆炸、爆裂预防及应急处理措施是什么？

在催化加氢装置中，发生过低压分离器因超压而破裂的事故。低压分离器一般按 2～3MPa 设计(有些设计压力更低)，安全阀定压一般比常压容器高 0.5～0.7MPa。在催化加氢装置中，由于其位于高压分离器之后，当高压分离器液位控制系统失灵、阀组故障、压空窜压或低压分离器安全阀失灵，都会导致低压分离器超压破裂。另外低压分离器本身设备缺陷以及误操作也会导致低压分离器超压损坏。

反应器、高压容器爆炸、破裂时，其应急处理措施是启动紧急泄压系统。反应进料加热炉炉管破裂，或部分高温管道破裂，均应启动紧急泄压系统并停工处理。但反应系统管道组成复杂，事故破裂(包括法兰、垫片撕开)情况不同，应急措施也应不同。如泄漏程度小，采取隔断系统，有掩护措施，则可坚持生产。

☞ 16. 高压高温设备着火后，救火应注意什么？

迅速查清发生泄漏着火的部位，一般来说高压高温设备泄漏着火类型通常是高温氢气的泄漏着火，应立即报告有关部门同时立即启动紧急泄压系统，使压力迅速下降，以减少氢气的泄漏量，同时降温并切断原料油和新鲜氢气进入系统。

消防车在现场就位，准备好干粉灭火机和灭火器。一旦氢气泄漏量减少，火势减弱，即可对火源处喷射灭火剂灭火。不能使用二氧化碳和高压水等具有冷却作用的灭火剂来扑救高温、高压临氢设备、管道泄漏的火灾。因为高温部位的一些密封面可能会因不同材质在急剧降温时收缩程度不同引发更大的泄漏，使火情加重，甚至酿成灾难性后果。高压水在救火过程中仅限于用来保护其他冷态的设备，以减少火源产生的热辐射对它们的影响。

大量的高温氢气泄漏火灾事故的后果非常严重，并且难以确定其发展方向。如果火灾持续扩大可能发生爆炸，应做好人员撤离工作。

☞ 17. 为什么硫化亚铁渣能引起火灾？

硫化亚铁是在储存、输送含硫石油过程中形成的，硫化铁与空气接触便会很快氧化，同时放出大量的热，由于热量增加，温度升高，氧化的速度随之加快，如此继续下去，它就会逐渐变成褐色，随后出现淡青色烟，当温度升至600 ~700℃时，氧化的地方便会燃烧起来，其热量足以使石油蒸气起火。

对于加氢装置，存在硫化亚铁的部位很多，其中量较大的部位有高低压分离器、分馏塔塔顶、填料塔、各塔顶回流罐及放空罐等。还有使用过的刚卸出的硫化态的催化剂，因含有硫化铁等金属硫化物，这些硫化物与空气接触极易被氧化而生成金属氧化物，同时放出大量热量，生成的氧化硫也污染环境，因此，使用过的催化剂卸出后应隔绝空气密封保存。而对于存在硫化亚铁较多的部位，在停工时全部经过钝化处理，彻底清除硫化亚铁形成的安全隐患。

☞ 18. 加氢生产过程具有火灾爆炸危险性的物质特性有哪些？

加氢装置主要易燃易爆物料安全理化特性见下表。

序号	物料名称	常温状态	闪点/℃	自燃点/℃	爆炸极限/%(体积)	火灾危险分类	性质
1	氢气	气		510	4.1~74.2	甲	易爆
2	液态烃	液	<-66	475~510	1.5~11	甲 A	易燃易爆
3	轻石脑油	液	<-22			甲 B	易燃易爆
4	重石脑油	液	<28	510~590	1.4~7.6	甲	易燃易爆
5	喷气燃料	液	>30	500	1.4~7.5	乙	易爆
6	柴油	液	45~120	350~380	1.5~4.5	丙 A	易爆
7	尾油	液	>120	300~330		丙 B	易爆
8	原料油	液	>120			丙 B	易爆
9	H2S	气		290	4.3~45.5	甲	有毒
10	NH3	液			15.5~27		有毒
11	DEA	液	138				
12	燃料气	气		675~750	3~13	甲	易燃易爆

☞ 19. 火灾事故如何分类？

火灾事故可分为喷射式和满溢泄漏式两类，又称喷火和池火。加氢装置高压设备或管道的小尺寸破裂，易引发喷射式火灾；大尺寸破裂或发生爆炸后，造成大量物料泄漏，也可能引发满溢泄漏式火灾。

☞ 20. 引起火灾的主要原因有哪些？

归纳有以下几方面：①对防火工作重要性缺乏认识，思想麻痹，是发生火灾事故的主要思想根源。②对生产工艺、设备防火管理不善是导致发生火灾事故的重要原因。③设计不完善，为防火工作留下隐患，成为火灾事故的根源。④对明火、火源、易燃易爆物质控制不严、管理不善，是引起火灾事故的直接原因。

⑤防火责任制贯彻不落实，消防组织不健全，不能坚持防火检查，消防器材管理不善及供应不足是导致火灾漫延扩大的重要原因。

☞ 21. 引起着火的火源的途径和方式主要有哪些?

① 明火，如焊炬、炉火、香烟等。

② 明火花，如电气开关的接触火花、静电火花。

③ 雷击，云层在瞬间高压放电引起的火。

④ 加热自燃起火，如熬沥青加热引起自燃。

⑤ 可燃物质接触被加热体的表面，如油棉纱接触高温介质的管道引起自燃。

⑥ 辐射作用，衣服挂在高温炉附近引起着火。

⑦ 由于摩擦作用，如轴承的油箱缺乏润滑油发热起火。

⑧ 聚焦及高能作用，使用老花眼镜、铝板等对日光的聚焦作用和反射作用引起着火；激光照射引起着火烧毁。

⑨ 对某些液态物质施加压力进行压缩，产生很大的热量，也会导致可燃物着火，如柴油发动机起火的工作原理。

⑩ 与其他物质接触引起自燃起火，如钾、钠、钙等金属与水接触；可燃物体与氧化剂接触，如木屑、棉花、稻草与硝酸接触等。

☞ 22. 灭火的基本原理及方法是什么?

燃烧必须同时具备三个条件，采取措施以至少破坏其中一个条件则可达到扑灭火灾的目的。①冷却法：将燃烧物质降温扑灭，如木材着火用水扑灭。②窒息法：将助燃物质稀释窒息到不能燃烧反应，如用氮气、二氧化碳等惰性气体灭火。③隔离法：切断可燃气体来源，移走可燃物质，施放阻燃剂，切断助燃物质，如油类着火用泡沫灭火机。

☞ 23. 为什么不能使用二氧化碳和高压水等具有冷却作用的灭火剂来扑救高温、高压临氢设备、管道泄漏引起的火灾?

不能使用二氧化碳和高压水等具有冷却作用的灭火剂来扑救

高温、高压临氢设备、管道泄漏引起的火灾。因为高温部位的一些密封面可能会因不同的材质在急剧降温时收缩程度不同而引发泄漏，使火情加重，甚至酿成灾难性后果。高压水在救火过程中仅限于用来保护其他冷态的设备，以减少火源产生的热辐射对它们的影响。

☞ 24. 常见的消防器材有哪些？一般灭火方法及注意事项？

常用的灭火物质：①固体：砂、土、石棉粉、石棉毡、碳酸氢钠粉等；②液体：水，溴甲烷、四氯化碳、泡沫等；③气体：氮气、二氧化碳气、水蒸气等。常见的灭火器材有：①各类灭火器：泡沫灭火器、二氧化碳灭火器、四氯化碳灭火器、干粉灭火器、“1211”(二氟一氯一溴甲烷)灭火器等。②各类消防车：水车、泡沫车、干粉车、氮气或二氧化碳车等。③各类灭火工具：消防栓、铁锹、铁钩、石棉布、湿棉被等。

一般灭火方法及注意事项：①气体着火：立即切断气源，通入氮气、水蒸气，使用二氧化碳灭火机，用湿石棉布压盖，必要时停车处理。②油类着火：使用泡沫灭火机效果最好。油桶、储罐、油锅可用湿石棉袋、石棉板覆盖，禁止用水扑灭。③电气着火：使用四氯化碳、二氧化碳，干粉灭火剂，应先切断电源，禁止使用水和泡沫灭火机扑灭。④木材，棉花，纸张着火：可用泡沫灭火机、水灭火。⑤文件、档案、贵重仪表着火：可用二氧化碳、干粉和“1211”灭火机扑灭。

☞ 25. 泡沫灭火原理、灭火器的结构、使用方法及其注意事项是什么？

化学泡沫是由硫酸铝和碳酸氢钠与泡沫稳定剂相互作用而制成的，化学泡沫轻，相对密度为 0.15~0.25，有一定的发泡倍数，能隔离空气，抗烧性强，持久性好。灭火原理：冷却、窒息。适用于扑救油类火灾，不宜扑救醇类、酮类、醚类等水性液体的火灾。目前高倍数泡沫灭火系统有逐步取代低倍数泡沫灭火系统的趋势，高倍数泡沫灭火剂的发泡倍数高（201~1000倍），能在短时间内迅速充满着火空间，特别适用于大空间火灾。广泛应用于油罐区、液态烃罐区、油轮、大型库房等扑救失控性大火。

泡沫灭火器由内筒、外筒组成：内筒为玻璃筒或塑料筒，筒内装有硫酸铝等酸性溶液；外筒为铁筒，筒内装有碳酸氢钠溶液和泡沫剂。使用时颠倒过来，两种药液混合而发生化学反应，产生带压的二氧化碳泡沫，一次有效。其喷射距离约8m，喷射时间约1min，拿取泡沫灭火器必须保持平稳，勿倾斜或背在肩上，使用时，一手提环，一手握底边，将灭火器颠倒过来，对准着火点，即可喷出二氧化碳泡沫，其喷嘴易被堵塞，故应挂通竿，经常保持畅通无阻。冬季注意防冻，0℃以下药剂失效，药剂有效期为一年。泡沫灭火机适用于木材、棉花、纸张、油类着火，不适用于电气、忌水的化学品（钾、钠、电石等）、带压气体着火。

☞ 26. 二氧化碳灭火机的灭火原理、灭火器的结构、使用方法及其注意事项是什么？

二氧化碳灭火原理：二氧化碳灭火剂是一种具有一百多年历史的灭火剂，价格低廉，获取、制备容易，其主要依靠窒息作用和部分冷却作用灭火。二氧化碳具有较高的密度，约为空气的1.5倍。在常压下，液态的二氧化碳会立即汽化，一般1kg的液态二氧化碳可产生约0.5m^{3}的气体。因此，灭火时，二氧化碳气体可以排除空气而包围在燃烧物体的表面或分布于较密闭的空间中，降低可燃物周围或防护空间内的氧浓度，产生窒息作用而灭火。另外，二氧化碳从储存容器中喷出时，会由液体迅速汽化成气体，而从周围吸收部分热量，起到冷却的作用。

二氧化碳灭火机为耐高压钢瓶，瓶内装有6~9MPa的液态二氧化碳，其喷射距离约2m左右。使用时先拔出设有铅封的保险销子，喷射嗽叭对着火点，一手握喷射嗽叭木柄；一手掀动鸭舌开关或旋转开关，即可喷出雪花状的二氧化碳，温度可达

-78℃,液态体积变为气态体积增大 760 倍。二氧化碳是一种惰性气体，不燃爆，当空气中浓度为 30%~35%时，燃烧就会停。使用中注意不要喷到手上、身上，也不能手握嗽叭筒，以防冻伤；人站在上风向，不要站在逆风，以防窒息；放置地点温度应低于 35℃，不要暴晒或靠近高温设备，钢瓶三年检验一次。

二氧化碳灭火器主要用于扑救贵重设备、档案资料、仪器仪表、600V 以下电气设备及忌水物质(油类)等的初起火灾。不适用于碱金属着火(钾、钠、镁、铝粉及铅锰合金)。

☞ 27."1211"的灭火器原理、灭火器的结构、使用方法及其注意事项是什么?

"1211"灭火器原理：属于含有卤代烷的灭火剂，通过溴和氟等卤素氢化物的化学催化作用和化学净化作用大量捕捉、消耗火焰中的自由基，抑制燃烧的链式反应，迅速将火焰扑灭。由于卤代烷会与大气层的臭氧发生反应，致使臭氧层出现空洞，使生存环境恶化。因此，国家环保局于 1994 年专门发出《关于非必要场所停止再配置卤代烷灭火器的通知》。一批含氢氟烃类灭火剂等环保替代产品现已逐步开始应用。

☞ 28. 干粉灭火机的灭火原理、灭火器的结构、使用方法及其注意事项是什么?

干粉灭火器是利用二氧化碳气体或氮气气体作动力，将筒内的干粉喷出与火焰接触、混合时发生的物理、化学作用灭火：一是靠干粉中的无机盐的挥发性分解物，与燃烧过程中燃料所产生的自由基或活性基团发生化学抑制和副催化作用，使燃烧的链反应中断而灭火；二是靠干粉的粉末落在可燃物表面外，发生化学反应，并在高温作用下形成一层玻璃状覆盖层，从而隔绝氧，进而窒息灭火。另外，还有部分稀释氧和冷却作用。干粉灭火剂是用于灭火的干燥且易于流动的微细粉末，由具有灭火效能的无机盐和少量的添加剂经干燥、粉碎、混合而成微细固体粉末组成。

它是一种在消防中得到广泛应用的灭火剂。除扑救金属火灾的专用干粉化学灭火剂外，干粉灭火剂一般分为 BC 干粉灭火剂和 ABC 干粉灭火剂两大类。如碳酸氢钠干粉、改性钠盐干粉、钾盐干粉、磷酸二氢铵干粉、磷酸氢二铵干粉、磷酸干粉和氨基干粉灭火剂等。

干粉灭火器按移动方式分为手提式、背负式和推车式三种。

干粉灭火机由两部分组成，一是装有碳酸氢钠等盐类和防潮剂、润滑剂的钢筒，二是工作压力为 $14MPa/cm^2$ 的二氧化碳钢瓶，钢瓶内的二氧化碳是作为喷动力用。

干粉喷出，盖在固体燃烧物上，能够构成阻碍燃烧的隔离层，而且通过受热，还会分解出不燃气体，稀释燃烧区域中的氧含量，干粉还有中断燃烧联锁反应的作用，灭火速度快。

使用时，在离火场几米远时，将灭火机立于地上，用手握紧喷嘴胶管，另一手拉住提环，用力向上拉起并向火源移近，这时机内就会喷出一股带大量白色粉沫的强大气流。

干粉灭火机适用于扑救石油、有机溶剂等遇水燃烧的物质、可燃气体和电气设备的初起火灾。如扑救油类火灾时，不要使干粉气流直接冲击油渍，以免火势蔓延。

干粉灭火机存放处温度保持 35℃以下，钢瓶内 CO_2 不少于 250g，严防漏气失效，有效期为 4~5 年。

☞ 29. 水在灭火中的作用是什么？

水的作用如下：

① 水能冷却燃烧的物质；

② 水在压力作用下有很大的冲击力，能使火焰中断而熄灭；

③ 水能隔绝空气，使燃烧窒息；

④ 雾状水能够扑救某些可燃液体火灾；

⑤ 雾状水能吸收和溶解某些可燃气体（如氨和烟雾）并能润湿粉尘，对扑救可燃气体、易燃固体粉尘火灾和消除火场上的烟雾有一定的作用。

☞ 30. 水不能扑救哪些物质和设备的火灾？

水不能扑救下列物质的火灾：

① 比水轻而又不溶于水的易燃液体；

② 碱金属火灾；

③ 熔化的铁水、钢水、玻璃水、灼热的金属和矿渣等火灾；

④ 高压电气装置火灾。在没有良好的接地设备或没有切断电流的情况下，一般不能用水扑救；

⑤ 硫酸、硝酸、盐酸不宜用强大的水扑救。

☞ 31. 蒸汽在灭火中的作用是什么？

蒸汽在灭火中的作用如下：

① 主要用于油气区域的掩护，可用于扑救小型的易燃液体、可燃气体火灾，还适用于扑救一般固体物质火灾；

② 使用蒸汽时应先检查蒸汽皮带是否接牢靠，再进行蒸汽脱水，脱水时应用手握紧或用脚踩住皮带尾端，缓慢开阀，避免蒸汽甩龙伤人；

③ 蒸汽脱尽水后，用手握紧皮带尾部，对着火源喷射，直到完全熄灭；

④ 蒸汽灭火过程中人员应站在上风口，蒸汽阀开度不能过大，防止冲散可燃物将火势扩大；

⑤ 人员在手握蒸汽皮带时应戴好防护手套，避免烫手和皮带脱落，人员在使用蒸汽过程中应始终避免正对皮带接头处，防止皮带突然脱落造成人员烫伤。

☞ 32. 生产装置初起火灾的扑救方法有哪些？

当生产装置一旦发生火灾爆炸事故时，一般情况下，在场的全体操作人员应迅速采取如下措施，对初起火灾进行扑救，将其消灭在初起阶段或有效地控制其发展，待专业消防队到达现场后，及时扑灭火灾。

① 应迅速查清着火的部位、着火物质及物料的来源，及时

关闭阀门，切断物料，这样做便可有效地控制火势，利于灭火。这是当事人和在场人员必须首先采取的关键性措施。如果不迅速切断物料来源，火是很难扑灭的，尤其是气体可燃物料。

② 带有压力的设备泄漏着火后，物料不断喷出。此时，除立即切断进料外，还应立即打开泄压阀门，进行紧急放空；同时将物料放入火炬或其他安全部位，火势可因此减弱，便于扑灭。

③ 根据火势大小和设备、管道的损坏程度，现场当班人员应迅速果断做出是否需要全装置切断进料以进行紧急停工，或局部切断进料进行局部紧急停工的决定。如果火势很大，一时又难以控制，加之设备管道受损严重，即便火扑灭后，也无法维持正常生产，此时，应尽早停工。这样可以减少损失，而且有利于火灾扑救。

④ 装置发生火灾时，除应立即组织现场人员积极扑救外，同时应立即打火警电话报告消防队，以便及时赶赴现场进行扑救，“报警早，损失小”。在报警时要沉着，以免拨错电话号码影响时间，讲清着火单位、部位和着火物质，最后报告自己的姓名，以便准确到达火场。

⑤ 装置发生火灾后，车间领导和当班班长应根据火势，利用装置内的消防设施及灭火器材，迅速组织人力进行扑救，若火势不大，应奋力将其扑灭；若火势很大，一时难以扑灭，则要以防止火灾蔓延为主。如防止装置之间、楼层之间、泵房之间以及操作室 、配电室、排水沟和下水井等的蔓延。

⑥ 装置着火，专业消防队接到报警后，应立即出动赶赴火场。为在扑救过程中不发生失误，生产装置的负责人或了解情况的生产工人，应主动向消防指挥员介绍情况，说明着火部位、介质、温度、压力和已经采取的措施。

生产装置发生火灾，情况十分紧急，上述各项工作应同时进行，万万不可贻误战机。

☞ 33. 人身着火时应如何扑救？

当人身着火时，应采取以下措施：

① 人身着火的自救：一般情况下，当衣服着火时，防止烧伤皮肤，则应迅速将衣服撕脱掉。若着火面积很大，来不及或无力解脱衣物，应就地打滚，用身体将火压灭，且不可跑动，否则风助火势，便会造成更严重的后果。当衣服着火，就地有水灭火效果会更好。如果皮肤被烧伤，要防止感染。

② 如果人身上溅上油类着火，其燃烧速度快，火苗较长，温度较高，人体的裸露部分如手、脸和颈部等也会被烧着。尤其在夏季，衣服单薄，一旦着火便会直接烧到肉体。在这种情况下，伤者精神过度紧张而不能自救，因疼痛难忍便本能地以跑动来逃脱。发生此种情况，在场的同志应立即制止跑动或将其按倒，可用毛毡、海草、石棉布或棉衣、棉被等，用水浸湿盖在着火人的身上，使之空气不足而灭火，也可使用1211或干粉灭火器灭火(不要直对面部)。

③ 化纤衣服着火比布料衣服着火危害更大。它不但燃烧速度快，而且容易粘在皮肤上，给治疗带来困难，给伤者增加更大的痛苦。在危险场所穿、脱化纤衣物，会因静电放电造成爆炸着火事故。因此，从事石油化工生产的企业，上班时不宜穿此类服装。

④ 在现场抢救烧伤患者，应特别注意保护烧伤部位，不要将皮肤碰破，以防感染。尤其对大面积烧伤的患者，因伤势过重会出现休克。此时，伤者的舌头容易收缩而堵塞咽喉，发生窒息死亡。在场人员应将伤者嘴巴撬开，把舌头拉出，保证呼吸畅通。同时用被褥将伤者轻轻地裹起，送往医院治疗。

☞ 34. 引起电动机着火的原因主要有哪些？

引起电动机着火的原因可归纳为以下几点：

① 电动机过负荷运行：如发现电动机外壳过热，电动机电

流表指示超过额定电流值，说明电动机已超载，必须迅速查明原因。

② 电动机匝间或相间短路或接地(碰壳)：由于金属物体或其他固体掉进电动机内，或在检修时绝缘受损、绕组受潮，以及遇到过高电压时将绝缘击穿等原因，会造成电动机的相间短路或接地。

③ 电动机接线处各接点接触不良或松动：接触电阻增大引起接点发热，接点越热氧化越迅速，接触电阻越大发热越严重。如此恶性循环，最后将电源接点烧毁产生火花电弧，损坏周围导线绝缘，造成短路，同时可将周围易燃易爆物品引燃引爆。

④ 三相电动机单机运行：危害极大，轻则烧毁电动机，重则引起火灾。

⑤ 机械摩擦：电动机在旋转过程中存在着轴承摩擦。轴承最高允许温度是：滑动轴承不超过 80℃，滚动轴承不超过 100℃，否则轴承会被摩损。轴承摩损后使转子定子互相摩擦发生扫膛。这时，摩擦部位温度可达 1000℃ 以上，而使定子和转子的绝缘破坏，造成短路，严重时可产生火花电弧。

⑥ 电动机接地不良：电动机正常运行时，机壳必须装有良好的接地保护。如无可靠的接地保护，电动机外壳就会带电，万一操作人员不慎触及外壳，会造成触电伤亡事故。

☞ 35. 高温、高压氢气泄漏着火的火情应采取哪些措施？

采取措施如下：

① 立即启动紧急泄压系统，使压力迅速下降，以减少氢气的泄漏量。同时降温、降量并视火情而决定是否需要紧急停工。

② 消防车在现场就位，准备好干粉灭火机和灭火器。一旦氢气泄漏量减少，火势减弱，即可对火源处喷射灭火剂灭火。

③ 确认火被扑灭后，根据损坏程度进行堵漏和修复工作。临氢系统按升压试漏要求确认合格后方可再次恢复生产。

④ 不能使用二氧化碳和高压水等具有冷却作用的灭火剂来扑救高温、高压临氢设备、管道泄漏引起的火灾。因为高温部位的一些密封面可能会因不同的材质在急剧降温时收缩程度不同而引发泄漏，使火情加重，甚至酿成灾难性后果。高压水在救火过程中仅限于用来保护其他冷态的设备，以减少火源产生的热辐射对它们的影响。

☞ 36. 运行状况下热油设备有哪些火灾危险性？

加氢装置中，储存热油的设备多种多样，有原料缓冲罐、循环油缓冲罐、汽提塔和分馏塔等。这些热油设备都有满溢泄漏火灾的危险，国内称之为冒罐或冲塔，这种火灾潜在危险虽然有，但国内较少发生。

从反应系统流出的生成油在低压分离器经闪蒸分离气体后，进入下游分馏部分，经过加热炉加热后进行产品分离。其过程的操作温度一般都在250~380℃，设备内部存有大量液态烃，并处于沸腾液体膨胀汽化爆炸范围，应当严格控制重沸炉出口温度，经常检查管道、炉管等腐蚀泄漏情况，防止事故发生。

☞ 37. 石脑油或富含石脑油组分回流罐有哪些火灾危险性？

有的加氢装置有些石脑油产生，因此也设有石脑油回流罐。这些罐的操作温度及压力并不高，产生满溢泄漏火灾的可能性虽有，但不常见。其一般的流程是，回流量控制塔顶温度，回流罐液面控制出装置流量，回流罐顶设置压力控制阀稳定压力，并设置安全阀非正常放空。

当然，在非常特殊的情况下，如装置发生大火灾时，也有可能发生沸腾液体膨胀汽化爆炸或蒸气云爆炸事故。

☞ 38. 发生跑油事故的原因有哪些？应如何防止？

发生跑油事故的原因大致如下：①工作人员责任心不强，缺乏检查或违反劳动纪律脱岗等；②不按工艺指标办事，造成超温憋压等。③交接不清或联系不周；④阀门、加温管等泄漏；⑤计量仪表失灵；⑥检修施工质量差；⑦缺乏防冻保温措施，冻裂油管和阀门；⑧储油和输油设备年久失修。

防止跑油事故的安全措施：①组织作业人员进行思想和安全技术的教育；②认真执行岗位责任制，做到按时检尺，不出差错；③严格按操作规定指标办，不超温、不超压；④执行巡回检查一丝不苟；⑤发现渗漏等缺陷，要立即设法解决；⑥要定期检查设备有无泄漏，检修要保证质量；⑦加强油罐切水作业；⑧搞好与有关人员的联系，交接要清楚。

☞ 39. 反应器顶头盖大面积泄漏着火如何处理？

工艺措施：①事故后，应立即启动 0.7MPa/min 紧急泄压按钮，反应系统按紧急停工处理，切断进料、熄灭炉子，泄压退送物料；②分馏系统改循环，熄炉；③立即通知生产管理部门、部门领导，本装置应根据生产管理部门和领导指示做进一步处理。

设备措施：①立即停运新氢压缩机，按照部门领导要求停运循环压缩机，熄灭加热炉；②安全措施：如泄漏点可以靠近，应立即打开消防蒸汽、高压氮气进行初期火灾的扑灭和掩护。救火人员戴好空气呼吸器和 H_2S 报警仪；③通知消防大队抢救，气防站进行 H_2S 中毒防护；④注意事项：事故处理过程要防止事故扩大和 H_2S 中毒，注意不能用冷水直接喷淋高温反应器和高温高压换热器，只能用蒸汽和干粉灭火器扑救。

☞ 40. 流淌式火灾的处理方法是什么？

处理方法有：①流淌式火灾首先要防止其流动扩大，尽量用干粉灭火器进行灭火；②可以靠近泄漏源时要立即关闭泄漏源，防止事故扩大；③可采用沙包围堵等措施控制其蔓延，下水井等可充水形成水封，地漏要堵上。

☞ 41. 热油管线法兰泄漏着火发生的原因及处理方法是什么？

处理办法：①应视具体部分及当时条件决定，原则是“管线着火卡两头，容器着火抽下头”；②如果着火不大，班长组织人力扑灭，并汇报车间；③若火势未被控制，应按紧急停工处理，通知消防队及厂调度，配合消防队灭火。

☞ 42. 发生油品大量泄漏时应采取什么措施？

发生油品大量泄漏应采取如下措施：

① 立即切断泄漏物料来源；

② 严禁开停非防爆设备，以免打出火花；

③ 立即熄灭周围火源，阻止车辆来往；

④ 报告有关处室，报告消防队；

⑤ 用蒸汽稀释和掩护，周围设置警戒线；

⑥ 操作人员应控制工艺变化，当出现危险时，在统一指挥下，正确进行停车处理。

☞ 43. 加热炉出口法兰的防泄漏措施有哪些？

加热炉出口是加氢处理过程氢气温度最高的部位，在氢气中可能还混有同等温度的油气。而且该处压力高，如果一旦发生泄漏，高温、高压氢气-油气混合物会发生自燃，或因高速的气流喷出产生的静电火花而引燃。因此，加热炉出口的法兰处是防止氢气泄漏的重点部位。

因燃料气系统仪表元器件的故障，燃料气压力过低、反应进料加热炉流量过低等情况，都会导致自动联锁动作，造成加热炉熄火。致使加热炉出口管线上的 8 字盲板因为温度剧变，法兰与金属软钢密封环垫圈因膨胀系数不同而会导致氢气泄漏。为防止此类事故的发生，应采取以下措施：

① 仪表人员要加强对加热炉燃料控制系统和进料或混氢流量仪表元器件的维修保养，定期更换易老化、易损的元器件，避免自动联锁误动作的发生。

② 对于临氢管线上安装的 8 字盲板，施工人员要认真检查法兰和垫片的质量，精心安装。开车时在氮气冷态循环升压和氢

气热态循环升压阶段，分别用肥皂水和便携式氢气检测仪检查法兰泄漏情况，确认无泄漏后才可转入下一开工工序。

③ 从技术上减少因热胀冷缩造成的法兰泄漏现象。按工艺设计要求，对热态管线上的 8 字盲板，应采取有效的保温隔热措施。以避免管线和 8 字盲板产生明显的散热和温差。

④ 在加热炉出口 8 字盲板的法兰处，安装低压蒸汽环形保护圈管，管上钻有 1～2mm 的小孔。一旦发生泄漏，可打开蒸汽，喷出的蒸汽成雾状覆盖泄漏处，既可隔绝空气，又可降低漏出气体的温度和稀释氢气的浓度。

☞ 44. 油罐着火时主要处理步骤有哪些？

主要步骤如下：

①发现着火立即向消防部门报警，迅速到现场，油罐设有消防设施立即投用。②着火油罐危及邻罐时，应根据地形、风向、油罐间距等情况，对相邻油罐采取防护措施。③应迅速将油罐防火堤各通道堵塞，防止油火蔓延。④着火罐火势蔓延时，应集中一切消防手段，保护相邻油罐，不使事故扩大。

☞ 45. 油泵发生火灾事故的主要原因是什么？

原因有：①轴封装置失效，大量泄漏，遇火燃烧。②轴封安装过紧，致使过热冒烟，引燃泵房中集聚的油蒸气。③油泵空转，造成泵壳高温，引燃油蒸气。④接地导线电阻过大。⑤铁器碰击和外来飞火。⑥使用了非防爆式电机和其他电气设备。⑦泵壳体和平衡管腐蚀破裂。⑧热油泵启用升温速度太快等。

☞ 46. 热油泵压力表漏油着火的防火安全措施有哪些？

安全措施如下：

① 热油泵的压力表应选用铜焊接点的，而不能选用锡焊接点的。②连接管路弯头应不泄漏，保证维修质量。③装设地点要合理选定，不应受辐射热的影响。④不受泵或管路中激烈振动的影响，要求加强固定工作。⑤压力表安装缓冲器和装入隔离液

体。⑥发现有缺陷应迅速研究解决，切不可拖延而使隐患扩大。

47. 氢气大量泄漏或火灾事故如何处理？

① 迅速查清发生泄漏的部位，一般来说高压高温设备泄漏部位通常是高温氢气和烃类混合物的泄漏并同时着火，应立即报告上级领导和消防部门，同时立即启动紧急泄压系统，使压力迅速下降，以减少氢气的泄漏量，降温并切断原料油和新鲜氢气进入系统。

② 采取紧急泄压的同时，若是低温氢气泄漏没有引起着火，现场应考虑采取相应的保护措施防止氢气在局部积聚，如用蒸汽驱赶、掩护，防止进一步发生火灾事故。

③ 大量的高温氢气泄漏火灾事故的后果非常严重并且难以确定其发展方向。如果火灾持续扩大可能发生爆炸，应做好人员撤离工作。

④ 紧急泄压之后装置作紧急停工处理。

48. 脱硫系统检修防 FeS 自燃方案是什么？

① 将脱硫系统的除臭剂，根据除臭剂的使用说明先洗一遍。

② 各塔蒸塔时从塔底给汽，给汽要缓慢，汽量由小到大，蒸塔时间不得少于 24h。装置停汽后不能立即打开人孔，必须经过充分冷却后才能打开人孔。打开人孔前应确保塔各层服务站的新鲜水管线内有水，然后可以从塔顶服务站接胶皮管至塔顶放空处将新鲜水喷入塔内，使塔充分进行冷却。在打开人孔时可以继续打水冷却，冷却水可以直接从塔底由导淋排在地下漏斗内。

③ 绝对禁止在塔内温度高于 40℃时打开人孔。

④ 打开人孔前，应将与塔相连的阀门关闭，将塔切出。

⑤ 打开人孔后，应加强巡检，加强盯表，严防死守，防止烧坏设备。

⑥ 需更换填料时，在卸填料前，应从塔顶往塔内喷水，使

填料充分湿润，防止卸出的填料发生自燃。

⑦ 检修过程中，为防意外发生，每天白天、晚上安排人员向塔内洒水，关好塔的人孔，以保持塔内的湿润，防止发生自燃。打开人孔后，定时安排人员观察各塔的各部温度，如发现温度有上升迹象，立即从塔顶往塔内喷水，杜绝着火的发生。如检修时发现塔人孔冒烟，立即通知塔内检修人员出来，从塔顶注水灭火。

☞ 49. 停工检修中填料塔内着火原因是什么？如何预防？

装置停工时，填料塔虽然进行了规定的蒸塔和水洗，但在塔壁、塔内填料上的少量残油、焦质和硫化亚铁自燃造成填料着火，或塔内动火时引燃着火造成事故，有的甚至造成局部填料烧结被迫更换。

为解决这一问题，可装配减压消防专用水线，在每层平台和人孔均可接胶皮管，定期向塔内填料喷水，可使填料降温，一旦发生火情，监护人员立即用水扑灭；也可保证塔内检修人员的安全，即所谓“湿式检修”。而塔内蒸汽消防，可解决塔内临时灭火，但不能使塔内降温，而且在检修时塔中有人干活是绝对禁止向塔内吹汽的，否则容易造成人身事故。所以，一般采用消防冷水灭火、降温为宜。

为预防填料着火，在打开人孔之前，可用专用药剂对塔进行清洗，冲洗填料、油污和硫化亚铁，有效地减少填料着火的可能性。

☞ 50. 在易燃易爆的生产设备上动火检修，应遵守哪些安全要求？

① 切断与生产设备相连通部分，关闭阀门，加上盲板，做好隔离防火措施。

② 用惰性气体进行置换，分析易燃易爆气体含量小于0.5%，氧含量<0.5%，用空气置换惰性气体，20%<氧含量<

22%，以动火前30min分析数据为准。如果要进入容器内动火，有毒气体应符合卫生浓度，氧含量大于20%，小于22%。

③ 经有关主管领导人签字批准，超过批准动火时间，必须重新进行取样分析，合格和批准后方可再次动火。

☞ 51. 静电引燃的条件是什么？

静电电荷要成为引燃的火源，必须充分满足下述四个条件：①必须有静电电荷的产生；②必须有足以产生火花的静电电荷的积聚；③必须有合适的火花间隙，使积聚的电荷以引燃的火花形式放电；④在火花间隙中必须有可燃性液体的蒸气-空气的混合物。

☞ 52. 什么是爆炸？常见的爆炸有哪两类？发生爆炸的基本因素是什么？

爆炸是物质自一种状态迅速转变到另一种状态，并在瞬间放出巨大的能量，同时产生巨大响声的现象。

常见的爆炸有物理爆炸和化学爆炸。

物理爆炸：由于物质状态或压力发生突变而引起的爆炸称为物理爆炸。如蒸汽锅炉的爆炸便属于此类。

化学爆炸：由于物质发生极迅速的化学反应，产生高温高压而引起的爆炸称为化学爆炸。化学爆炸前后物质的性质和成分均发生了根本的变化。

造成爆炸的基本因素是：①温度；②压力；③爆炸物的浓度；④着火源。加氢装置有大量压缩氢气，产物中有低分子烃组成的瓦斯和液化石油气等可燃气体，因此存在发生蒸气云爆炸的可能性。

☞ 53. 什么是爆炸浓度极限？影响爆炸极限的主要因素有哪些？

可燃气体、粉尘或可燃液体的蒸气与空气形成的混合物遇火源发生爆炸的浓度范围，称为浓度爆炸极限。通常用可燃气体在空气中的体积分数(%)来表示。

爆炸极限随着原始温度、原始压力、介质的影响、容器的尺寸和材质、着火源等因素而变化。

① 原始温度：原始温度越高，爆炸极限越大，即爆炸下限降低，上限升高。

② 原始压力：压力增高，爆炸极限扩大，其上限提高较下限更为显著，原始压力降低，爆炸范围缩小，降到一定数值时，上下限互相合为一点，压力再降低则不易爆炸。

③ 介质的影响：爆炸混合物加入惰性气体，爆炸范围将缩小，当惰性气体达到一定浓度时，可使混合物不能爆炸。

④ 容器尺寸和材质：容器尺寸减少，爆炸范围缩小。

⑤ 着火源：着火源的能量、热表面面积及着火源与混合物接触时间对爆炸极限均有影响。

☞ 54. 爆炸危险物质的分类是什么？

① 一般的爆炸危险物质：可燃气体；易燃流体，即闪点在45℃以下的流体；闪点低于或等于现场环境温度的液体；爆炸下限小于或等于66g/m^{3}的悬浮状可燃粉尘，可燃纤维。

②危险性较大的爆炸性物质：闪点≤28℃液体和爆炸下限≤10%的可燃气体；爆炸混合物的级别为四级，组别为d级、e级的可燃气，如二硫化碳等；导电性的金属粉尘，如镁、铝粉等。

☞ 55. 爆炸的破坏力主要有哪几种表现形式？

① 震荡作用：在遍及破坏作用的区域内有一个使物体震荡、使之松散的力量；

② 冲击波：随着爆炸的出现，冲击波最初出现正压力，而后又出现负压力。负压力就是气压下降后的空气振动，称为吸收作用。爆炸物质的数量与冲击波的温度成正比例，而冲击波压力与距离成反比例关系。

③ 碎片的冲击：机械设备爆炸以后，变成碎片飞出，会在

相当广的范围内造成危害，碎片一般在 100~500m 内飞散。

④ 造成火灾：一般爆炸气体扩散只发生在极其短促瞬间。对一般物质来说，不足以造成火灾。但是在设备破坏之后，从设备内流散到空气中的可燃气体或液体的蒸气将遇其他火源(电火花、碎片打击金属的火花等)而被点燃，在爆炸现场燃起大火，加重爆炸的破坏力。

☞ 56. 什么是安全装置？安全装置如何进行分类？

安全装置是为预防事故所设置的各种检测、控制、联锁、防护、报警等仪表，仪器装置的总称。按其作用的不同，可分为以下七类：①检测仪器：如压力表，温度计等；②防爆泄压装置；如安全网、爆破片等；③防火控制与隔绝装置：如阻火器、安全液封等；④紧急制动、联锁装置：如紧急切断阀、止逆阀等；⑤组分控制装置、如气体组分控制装置，流体组分控制装置等；⑥防护装置与设施；如起重设备的行程和负荷限制装置、电气设备的行程和负荷限制装置、电气设备的防雷装置等；⑦事故通讯、信号及疏散照明设施：如电话、报警器等。

☞ 57. 压力容器常见的破坏形式和特征有哪些？怎样判断这些破坏事故的原因？

压力容器常见的破坏形式共五种：

(1) 塑性破坏

容器因压力过高，超过材料强度极限，发生了较大的塑性变形而破裂，叫塑性破坏。其特征是：①产生较大的塑性变形，对圆筒形的容器，破裂后一般呈两头小、中间大的纺梭裂状，容积变形率(或叫增大率)可达 10%~20%；②断口呈撕裂状，多与轴向平行，一般呈暗灰色的纤维状，断口不齐平，与主应力方向成 45°角，将断口拼合时，沿断口间有间隙；③破裂时一般不产生碎片或只有少量碎片；④爆破口的大小随容器的膨胀能量而定，膨胀能量大(如气体特别是液化气)，裂口也大。

发生塑性破坏事故的主要原因是：①过量充装，超压运行；②磨损、腐蚀使壁厚减薄；③温度过高或受热。

（2）脆性破坏

容器承受较低的压力，且无较大的变形，但由于有裂纹等原因而突然发生破裂，这种破坏与生铁、陶瓷等脆性材料的破坏相似，叫脆性破坏或低应力破坏。其特征是：①没有或只有很小的塑性变化，如将碎片拼合，其周长和容积与爆破前无明显差别；②破坏时常裂成碎片；③断口齐平，断面有晶粒状的光亮，常出现人字形纹路，其尖端指向始裂点。而始裂点往往是有缺陷处或形状突变处；④大多发生在较低温度部位；⑤破坏在一瞬间发生，断裂的速度极快。

发生脆性破坏事故的主要原因是：①材料在低温下其韧性会下降，因而发生所谓"冷脆"，即低温脆裂；②焊接或裂纹会使应力高度集中，使材料塑性下降而引起脆裂；③其他如加载速率过大、外力冲击和震动、钢材中含磷、硫量过高等。

（3）疲劳破坏

疲劳破坏是金属材料在反复的交变载荷（如频繁的开停车运行中压力温度大幅度变化等）作用下，在较低的应力状态下，没有经过明显塑性变形而突然发生的破坏。通过试验发现，当材料受到交变应力大于一定数值，并且交变次数达到一定值后，就会在有缺陷或应力集中的地方出现裂缝。这种由于交变应力而出现裂缝的现象，叫作材料的疲劳。当裂缝逐渐扩大，到一定时候就突然破坏，即疲劳破坏。其特征是：①破坏时的应力一般低于材料的抗拉强度极限；②最易发生在接管处；③断口有两个明显区域，一个呈贝状花纹，光亮得如细瓷断口，叫做疲劳裂纹扩展区；另一个是最后断裂区，一般和脆性断口相同；④一般使容器开裂，泄漏失效，而不会飞出碎片。

发生疲劳破坏的主要原因：①频繁地反复加压和卸压；②操作压力波动幅度较大，常超出设计压力的20%以上；③容器的使用温度发生周期性变化，或由于结构、安装等原因，在正常的温度变化中，容器或其部件不能自由地膨胀或收缩。

（4）蠕性破坏

容器材料在高于一定的温度下（如碳钢工作温度超过300~350℃，低合金钢温度超过350~400℃），受到应力作用，即使应力较小，也会因时间增长而缓慢地产生塑性变形，使截面变小，而发生破坏，此种破坏叫蠕变破坏（一般来说，如果材料的使用温度小于它的熔化温度的25%~35%，则可以不考虑它的蠕变）。其特征是：①破坏时具有明显的塑性变形；②破坏后，对材料进行金相分析，可发现金相组织有明显变化（如晶粒长大，钢中碳化物分解为石墨，出现蠕变的晶间裂纹等）。发生蠕变破坏的主要原因是由于设计时选材不当或运行中局部过热。

（5）腐蚀破坏

腐蚀破坏指金属表面在周围介质的作用下，由于化学（或电化学）作用的结果产生的破坏。腐蚀破坏产生的方式大致可分为四种类型：均匀腐蚀、局部腐蚀、晶间腐蚀和断裂腐蚀。影响腐蚀速度的因素很多，如溶液的酸碱性、氧气、二氧化碳、水分含量、温度、介质流速、金属加工状况、材料表面光洁度、热负荷等。由于腐蚀类型不同，造成破坏的特征各异，一般是：①均匀腐蚀破坏使壁厚减薄，导致强度不够而发生塑性破坏；②局部腐蚀会使容器穿孔或造成腐蚀处应力集中，在交变载荷下，成为疲劳破坏的始裂处；也有因腐蚀造成强度不足而发生塑性破坏；③晶间腐蚀与断裂腐蚀属低压破坏，晶间腐蚀会使材料强度降低，金属材料失去原有金属响声，可经验查发现；④腐蚀破坏和介质物化性质、应力状态、工作条件等有关，需根据具体情况具体分析。在各种腐蚀中，以晶间腐蚀和断裂腐蚀最危险，因为它不易引起金属表面的变化，同时又主要是应力腐蚀所造成的，不易察觉。

☞ 58. 氢气的特性是什么？

氢气是易燃易爆、有着特殊危险的气体，其特点为：

① 燃烧速度快，氢气爆炸速度与氢气浓度的关系近似高斯曲线，其定向最大传播速度(也称氢焰速度) $V_{max}=167.7m/s$；出现最大氢焰速度时的浓度值 $D_{max}=33.5\%$。氢气在管道内的火焰速度受点火位置影响，在管道内设置阻火器的开口管道进行的火焰速度试验表明，当距装有阻火器的管道点火点达到 1.5m 时即发生爆轰，其在管道内的火焰速度可达到 2133m/s。闭口一端的点火的火焰速度大于开口一端点火的火焰速度，是同样条件下丙烷和空气混合气体火焰速度的 20~30 倍。

② 燃烧温度高，燃烧时发出青色火焰并产生爆鸣。燃烧温度可达 2000℃，氢氧混合热烧的火焰温度为 2100~2500℃。

③ 熄灭直径小，仅为 0.3mm，最小点火能量为 0.019MJ。

④ 爆炸范围宽，其爆炸的上、下限范围为 4.1%~74.2%。

⑤ 爆炸威力大，最大爆炸压力为 0.74MPa。

催化加氢过程处在高温、高压下的临氢状态，氢气一旦从系统逸出，扩散的速度很快，并迅速与空气混合形成蔓延范围很广的爆炸性气体。这时只须很低能量的火源(例如明火、静电火花等)就能引起燃烧甚至爆炸。所以对高温、高压的氢气泄漏燃烧必须迅速扑灭，否则，烈焰的烧烤会引起毁灭性的二次爆炸。做好氢气的防火灭火工作对催化加氢过程的安全至关重要。

☞ 59. 为什么对加氢装置的氢设备、系统环境条件下氢泄漏进行防范与检测？

催化加氢装置是高温高压临氢炼油装置，和其他炼油装置一样，同样具有潜在危险的不安全因素。除了各种易燃、可燃油品、液化气外，还增加了氢气。因此。对临氢设备、系统环境条件下氢气泄漏的防范与检测，选择配备报警器就显得更加重要。

一般催化加氢装置均按照《石油化工企业可燃气体和有毒气体检测报警设计规范》在一些较重要部位设置有固定式可然气体检测报警设施。同时，为加强系统环境条件下的氢设备、临氢管道氢气泄漏的防范，可以配备便携式可燃气体检测报警仪。易泄漏部位主要是反应器进出口法兰、高压换热器管程或壳程密封、高压注水点管道焊缝、补充氢管道主阀门法兰、反应进料加热炉出口管道阀门法兰等处。如泄漏事故导致火灾，则只能采取泄压措施，装置停工。但是，如果能够早期用可燃气检测报警器监视和发现生产装置中这些部位的可燃气体泄漏情况及系统环境中可燃气体的滞留，发出警报，即可及早采取措施排除故障，防止爆炸及火灾事故的发生，确保装置安全稳定地运行。

☞ **60. 氢气大量泄漏或火灾事故的应急处理措施有哪些?**

氢气是一种无色无臭的易燃气体，遇明火、高热能引起燃烧爆炸，其爆炸范围是4.1%~74.2%(体积)，较高浓度时可引起窒息。氢气比空气轻，发生泄漏时极易向四周扩散，发生泄漏时人员必须迅速撤离至上风向，须穿防护用品进入现场。

① 外操应迅速查清发生氢气泄漏的部位，若是高温氢气泄漏，必须立即向班长汇报，立即报警并请示调度，在异常危急情况下，班长应组织班组做好人员的撤离和事故的紧急处理。

② 若泄漏部分是低温氢气，现场应采取必要的保护措施，防止氢气在局部大量积聚，如可用蒸汽驱散、掩护。

③ 若高温氢气大量泄漏极易引起火灾爆炸事故，因此，岗位应配合班长的统一指挥，立即启动紧急放空泄压。

④ 装置紧急泄压后，内操应监视好反应器温度和高分液位，外操对岗位机泵作必要的紧急处理。

⑤ 若扩散的氢气有可能出现更大危险时，应联系调度暂时封闭装置周围道路，防止火种进入危险区域。必要时，要引导消防车进入现场救灾。

☞ **61. 装置突发着火爆炸的现象、原因及应急处理措施是什么?**

现象:

① 室内可燃气报警。

② 有剧烈的爆炸声。

原因：

① 发生可燃气体泄漏，浓度达到爆炸极限，遇明火发生着火、爆炸；

② 油罐发生泄漏，油气浓度达到爆炸极限，遇明火发生着火、爆炸。

③ 储罐、容器、管线动火，介质吹扫不干净，动火作业时发生火灾事故。

处理措施：

① 班长立即汇报作业部值班人员和生产管理部。如果火情较小且无火情扩散和爆炸危险，则维持生产。火情较大时，及时报火警，并进行紧急停工处理。

② 内操听从班长命令，必要时拨打火警电话119；配合外操判断着火具体位置、管线及介质。根据泄漏地点，切断有关控制阀；如临氢系统着火，而且火情较大，启动紧急放空按钮。

③ 外操迅速切断泄漏着火的火源。如果泄漏物为可燃物引发火灾，用干粉灭火器灭火，同时用消防蒸汽和保护蒸汽切干净存水进行蒸汽灭火并掩护；火灭后继续用蒸汽掩护；在灭火后能带压消漏则消漏，否则按正常停工程序处理，氮气置换后再消漏；如果火灾严重，有扩大趋势并危及装置安全，首先采取措施将着火范围加以控制，对附近设备进行有效冷却，防止火灾扩大。装置按紧急停工程序进行；如没有足够的水使着火设备冷却，当火焰体积增大、噪声增大、压力增大，则预示着即将发生爆炸，应将所有人员撤到安全地带。爆炸发生后应立即切断物料，系统降压降温，停掉一切电力系统，疏散人员，防止二次爆炸。

☞ 62. 发生瓦斯泄漏事故现象、原因及应急处理程序是什么？

现象：

① 装置区内瓦斯系统大量泄漏，并形成局部集聚现象，空气中散发有浓烈的瓦斯气味；

② 装置 DCS 操作监视器中某一个点的固定式可燃气体报警器发生报警。

产生的危害：

瓦斯是一种易燃易爆的气体，并且夹带有一定浓度的硫化氢气体，一旦泄漏达到一定浓度后，遇明火即发生着火爆炸和人身中毒事故。

产生泄漏的原因：

① 有瓦斯介质的设备管线腐蚀穿孔；

② 违章操作，造成大量瓦斯泄漏。

处理程序：

① 发现瓦斯泄漏、人员中毒事故后，班长应及时向车间值班人员、生产管理部门、医院急救中心报告，班员听从班长统一指挥协调。在报告时要说清楚事故原因、事故地点和中毒人数。同时向消防队、气防站汇报并请求支援。

② 一路人员立即佩戴好空气呼吸器、带上防爆工具(铜制阀门扳手)进入现场迅速查明瓦斯泄漏源，关闭有关阀门切断泄漏源，防止瓦斯大量泄漏，造成更大的危险及环境污染。附近加热炉立即熄火，炉膛吹蒸汽降温，装置按紧急停工处理。另一路人员负责在装置泄漏区主马路上设警戒线，禁止马路上车辆人员来往通行。封闭该区域，无关人员撤离。

③ 若有人员中毒，佩戴好空气呼吸器进入现场迅速将中毒者转移到新鲜空气处，施行急救直至救护人员的到来。

④ 待装置区瓦斯驱散后，按车间指令恢复生产。

注：在操作中只能用防爆扳手，或用手开关阀门。

☞ 63. 临氢管线防泄漏设施有哪些？

对临氢管线的易泄漏部位，应加强安全巡视检测和安装自动监测系统。在其上方设置强吸固定式可燃性气体检测探头，并可在控制室和现场监测、报警。监测器可与3~4个低压蒸汽保护圈阀联锁。如用人工测定时，要站在上风向，最好用长杆探头，当泄漏增大时要立即停止检测工作，以防氢气突然着火而被烧伤。

☞ 64. 可燃气体报警仪的作用是什么?

可燃气体报警仪是用来监测界区内空气中各种可燃气体或可燃性液体挥发爆炸蒸气的百分含量。防止火灾或爆炸事故的发生。

☞ 65. 可燃气体监视仪的安装位置有何要求?

装置生产和使用甲类气体、液化烃、甲B、乙A类液体，属防爆区域2区内，应设置可燃气体检测报警仪。

检测器的有效覆盖水平平面半径，室内宜为7.5m，室外宜为15m。在有效覆盖面积内一般设一台检测器，且宜采用固定式；不具备条件时，应配置便携式可燃气体检测报警仪。

加氢装置反应部分的设备、管道中充满氢气，由于氢气密度为0.09kg/m^3，远远低于空气的密度1.293kg/m^3，泄漏后氢气向上飘逸，所以在氢气压缩机密闭厂房内，检测器应安装在厂房的上部。厂房应设通风设施，加强通风。室外由于靠地面一般不会产生氢气聚集。因此，露天场所应根据具体情况，选择被检测气体，布置、安装可燃气体监视仪。

☞ 66. 为什么用汽油刷(擦)洗机械零件或地面会引起火灾?

汽油闪点很低，在常温下会挥发出大量的可燃蒸气，当用汽油刷洗机械零件时，由于摩擦产生大量的热及静电荷，因热量的增加，可燃蒸气挥发的更快更多，与空气混合容易形成爆炸性混合气体，又因多次摩擦，静电越积越多，在刷洗过程中二者一旦脱离，形成高电位差，在适用距离即可放电打火，就可能引起爆炸起火。因此，用汽油刷洗机械零件很危险，同样，用汽油刷洗地板也不安全。

☞ 67. 临氢系统法兰泄漏或高压管线破裂的现象及处理方法是什么？

现象：

① 少量泄漏有油气味，可能有喷气声，低温部位可用肥皂水试泡。

② 大量泄漏有强烈油气味，有强大的喷气声，可见雾状喷射物。

③ 室内可燃气或硫化氢报警，反应系统压力下降。

处理方法：

① 班长立即向作业部值班人员和生产管理部有关人员汇报泄漏着火情况，讲清楚事故单位、时间、地点和物料名称、泄漏量、事故性质、危险程度、有无人员中毒、伤亡及报警人姓名、联系电话。

② 现场处理人员必须佩戴防硫化氢面具，重点检查现场泄漏具体位置、泄漏大小、火势情况，根据泄漏情况决定是否熄灭加热炉火嘴。

③ 泄漏点未着火或着火较小时，用蒸汽掩护或吹灭，对高温部位注意不能用水或泡沫灭火。如泄漏点为法兰，可用防爆工具自行紧固或联系处理。泄漏点较大不能扑灭时通知消防队，如泄漏点能隔离，应进行局部隔离，并进行相应处理；否则，按紧急停工处理。

④ 内操重点监控高压系统反应器、分离器的温度、压力、液位和界位的变化情况及压缩机的运转情况。

⑤ 新氢管线破裂，立即关闭界区阀门，按停新氢事故预案处理。

⑥ 瓦斯管线破裂，立即关闭边界阀门，按停燃料气处理。

⑦ 注水泵出口管线破裂，立即关闭注水点阀门，按停注水处理。

☞ 68. 为什么说液化石油气的破坏性强?

液化石油气的爆炸速度为 2000～3000m/s，火焰温度达 2000℃，闪点在 0℃以下，最小引燃能量在 0.2～0.8mJ，在标准情况下 1m³ 石油气安全燃烧，发热量高达 104500kJ，由于燃烧值大，爆炸速度快，瞬间就会完成化学性爆炸，所以，爆炸的威力大，其破坏性也就很强。

☞ 69. 为什么说液化石油气具有冻伤危险?

液化石油气是加压液化的石油气体，储存于罐或钢瓶中，在使用时，由液态减压汽化为气态，一旦设备、容器、管线破漏或瓶阀崩开，大量液化气喷出，由液态急剧减压变为气态，大量吸热．结霜冻冰，如果喷到人身上，就会造成冻伤。

☞ 70. 发现液化气罐区大量泄漏如何进行处理?

发生液化气大量泄漏时应，立即切断液化气进料，如储罐根部泄漏时，立即进行倒罐处理。泄漏严重时，通过放空线将液化气排到火炬回收系统，在转流程的同时，严禁开停非防爆设备，以免打出火花。控制周围火源，切断周围车辆来往，报告有关处室，开疏散蒸汽作掩护，做好周围警戒。

☞ 71. 加氢临氢部位发生严重泄漏事故现象、原因及应急处理程序是什么?

事故现象:

① 大量油气外泄;

② 系统压力等工艺参数波动。

事故原因:

① 设备腐蚀穿孔;

② 设备超压损坏引起泄漏。

处理程序:

① 通知车间值班人员和调度室。

② 设定警戒区，制止机动车辆进入该区域。该泄漏区域内

抢险作业使用铜制工具；照明使用防爆灯；抢险人员必须关闭携带的通讯工具。

③ 加氢装置紧急停工：反应岗位临氢系统紧急泄压、停进料、停注水、炉子降温；如风向朝炉子方向刮，炉子应全部熄火；加氢压缩机岗位增压机开旁路、循环机停运；维持高分罐、循环氢脱硫吸收塔液(界)位正常，吸收塔跨线阀打开；分馏产品改不合格油线，维持液位、界位、压力正常，停吹汽或各重沸炉降温。

第六章　毒害危险的应急处置

1. 加氢过程的毒害危险有哪些?

加氢过程会伴生 H_2S、SO_2和 NH_3，在加氢的过程中还有一些特殊的作业，例如，催化剂的装卸、撇头、预硫化等，这些作业有的是在条件恶劣、有一定危险性的环境中工作，有的要用到 CS_2这类毒性属高度危害又极易燃的物质，这类作业都必须有可靠的安全防护措施来防止事故的发生。按我国国家标准《职业性接触毒物危害程度分级》(GB 5044—85)中毒物分级的划分，H_2S、CS_2属Ⅱ级高度危害毒物；NH_3、(溶剂)汽油属Ⅳ级轻度危害毒物。由于这些有毒物质的存在，又有着在压力下操作发生泄漏的可能，因此存在着人员中毒伤害乃至死亡的风险。在这些有毒有害物质中，以 H_2S 的中毒事故较为常见，且因其毒性大，造成的伤害事故往往比较严重。H_2S 主要经呼吸道吸收而引起全身中毒，是一种化学窒息性气体，接触浓度超过 700mg/m^{3}时产生急性中毒。其症状为先出现气急，继而引起呼吸麻痹，如不及时进行人工呼吸，就会死亡。吸入极高浓度时，往往造成电击样窒息死亡。硫化氢中毒事故在加氢装置以及其他情况类似的炼油装置时有发生，所以防止硫化氢中毒是加氢装置工业卫生的重点。

2. 什么是中毒?

毒物侵入人体后，损坏身体的正常生理机能，使人体发生各种病态，称为中毒。

3. 毒物是如何进入人体的?

毒物进入人体的途径有三条：

① 呼吸道：呈气体、蒸气、气溶胶(粉尘、烟、雾)状态的毒物可以经呼吸道进入人体。进入呼吸道的毒物，一般可通过肺泡直接进入血液循环，其毒作用大，毒性发作快。如硫化氢、一氧化碳、铅烟等毒物均可通过呼吸道进入人体。

② 皮肤：脂溶性大的毒物可经皮肤吸收。因为脂溶性大的毒物可透过表皮屏障到达真皮，从而进入血液循环。当皮肤有病损时，一些不被完整皮肤吸收的毒物也可被大量吸收；一些气态毒物如氰化氢，在浓度较高时也可经皮肤吸收。

③ 消化道：一般是误服或个人卫生习惯不好而进入口腔吸收的。

☞ 4. 防止中毒窒息十条规定是什么？

① 对从事有毒作业、有窒息危险作业人员，必须进行防毒急救安全知识教育。

② 工作环境(设备、容器、井下、地沟等)氧含量必须达到20%以上，毒害物质浓度符合国家规定时方能进行工作。

③ 在有毒场所作业时，必须佩戴防护用具，必须有人监护。

④ 进入缺氧或有毒气体设备内作业时，必须将与其相通的管道加盲板隔绝。

⑤ 在有毒或有窒息危险的岗位，要制订防救措施和设置相应的防护用(器)具。

⑥ 对有毒有害场所的浓度情况，要定期检测，使之符合国家标准。

⑦ 对各类有毒物品和防毒器具必须有专人管理，并定期检查。

⑧ 涉及和检测毒害物质设备、仪器要定期检查，保持完好。

⑨ 发生人员中毒、窒息时，处理及救护要及时正确。

⑩ 健全有毒有害物质管理制度，并严格执行。长期达不到规定卫生标准的作业场所，应停止作业。

☞ 5. 防毒基本措施是什么?

① 控制和消除有毒物质。用无毒物代替有毒物，低毒物代替高毒物。改进生产工艺，采用机械化、密闭化、遥控化和自动化等，避免有毒物质与人体接触。

② 降低生产性毒物的浓度。

③ 采用个人防护品。使用各种隔离式氧气呼吸器、过滤式防毒面具等，可使人免遭毒气从呼吸道对人的袭击。穿好工作服，戴好防护手套，可使人免遭毒气通过皮肤对人体的危害。

④ 健全防毒的管理制度，做好防毒的管理和监督工作。

⑤ 从事有毒作业的人员，应定期进行体格检查。

☞ 6. 为什么说加氢过程和作业环境中存在着 H_2S 中毒风险?

加氢过程有多种含高浓度 H_2S 的介质，浓度值超过致命浓度($1g/m^3$)的几百倍到上千倍。这些介质一旦泄漏，会给装置相关人员的人身安全带来严重的威胁。根据国家工业卫生标准规定，车间空气中 H_2S 最高允许浓度为 $10mg/m^3$。催化加氢过程作业环境有时会超出这个标准。

催化加氢过程和作业环境中存在着 H_2S 中毒风险，近几年来炼油企业加氢装置发生多起 H_2S 中毒事故。

☞ 7. 如何预防硫化氢中毒的发生?

① 认真选择耐硫化氢腐蚀的设备、机泵、管道法兰、阀门及螺栓垫片；严格按设计及各种规范施工安装，为装置的安全、无泄漏生产运行创造条件。

② 严格按照操作规程操作，巡回检查时应携带便携式硫化氢检测报警仪；在采样口采样时均应位于上风向，并有防护面具以及便携式硫化氢气体检侧报警仪，且采样时尽可能高效，短时间停留；遇检测仪报警，采样人员及操作人员应迅速离开该区域，避免中毒。有中毒症状者，应立即采取中毒急救措施。

③ 设硫化氢警示牌，并且采取密闭式排放。

④ 在检修期间，各容器、塔等都要用水冲洗、蒸汽吹扫、水煮，人员进入的塔、容器或管线等除以上措施外还要把相连管线、容器加盲板使之隔离，并且检测合格、开好“作业票”、有人监护才能进入。操作时间不能超过4h，超4h须再次检测合格才能进入。

☞ 8. 进入硫化氢泄漏事故现场须做好哪些安全措施？

当中毒事故或泄漏事故发生时，需要人员到事故现场进行抢救处理，这时必须做到：

发现事故应立即呼叫或报告。发现硫化氢浓度高时，要采取合适的防护措施，佩戴适用的防毒面具，有两人以上的监护，才能进入现场和处理，不能个人贸然去处理。进入塔、容器、下水道等事故现场，需携带好安全绳，有问题应按联络信号立即撤离现场。

☞ 9. 发生硫化氢泄漏扩散事故的现象、原因分析及应急处理程序是什么？

现象：

① 空气中散发有臭鸡蛋气味；

② 装置DCS操作监视器中某一个点的固定式硫化氢气体报警器发生报警。

产生的危害：

硫化氢是强烈的神经毒物，车间最高允许浓度为10mg/m^3。一旦泄漏将引发严重的空气污染事故和人身中毒或死亡事故。

产生泄漏的原因：

① 操作员在进行含硫污水设备管线脱水操作时违反规定、控制不严而发生泄漏、扩散；

② 有硫化氢介质的设备管线发生腐蚀穿孔而出现H_2S外泄。

③ 含硫化氢介质采样、流程动改操作不当。

处理程序：

① 发现硫化氢泄漏、人员中毒事故后，班长应及时向作业部值班人员和生产管理部、医院急救中心报告，班员听从班长统一指挥协调；在报告时要说清楚事故单位、时间、地点和物料名称、泄漏量、事故性质、危险程度、有无人员中毒、伤亡及报警人姓名、联系电话。同时亦可向消防队、气防站汇报并请求支援。

② 外操人员立即佩戴好空气呼吸器，拿防爆工具迅速赶到泄漏点，进入现场迅速查明硫化氢泄漏源，观察风向，站在上风处，关闭有关阀门切断泄漏源，没有阀门的系统应紧急降压并按临氢系统泄漏事故处理；为防止扩散，可用蒸汽掩护。泄漏很大无办法处理，立即停止装置内及附近区域的明火。当无法控制事态发展，可降温降压，直至按紧急停工处理。派专人负责在装置泄漏区主马路上设警戒线，禁止马路上车辆人员来往通行。

③ 若有人员中毒，抢救中毒者一定要佩戴好空气呼吸器进入有毒区，以防自身中毒。进入现场迅速将中毒者转移到新鲜空气处，解开领扣、腰带，让中毒者保持呼吸道畅通以便呼吸新鲜空气；头偏向一侧，避免呕吐物吸入窒息。密切观察患者的呼吸功能，对窒息者立即施行人工呼吸，不能使用口对口呼吸，而只能用胸外心脏按压法。中毒者恢复呼吸后不能停止救护，直至救护人员的到来。在救护车上要保持通风良好。

☞ 10. 预防硫化氢气体泄漏的措施有哪些？

措施有：①实现设备的本质安全，保证密闭化生产。②加强巡回检查，及时发现问题，及时处理。③安装 H_2S 气体报警仪器，加强检查与管理，保证完好。④脱水脱液时人不能离开现场。⑤定期更换 H_2S 腐蚀较严重部位的管线并加强监测。

☞ 11. 硫化氢的理化性质是什么？

物理性质：硫化氢是无色有臭鸡蛋味的剧毒性气体。相对分子质量 34.08，密度 $1.52kg/m^3$，沸点 $-60.2℃$，熔点 $-83.8℃$，自燃点260℃，溶于水。0℃时$1m^3$水中可溶$4.37m^3$的硫化氢，40℃时可溶$1.8m^3$的硫化氢，溶于水后生成氢硫酸。硫化氢也溶于乙醇、汽油、煤油、原油中。

化学性质：硫化氢的化学性质不稳定，在空气中容易爆炸。能使银、铜及其他金属制品表面腐蚀发黑，与许多金属离子作用，生成不溶于水或酸的硫化物沉淀。

火灾和爆炸性：硫化氢是有剧毒且易燃的气体，燃烧时呈蓝色火焰并产生二氧化硫，后者有特殊气味和强烈刺激性。硫化氢与空气混合范围到4.5%～45.5%（体积），可引起强烈爆炸。由于其蒸气比空气重，会积聚在低洼或地面扩散，若遇火源会发生燃烧。硫化氢遇热分解为硫和氢气，当它与氧化剂（如硝酸、三氧化氯等）接触时，可引起强烈反应和燃烧。

对环境的污染：全世界每年进入大气中的硫化氢估计有1亿吨，人为产生每年约300×10^4t。硫化氢在大气中很快被氧化成二氧化硫，这使工厂及城市局部地区大气中的二氧化硫浓度升高，对人与植物有伤害作用，并且这也是形成酸雨的主要原因。水中含有硫化氢除了发臭外，对混凝土与金属还有腐蚀作用。水中的硫化氢含量超过0.5～1.0mg/L时，对鱼类有害。

☞ 12. 不同浓度的硫化氢对人体健康的危害有哪些？

不同浓度的硫化氢对人体健康的危害见下表：

硫化氢浓度/（mg/m^3）	接触时间	毒性反应
0.035		嗅觉阈，开始闻到臭味
0.4		臭味明显
4～7		感到中等强度难闻的臭味
30～40		臭味强烈，仍能忍受。是引起症状的阈浓度
70～150	1～2h	呼吸道及眼刺激症状。吸入2～15min后嗅觉疲劳，不再闻到臭味

续表

硫化氢浓度/（mg/m^3）	接触时间	毒性反应
300	1h	6~8min 出现眼急性刺激性。长期接触引起肺水肿
760	15~60min	发生肺水肿，支气管炎及肺炎。接触时间长时引起头痛，头昏，步态不稳，恶心，呕吐，排尿困难
1000	数秒钟	很快出现急性中毒，呼吸加快，麻痹而死亡
1400	立即	昏迷，呼吸麻痹而死亡

☞ 13. 硫化氢对人体的毒害作用是什么？

硫化氢对人体的毒害作用主要为急性毒作用。硫化氢不仅是一种窒息性毒物，对黏膜还有明显的刺激作用。这两种毒作用与硫化氢的浓度有关，当硫化氢浓度越低时，对呼吸道及眼的局部刺激越明显，对呼吸中枢呈兴奋作用。硫化氢的局部刺激作用，系由于接触湿润黏膜与钠离子形成的硫化钠引起。当浓度超高时，人体内游离的硫化氢在血液中来不及氧化，则引起全身中毒反应，产生抑制甚至麻痹作用。目前认为硫化氢的全身毒作用是被吸入人体的硫化氢通过与呼吸链中的氧化型细胞色素氧化酶的三价铁离子结合，抑制细胞呼吸酶的活性，从而影响细胞氧化过程，造成细胞组织缺氧。由于中枢神经系统对缺氧最为敏感，因此首先受影响。当硫化氢浓度高时，则引起颈动脉窦的反射作用，呼吸停止。当硫化氢浓度更高时，直接麻痹中枢而立即引起窒息，造成“电击型”中毒死亡。

☞ 14. 急性硫化氢中毒有什么症状表现？

① 轻度中毒是以刺激症状为主，如眼刺痛、畏光、流泪、流涕、鼻及咽喉部烧灼感，可有干咳和胸部不适，结膜充血，呼出气有臭鸡蛋味等，一般数日内可逐渐恢复。

② 中度中毒时中枢神经系统症状明显，头痛、头晕、乏力、呕吐、供给失调等，刺激症状也会加重。

③ 重度中毒时可在数分钟内发生头晕、心悸，继而出现躁动不安、抽搐、昏迷，有的出现肺水肿并发肺炎，最严重者发生“电击型”死亡。

④ 急性硫化氢中毒的症状是肌肉抽筋、呼吸急促、脉搏降低、恶心、失去知觉，接着很快就停止呼吸。

☞ 15. 急性中毒急救原则是什么？

原则是：① 尽快阻止毒物继续侵入人体。

② 尽力消除进入人体内毒物的作用，加速毒物的排泄。

③ 用特效药解毒或对症治疗，维持主要脏器的功能，在抢救病人时，要视具体情况灵活掌握。

☞ 16. 常见中毒急救处理措施是什么？

①气体中毒，应将中毒者移至空气新鲜流通的地方，进行人工呼吸，输氧。SO_2、HCl 刺激眼部，用 2%～3%的 $NaHCO_3$ 水溶液充分洗涤，咽喉中毒用 2%～3%的 $NaHCO_3$ 水溶液漱口，或吸入 $NaHCO_3$ 水溶的热蒸汽，并饮牛奶或 15%的氧化镁悬浮液。

② 酸中毒，饮入 2%的碳酸钠溶液洗胃，吃氧化镁（每杯水 2 匙，先服半杯，然后每隔 10min 服 1 匙）催吐。

③ 碱中毒，内服 1%的醋酸溶液，再服 1%的硫酸铜溶液以引起呕吐。生物碱中毒，可灌入活性炭水浊液以催吐。

☞ 17. 硫化氢中毒的抢救和急救方法是什么？

急性硫化氢中毒，因接触不同的浓度而异，接触高浓度时，很快引起急性中毒，出现昏迷及呼吸麻痹。因此，正确地做好现场抢救能使“死者复生”，为进一步抢救治疗创造条件。

硫化氢中毒的发生，一般来得突然，危害大，所以，现场的抢救一定要得当，不能盲目蛮干，以避免更大的伤亡。首先，抢救人及进入现场救人必须戴好个人防护用品；抢救出的中毒人员要立即进行现场急救。现场急救是极为重要的救护措施，急救得法，抢救及时，可以避免死亡事故的发生。

现场急救原则：

① 班长接到告知，马上指挥人员佩戴好空气呼吸器进行“双人救护”，并安排作紧急停工，立即向主任及有关方面报告。

② 立即将病人移离中毒现场至空气新鲜处。

③ 对患者进行检查，顺序是：神志是否清醒，瞳孔反映如何，脉搏、心跳是否存在，呼吸是否停止，有无出血或骨折。如心跳或呼吸停止，立即就地抢救，进行人工呼吸或心脏按压。

④ 待患者呼吸恢复时给以吸氧，并及时送医院治疗。

☞ 18. 人工呼吸的操作方法是什么？

① 疏通气道：使中毒者仰卧，解开衣扣，松开紧身内衣裤带等，以利于呼吸；把患者头部后仰、抬高下颚使下齿槽向上向前移动，除去口腔内异物，使气体容易出入。

② 口对口人工呼吸：保持患者头部下扬，气道放开(硫化氢中毒人员先按肺部把毒气排出后再救护，同时注意防止二次中毒)，用一手捏住患者鼻孔，防止气体由鼻孔溢出。救护者深吸一口气，紧贴病人口部用力吹入，嘴上可盖一块纱布或一块薄布。然后立即松开病人鼻孔，以使其胸部和肺自行回缩将气体排出，反复进行，频率为16~20次/min。

③ 口对鼻人工呼吸，与口对口人工呼吸方法一样。不过是用手捂住患者口部，向患者鼻孔内吹气。

④ 人工呼吸的有效标志，吹气时可见胸部升高，并能听到肺泡性呼吸音，说明救护有效。

☞ 19. 施行人工呼吸时应注意什么？

应注意：① 迅速将触电者的领口及裤带解开，清除口腔内杂物及假牙等，解除妨碍呼吸的障碍。

② 人工呼吸动作要有节奏，保持一定压力。

③ 要保持触电者的体温及抢救场所空气的流通。

④ 触电后严禁注射强心剂。

⑤ 施行人工呼吸时不要轻易中断，应保持到触电人员恢复自然呼吸为止。

☞ 20. 胸外心脏按压的操作方法是什么？

患者仰卧在硬板或地面上，急救者在患者一侧，双手掌跟交叠压迫，将手掌根部放在胸骨中下1/3处，避开箭突，双手指离开胸壁，肘关节保持垂直不弯，用身体的力量冲击下压胸骨下陷3.5~5cm，迅速抬手，但不要离开胸壁。每分钟100次为适宜，注意挤压不要用力过猛，防止肋骨骨折。反复操作，直到医院急救到来为止。

进行急救时，不管是单人还是两人，都是胸外心脏按压15次，人工呼吸两次。

☞ 21. 硫化氢气体及富含硫化氢气体、液体如何进行处理？

大多数催化加氢的含硫化氢酸性气、含硫的酸性污水均排至全厂的硫回收装置附设的酸性气、酸性水部分，或独立设置的酸性气、酸性水装置进行处理。即含硫化氢的酸性气入酸性气处理系统，用乙醇胺等溶剂处理，富集硫化氢的气体再送去硫磺回收装置。含硫酸性污水则送至污水汽提系统，汽提出富含硫化氢气体(或同时回收氨)，再送至硫磺回收装置。

在各酸性水排放点可设置密闭式酸性水采样设施，各含硫化氢酸性气体排放管道上可设密闭式气体采样设施。有些加氢装置还采用催化剂预硫化流程，因此，各反应器出口管道上也采用了密闭式气体采样设施。

由此可见，许多催化加氢装置都可以做到酸性水、酸性气体的密闭排放、密闭采样、密闭处理，虽然密闭处理的方式各炼厂企业不尽相同。

☞ 22. 接触硫化氢的采样作业应注意的事项有哪些?

加工含硫原油的炼油企业，由于生产装置的开停工、检修或抢修，正常生产中的脱水、采样及设备的泄漏等，均会使操作人员接触到硫化氢。为确保人身安全，应注意以下事项：

① 含硫气体采样。在加氢过程中，未经脱硫的含硫气体，其硫化氢含量均超过人的致死浓度(即大于1000mg/m^3)，采样时必须做好安全防护。严格执行含硫气体采样的有关规定。要检查采样器是否完好。如果采样过程破裂或其他意外，就会造成不可想象的后果。佩戴适用的防毒面具，应站在上风向，并要在装置操作工的监护下进行。采样过程中，手阀应慢慢打开，不要开得过大，一些手阀受硫化氢的腐蚀，较难打开，不要用扳手敲打阀门，避免发生意外。采样点应设计在较空旷的地方，防止硫化氢有害气体积聚。

② 酸性气采样。酸性气的硫化氢含量高达62%~99%，其危险性比未脱硫的含硫气体更大。有人曾用球胆采酸性气样时对周围空气中的硫化氢进行测定，其含量都大于125mg/m^3，最好用针筒密闭采样。因此，对酸性气采样务必采取更有效的防护措施。严格执行酸性气采样的安全防护规定。分析后的酸性气余气，应在通风橱里排空，或以碱液吸收，严禁到处排放。有条件时采用在线分析。

③ 高含硫污水采样。高含硫污水主要含有硫化氢、氨、瓦斯等有毒有害气体，水中含硫量有时高达10000mg/L以上。如果采样时阀门开得过大，污水横流，或洗瓶的污水乱倒，就会污染环境，影响职工身体健康，严重时造成硫化氢中毒身亡事故。因此，采样时应采取必要的防护措施：佩戴适合的防毒面具，应站在上风向，并在装置操作工的监护下进行。手阀不能开得过大，以免污水溅出。置换的污水应排入地漏，不应乱排乱倒。

④ 脱水排凝。在含硫原油的炼制过程中，从原油到各种半

成品、副产品均需脱水排凝，这些物料很多都带有硫化氢等有毒有害气体，务必防患于未然。

如前所述，酸性气含硫化氢量是人的致死浓度的几百倍到1千多倍。必须采用密闭脱水集中回收到一个容器中，再用泵把酸性水送到汽提装置处理。如果有时确需敞开脱水，务必做到：佩戴适用的防毒面具，有专人监护，站在上风向。脱水阀与脱水口应有一定的距离。脱出的酸性气要用氢氧化钙或氢氧化钠与之中和，并有隔离措施，防止过路行人中毒。

☞ 23. 加氢装置哪些地方存在H_2S较多？

①地下污油罐；②加氢系统：高分酸性水各排凝、循环压缩机、循环氢采样口等。③循环氢脱硫区。④分馏部分：低分脱水口、回流罐酸性水排放口、酸性液态烃采样口，⑤瓦斯管线。

☞ 24. 氮气对人身有哪些危害？如何预防氮气中毒？

氮气无色无味，本身无毒。但当作业环境中氮气增多、含量大于84%，而氧气相对减少，其含量低于16%时，会出现窒息症状，表现为头晕、头痛、呼吸困难、胸部压迫感、肢体麻木，甚至失去知觉，严重者可迅速昏迷，出现阵发性痉挛、青紫、瞳孔缩小，对光反应迟钝等缺氧症状，如不及时抢救，可因严重缺氧致死。

氮气本身并无毒性，但人进入高浓度惰性气体设备等环境中会因缺氧而窒息，如不及时抢救会导致死亡。进入有氮气的设备作业时应佩戴空气呼吸器或供风式、长管式防毒面具。如发现有人窒息，应立即向设备里吹入压缩空气，并佩戴空气呼吸器或长管式防毒面具迅速将窒息者从设备中救出，移到空气新鲜的区域，如发生呼吸困难或停止呼吸者应进行人工呼吸，并向医院打急救电话。

☞ 25. 氮气窒息事故的处理措施是什么？

① 迅速使患者脱离现场，移至新鲜空气处解开领扣，使呼

吸通畅，注意保暖。

② 若设备原因一时难以救出，应迅速向设备内输送氧气或空气。患者脱离现场后如呼吸停止，应立即进行人工呼吸，有条件者给氧吸入，并注射兴奋剂。

③ 如心脏停止，则立即施行胸外心脏按压。人工呼吸和心脏按压不可中断，要坚持做到心肺复苏成功或肯定已不可能再复苏。有条件者可应用心脏起博器起博，现场抢救成功的心肺复苏患者或重症患者，应立即送医院治疗。

☞ 26. 氮气窒息的预防措施是什么？

① 充盛氮气的容器设备一定要有鲜明的标志，严禁进入。在改动氮气流程时需进行三级流程检查，防止意外发生。

② 须进入氮气置换过的容器、设备检修时，要先经充分排风，测定氧含量在 20% 以上时并办入容器工作票后方可进入检修。

③ 加强管理，定期检查氮气设备、管道是否有松动或破裂，严格操作规程，杜绝氮气跑、漏。

④ 发生氮气泄漏，处理时操作工要戴空气呼吸器，工作场所须通风良好。

⑤ 到氮气中毒环境中救人，一定要佩戴正压式空气呼吸器或送风式防毒面具，并有专人监护，并拨打气防急救电话和医疗急救电话请求支援。

☞ 27. 一氧化碳对人身有哪些危害？防止危害发生的安全措施有哪些？

一氧化碳与血红蛋白的结合能力比氧气的结合能力高 2000 倍，一氧化碳与其结合后改变了氧气向细胞组织的输送机理。轻度中毒，听觉下降、乏力、失眠、有帕金森氏综合症等症状。严重中毒则头晕、恶心、精神不振、呼吸困难、心脏功能衰弱、中枢神经严重损伤。一氧化碳为无色无味的有毒气体，吸入将发生中毒现象，超过一定值时，常常导致死亡，空气中一氧化碳 8h 加权平均允许浓度不大于 $20mg/m^3$。通常煤气与瓦斯中毒均是一氧化碳所造成。

防止危害发生的安全措施如下：

① 一氧化碳非常易燃，其爆炸范围达 12.5%~74%，应极其小心地保持远离火源，应当放置在通风良好的地方。

② 一氧化碳中毒者，应立即送至空气新鲜场所，让其平静休息，注意保温和保暖，如果发高烧则用水冷却头部，必要时进行人工呼吸并联系医院抢救，并拨打气防急救电话和医疗急救电话请求支援。

☞ 28. 预防惰性气体中毒的措施有哪些？

① 停工检修，凡是用惰性气体置换过的设备应当设法再用空气置换几次，使氧含量不低于 20%(体积)。

② 需要进行检修的设备，事先应将上下人孔(法兰，阀门)打开，构成气体对流条件，保持自然通风良好。

③ 自然通风不良的设备，进入工作前应用胶皮带向里面吹压缩空气，或戴长管防毒面具进入。

④ 进入容器设备要身系安全带和绳，外面有人监护，并规定好联络信号，隔几分种联络一次，以防意外。

☞ 29. 氨对人身有哪些危害？防止氨危害发生的安全措施有哪些？

氨为无色有刺激性恶臭气体，易溶于水，低浓度氨对黏膜有刺激作用，高浓度可造成组织溶解坏死。氨急性中毒：轻度者出现流泪、咽痛、声音嘶哑、咳嗽、咯痰等；眼结膜、鼻黏膜、咽部充血、水肿；胸部 X 线征象符合支气管炎或支气管周围炎。中度中毒上述症状加剧，出现呼吸困难、紫钳；胸部 X 线征象符合肺炎或间质性肺炎。严重者可发生中毒性肺水肿，或有呼吸窘迫综合症，患者剧烈咳嗽、咯大量粉红色泡沫痰、呼吸窘迫、谵妄、昏迷、休克等，可发生喉头水肿或支气管粘膜坏死脱落窒息。高浓度氨可引起反射性呼吸停止。

防止危害发生的安全措施如下：

① 搞好设备密封，避免泄漏，氨冷系统操作调整应缓慢。

② 在进行有氨介质的检维修作业前，应首先将设备放空、用水置换处理干净，作业时应站在上风向，戴好防护用具。

③ 泄漏时应立即上报，并采取紧急处理措施，防止他人进入有毒危险区。

④ 按规定佩戴好空气呼吸器进入泄漏区，查明泄漏源，关闭泄漏有关的阀门，并采取围堵、覆盖、回收等方法避免毒害区域扩大。

⑤ 停止装置内附近区域的一切明火，指派专人设立临时警戒线，禁止无关人员和机动车辆通行。

⑥ 如发生人员中毒，应立即抬到空气新鲜处进行急救，并拨打气防急救电话和医疗急救电话请求支援。

☞ 30. 氢氧化钠对人身有哪些危害？防止危害发生的安全措施有哪些？

氢氧化钠为强碱性物质，具有腐蚀性和刺激性。与人体接触，使人体的脂肪皂化，使组织胶凝化变为可溶性化合物，破坏细胞膜结构，使病变向纵深发展。

防止危害发生的安全措施：

① 搞好设备密封，避免泄漏。

② 操作人员按规定着装工作服、佩戴防护面罩和手套；发生对皮肤和眼睛的灼伤时，加强现场的自救、互救，及时用大量流水充分冲洗(利用现场有冲洗喷淋器)。

③ 若碱液溅入眼睛，立即翻开眼睑，用大量流动清水或生理盐水彻底冲洗，直到皮肤皂样物质消失为止(可减少后阶段治疗的难度)，去医院治疗。

☞ 31. 职业中毒的现场急救措施是什么？

急救措施如下：

① 出现成批急性中毒病员时，应立即成立临时抢救指挥中心，负责指挥、协调和联系等，现场主要领导须组织好并随时向上级汇报。

② 设法快速切断毒源，必要时有权采取非常措施。

③ 如中毒现场在室内，立即开启门窗及通风设备，尽快排除毒物。

④ 救护人员进入中毒现场，一定要注意自身保护。

⑤ 立即通知医院做好急救准备，通知时应尽可能说清楚是什么毒物中毒、中毒人数、侵入途径和大致病情。

⑥ 首先将病人移到安全地带，解开领扣，使呼吸通畅，让病人呼吸新鲜空气，脱去污染衣服，并彻底清洗污染的皮肤和毛发，注意保暖等。

⑦ 呼吸困难或呼吸停止时，应立即进行人工呼吸，有条件时给吸氧和注射兴奋中枢神经的药物。

⑧ 心脏骤停者应立即实行胸外心脏按摩术，现场抢救成功的心肺复苏患者或重症患者，如昏迷、惊厥、休克、深度青紫等，应立即联系救护车送医院治疗。

⑨ 做好定期健康检查与环境监测，做到及时诊断、及时治疗。

⑩ 严格遵守安全操作规程和卫生制度。定期检查，经常督促，开展群众性的安全教育，减少和避免中毒事故的发生。

☞ 32. 噪声对人身有哪些危害？

噪声对人体的危害有：

① 当噪声作用于人们神经系统时，会使大脑皮层兴奋，导致条件反射异常，使脑血管张力遭到损伤，严重的可引起渗出性出血、脑电图电位改变。这些损害，一般可在24h内复原，但如

果得不到及时复原，将导致永久性病变。

② 人们长期接触噪声，将导致心跳过速、心率不齐；还可导致血管痉挛、血压升高，最终导致高血压、冠心病的发作等。

③ 经常接触噪声，可导致消化液分泌异常、胃收缩减退，造成消化不良、食欲不振、恶心呕吐，从而导致胃病发病率的增高。

☞ 33. 噪声的控制和治理方法有哪些？

（1）噪声的控制

控制噪声应从声源—传递—接受者三方面考虑。噪声源由固体、液体或气体的运动形成。减少激发力、隔震或阻尼构件的震动，或改变构件的固有频率，避免共震，均可获得降低机械噪声的效果。对于流体噪声，通过消除紊乱、降低流速、平滑流动以及衰减压力脉动等措施，也可以获得降低液体性噪声的效果。对于现有的机械设备噪声问题，最常用的办法是在传递路径上考虑。比如：在机器上采用隔离罩，在进、排气口或管路中加消声器；对机组进行隔震处理等。

（2）减少噪声危害的方法

① 消声：利用消声器来控制空气动力性噪声。

② 吸声：用吸声材料装饰在室内的墙壁上或吊挂空中，这样吸声体就会将噪声源的反射声能吸收掉，使噪声衰减而降低。

③ 隔声：把发声的物体封闭在一个小的空间里，使之与周围环境隔绝起来的方法叫隔声。

④ 隔震与阻尼。

⑤ 另外，操作人员现场作业或巡检时可戴上耳塞，以减少噪声对人体的危害。

☞ 34. 进入设备内部检修作业须做好哪些安全措施？

需要进入设备、容器进行检修时，一般都需经过吹扫、置换、加盲板、采样分析合格、办理进入设备容器作业许可证才能进入作业。但有些设备容器在检修前需进入排除油污、余渣，在清理过程中，会散发出硫化氢和油气等有毒有害气体，因此必须做好下列安全措施：

① 作业人员须经过安全技术培训，学会人工急救、防护用具、照明及通讯设备的使用方法，熟悉检修设备及周围环境，做好危害识别。佩戴适用的防毒面具，携带好安全带、通讯器材及其他劳保用品。

② 进设备容器前，必须做好采样分析，根据分析结果确定施工中的安全措施。办理相应的作业票。

③ 施工过程中，必须有专人监护，必要时应有医护、气防人员在场。

35. 进入下水道(井)、地沟工作须做好哪些安全措施？

下水道含有硫化氢、瓦斯等有毒、有害气体。进入前必须采取严密的安全预防措施：控制各种物料的脱水排凝进入下水道；采用强制通风或自然通风，保证氧含量大于20%；佩戴防毒面具，携带好安全带(绳)，办理进入设备作业许可证；进入下水道作业，井下要设专人监护，并与地面保持密切联系。

36. 加氢精制装置中常用的硫化剂有哪些？

目前在加氢精制装置中常用的硫化剂有二甲基二硫(DMDS)和二硫化碳(CS_2)。

37. 二甲基二硫(DMDS)的性质、对人体的危害及预防措施是什么？

DMDS是一种呈灰黄色液体的有机硫化物，分子式为$CH_3-S_2-CH_3$，沸点为109.6℃，相对分子质量为94.2，密度为$1.063g/cm^3$，DMDS呈酸性，与强氧化剂反应放热，因此应避免与强氧化剂、铜及其合金、橡胶、塑料等物质接触。它对人体的危害主要表现出如下几点：

① DMDS是一种刺激性物质，重复或长时间接触会刺激皮

肤和眼睛。如皮肤和眼睛溅有或接触到DMDS时，应立即用清水冲洗。

② 吸入DMDS蒸气时会有头痛、呕吐等症状。

预防措施：

① 装填：要戴化学眼镜，不要戴可触透镜；戴防护手套，穿防护服；戴供氧式防毒面具。

② 储存与处理：要存放在通风比较好的地方，空的器具应进行处理，或用水封住，或用水冲洗、置换干净，不可让其裸露于空气中。

☞ 38. 二硫化碳(CS_2)的理化特性是什么？

相对分子质量：76.13；

性状：常温下为无色透明，稍有芳香味，工业品为黄色有烂萝卜气味的液体。是挥发性、易燃性、爆炸性极强的物质，腐蚀性强。

沸点：46.3℃；

熔点：-110.8℃；

相对密度：1.26(水=1)；2.63(空气=1)；

蒸气压：47.88kPa(25℃)；39.56kPa(20℃)；

挥发性：在室温下易挥发，与空气可形成易爆混合物。

溶解度：脂溶性，较难溶于水；溶于苛性碱和硫化碱，能与乙醇、醚、苯、氯仿、四氯化碳、油脂以任何比例混溶。

自燃温度：130~140℃；

爆炸极限：1.3%~50%(体积)；

☞ 39. 二硫化碳(CS_2)有哪些危险及毒性？

CS_2可产生静电荷而起爆，不能与电荷或火花、火焰和高温接触；因其蒸气密度为空气的2.63倍，污染时贴地面扩散，130~140℃会自燃。

CS_2属中等毒类，是气体麻醉剂。急性中毒开始引起谵妄，以后进入麻醉，严重时意识丧失，死于呼吸衰竭。慢性中毒主要损害神经系统和心血管系统，后者以全身性血管粥样硬化改变为主；并可影响男女生殖系统。

CS_2对皮肤有刺激作用，沾到皮肤有烧灼、麻木感，严重者发生水泡，类似二度烧伤，并可出现局部末梢神经病变。可经完整皮肤吸收而发生中毒。

短时吸入 CS_2浓度在 $10000mg/m^3$以上者，可发生严重急性中毒；接触浓度为 $30000 \sim 50000mg/m^3$时可引起急性中毒；成人经口最小致死量为 10mL。

CS_2蒸气吸入主要影响神经、心血管和生殖系统。主要表现是自觉症状(感觉异常、下肢痉弯、记忆力障碍和情绪的改变)和神经生理的改变(神经行为、神经传导速度减慢和神经原性肌电图征象)；CS_2的血管病变类似老年的动脉粥样硬化，并促进冠心病的发病；亦可见有眼底视网膜血管的病变，以及影响内分泌系统和月经及生殖的异常。长期接触 CS_2 $10mg/m^3$以上者，可有神经系统障碍、生化酶学、免疫反应的改变。

急性中毒：主要发生在突发性生产事故，一次或多次吸入极高浓度和/或皮肤严重污染未及时处理者。

☞ 40. 二硫化碳(CS_2) 中毒的临床表现是什么？如何治疗？

轻度中毒表现有头晕头痛、恶心及眼、鼻黏膜的刺激症状等；中度中毒尚有酒醉样感，步态蹒跚，喜怒无常等；重度中毒在短时间内有明显的兴奋状态，出现昏迷、意识丧失，伴有强直性及阵挛性抽搐，瞳孔对光反射迟钝和/或消失，膝反射消失，可出现脑水肿，最后呼吸中枢麻痹而死亡。经救治后，部分患者留有精神紊乱、中枢神经和周围神经系统等后遗症。

治疗：发生生产事故而引发急性中毒时，应立即将患者移出生产现场，给予吸氧和保暖，如呼吸停止，立即做人工呼吸；皮肤有污染，先脱去被污染的工作服，用温水及时清洗皮肤；注意防止呼吸困难和脑水肿的发生，如有呼吸困难时，可用呼吸兴奋剂；有脑水肿时，可用50%高渗葡萄糖及甘露醇、山梨醇等。

☞ 41. 预防二硫化碳(CS_2)中毒有哪些措施？

主要是采取一切可能使用的技术和管理措施，以防止设备“跑、冒、滴、漏”，使车间空气中CS_2浓度控制在卫生标准以内；遵守安全操作规程，防止皮肤的污染和事故的发生；增加CS_2废气和废物的回收，减少车间的CS_2排逸和污染；加强接触工人自我保护意识的教育，重视个体防护用品的保养和使用；定期职业健康监护检查，早期发现及时处理；妊娠期及哺乳期女工应暂脱离CS_2的接触，尚未生育的育龄妇女，应控制CS_2的接触水平。

我国车间空气中二硫化碳的最高容许浓度为$10mg/m^3$。

☞ 42. CS_2的使用有哪些安全措施？

加氢装置的催化剂在第一次使用前需要预硫化，一般使用CS_2或DMDS(二甲基二硫化物)作为预硫化剂。CS_2属高度危害的Ⅱ级有毒物质，它同时还是挥发性强、极易燃烧的易燃物，沸点只有46.2℃，最小着火能量为9kJ，引燃温度为90℃。对于这样一种高度危险的化学品，在使用时必须十分小心，其储罐、计量罐必须有水封、水喷淋和防晒设施；同时还要有放置二硫化碳铁桶的水池和水冲洗设施，以防止其挥发到空气中发生燃烧。储存温度应保持在它的沸点温度46℃以下。二硫化碳用完后要迅速冲洗，使其不在系统留存，避免发生危险。

☞ 43. 从安全方面考虑，为什么多采用DMDS做硫化剂？

通常含硫量较高的有机硫化物都可以作为硫化剂，如硫化氢(H_2S)、二硫化碳(CS_2)、甲基硫醇、乙基硫醇、二甲基硫(DMS)、二乙基硫(DES)和二甲基二硫(DMDS)等。

① 从安全考虑，DMDS在安全操作方面是最佳的硫化物。与上述各种硫化剂比较，DMDS具有最高沸点、闪点和自燃点。

DMDS是有特殊醚味的无色液体，在水中溶解度为2%，容易燃烧，燃烧极限为2.2%~19.7%，自燃温度为339℃。DMDS有轻度毒性，对皮肤刺激不大，但可以使眼睛产生刺激性疼痛，误吞咽了DMDS则应喝大量水并催吐，接触此物时应戴好橡皮手套和护目镜。

值得指出的是DMDS沸点高，蒸气压较低，因而具有许多实际的好处。二甲基硫通常亦被认为是安全的硫化剂，但它的沸点低，蒸气压高，在空气中的浓度过大，抵消了它的优点。此外，人体吸收DMDS危险性也比二甲基硫低。H_2S和甲基硫醇是有毒的化学品；二硫化碳是高危险性化学品，易燃。

② 二甲基二硫的另一个优点是分解温度低，且分解后只产生少量不饱和烃，不会造成积炭。而乙基硫醇、二乙基硫和长碳链含硫化合物则会产生积炭。

二甲基二硫是淡黄色液体，有难闻臭味，无腐蚀性，可存放在碳钢容器中；但和所有有机硫化物一样，应该避免与铜和铜合金接触。

二甲基二硫是一种强溶剂，可溶碳氢化合物，并能溶解或导致树脂及塑料的溶胀，因此只能与聚四氟乙烯或聚二氟乙烯或氟橡胶制品接触。

操作中应按可燃物及化学品的规则，戴口罩、手套及防护镜；排放时不可放入下水道或空气中；如果从容器中溢出须用氧化剂中和，通常1mol二甲基二硫可用20mol次氯酸钠中和。

☞ 44. 含硫污水的收集和输送遵循的原则是什么？

原则是①从设备、装置排放的含硫污水应设单独的系统收集，不应进入一般含油污水系统。②含硫污水应用密闭管道输送，不得采取明渠排放，以防止硫化氢、氨等毒害气体从污水中释放，污染环境，存放含硫污水的储罐顶放空应有处理措施。③含硫化氢污水的采样，应用密闭循环系统。④含硫污水管道，不得埋地铺设，不得穿越居住区或人员集中的生产管理区。⑤在含硫污水的排放口、采样口、罐区附近和容易泄漏的场所，应用不易渗漏的建筑材料铺设地面，并设围堰，防止有毒液体渗入土壤。

☞ 45. 二乙醇胺(MDEA)的性质是什么？

MDEA是无色黏稠液体，有类似氨的气体，呈碱性，能溶于水、乙醇和丙酮，具有吸收作用，能吸收空气中的二氧化碳和硫化氢。MDEA闪点高，但是剧烈受热后会形成爆炸性混合物，碰到受热面或明火会着火。MDEA碰到眼睛会导致严重伤害，碰到皮肤可产生皮痒和刺激性疼痛，此时应用水冲洗。对中毒人员应移至新鲜空气处，如停止呼吸则应进行人工呼吸。在接触MDEA时，操作人员应戴好护目镜、橡皮手套，并穿好胶鞋。

☞ 46. 巴固碳纤瓶空气呼吸器使用方法是什么？

① 先打开气瓶阀，查看压力表压力，正常压力应为不低于250bar($1bar=10^5Pa$)。

② 将气瓶阀向下背上空气呼吸器，先拉紧背带，然后束紧腰带，使背托完全贴紧后背。

③ 检查面罩气密性。下颚进入面罩下面的凹槽内，将头罩从头部的上前方往后下方拉下，将面罩戴在头上(注意头发不能压在面罩内)。调整面罩的位置，拉紧下面的两根颈带，然后收紧上面的三根头带，至合适为宜。用手掌心捂住面罩接口处，通过吸气直到产生负压，检查面罩与脸部密封是否良好。

④ 气密实验正常后，将供气阀安装到面罩上，听到喀嚓声，供气阀自动打开。

⑤ 正确佩戴好空气呼吸器并经认真检查无误后即可进入现场使用，使用过程中时刻注意报警器发出的报警信号(从听到报警开始，空气呼吸器大约可以使用5~8min)，听到报警信号立即撤离现场，未到达安全地带不能摘下空气呼吸器的面罩。

⑥ 呼吸器使用结束后，按住供气阀与面罩连接处的两个黄

色按扭摘下供气阀，再摘下面罩，然后关闭气瓶阀。

⑦ 放余气：按住供气阀前面中间位置的圆形黄色按扭，将余气放尽，使压力表归零。

⑧ 用过的气瓶要及时充气，达到规定压力。面罩和供气阀分开，按要求存放好，时刻做到备用状态。

☞ 47. 依格钢瓶空气呼吸器使用方法是什么？

① 首先打开气瓶阀，查看压力表压力是否正常。正常压力不低于 25MPa。

② 将气瓶阀向下，背上空气呼吸器。

③ 拉紧背带，将腰带插头插入腰带插座内，收紧腰带。

④ 先将面罩置于脸上，使下腭进入面罩下面的凹型内，将头罩从头部的上前方往后下方拉下，将面罩戴在头上(注意不可将头发置于面罩密封圈内)。调整面罩的位置，拉紧下面的两根颈带，然后收紧上面的两根头带，至合适为宜。

⑤ 检查呼吸器的气密性：用掌心捂住面罩接口处，通过吸气，直到产生负压，检查面罩与脸部密封是否良好。

⑥ 将供气阀的红色旋钮置于 12 点钟的位置，确认其接口与面罩接口吻合，然后沿顺时针方向旋转 90°，当听到“咔嚓”声时即安装完毕。

⑦ 深吸一口气，使自吸阀自动打开。

⑧ 正确佩戴好空气呼吸器并经认真检查无误后，即可投入使用。使用过程中注意报警器发出的报警信号(从听到报警始，空气呼吸器大约还可以使用 5～8min)，听到报警信号后应立即撤离现场。未到达安全地带不能摘下空气呼吸器面罩。

⑨呼吸器使用结束后，摘下面罩同时关闭自吸阀，然后关闭气瓶阀。打开自吸阀侧面的红色旋钮，把中央导管(气瓶至面罩的连接管)内的余气放尽，使压力表归零，将面罩和中央导管分开，按要求存放好。

☞ 48. 羰基镍基本常识和避免羰基镍危害的防护措施是什么?

羰基镍 $Ni(CO)_4$是一种容易挥发的剧毒液体，它主要引起肺伤害，其次损害肝脏，是致癌物。羰基镍是催化剂中的镍与 CO 在低温下化合反应的产物。允许羰基镍的最大平均浓度为 0.001μg/g，现场最大暴露浓度为 0.04μg/g。

羰基镍在空气中能氧化形成并覆盖在镍催化剂表面，类似于目前的再生现象。起初出现的可能性较少，然而没有再生的催化剂决不可能通入空气。为了避免出现以上情况，在含有镍催化剂的容器工作必须佩戴新鲜空气面罩。

在加氢装置形成羰基镍潜能是催化剂含有镍并且存在于再生期间或再生催化剂操作时期。必须时刻关注保证操作步骤避免羰基镍的形成。已出版的资料显示羰基镍的平均浓度与温度、压力和一氧化碳浓度的关系，羰基镍在气体中的浓度随着温度的升高和一氧化碳浓度的降低而迅速降低。气体压力在 $7kgf/cm^2$ (686.5kPa)一氧化碳浓度为 0.5%(mol)，温度为 150℃，羰基镍的浓度最高为 0.04μg/g，当温度为 182℃，浓度降低到 0.001μg/g。

防止羰基镍的生成措施主要有:

① 催化剂再生期间当一个含有镍催化剂的反应器暴露于含氧的环境里，必须连续测量氧的浓度直到碳完全燃烧尽，且所有的一氧化碳和二氧化碳从系统中吹扫干净。

② 镍催化剂的再生应该保持在惰性气体中直到所有的催化剂冷却到 65℃以下，所有再生的催化剂应该冷却低于该温度并且在氮气吹洗下卸剂。

③ 在氮气惰性气氛中卸出或处理催化剂，既可有效避免催化剂氧化自燃，也能防范羰基镍的生成。在卸催化剂作业区附近的人员须身着全套安全防护服和佩戴防毒面具。

④ 在清扫反应器时，操作人员必须佩戴氧呼吸器和安全防

护服，有人监护才能作业。

☞ 49. 什么是电流伤害事故？

电流伤害事故即触电事故，说得准确一些，应是人体触及电流所发生的事故。在高压触电事故中，往往不是人体触及带电体，而是接近带电体至一定程度时，期间击穿放电造成的。电流通过人体内部的触电叫电击；电流的热效应和机械效应对人体的局部伤害叫电伤。电伤也属于触电事故，但与电击比较起来，严重程度要低一些。

为了避免电流伤害事故的发生，操作人员必须加强电气设备安全技术知识的普及，自觉地按章办事。在危险高压区应设置醒目的安全警告标志，严格执行中国石化总公司人身安全十大禁令的有关规定。

☞ 50. 触电后的急救原则是什么？

触电后急救的要点是动作迅速，救护得法。切不可惊惶失措，束手无策。发现有人触电，首先要尽快使触电者脱离电源，然后根据触电者的情况，进行相应的救治。

人触电后，会出现精神神经麻痹、呼吸中断、心跳停止等症状。如呈现昏迷不醒的状态，不应认为是死亡，而应看作是假死，应迅速而持久地进行抢救。一般来说抢救越快，救活率越高，如果触电后 12h 以上者，救活者可能性很小。现场急救方法是人工呼吸法和胸外心脏挤压法。在医生指导下可慎用肾上腺素。因为肾上腺素有使停止跳动的心脏恢复跳动的作用，但如果心脏已跳动者则不能使用。只有在证实心脏确实停止跳动时，才允许使用肾上腺素。如果在触电的同时发生外伤伤口出血，应予以止血。为了防止伤口感染，最好予以包扎，其他对症处理。

☞ 51. 触电的应急处理措施是什么？

触电的应急处理措施如下：

① 切断电源立即就近拉开开关或拔出插头。

② 如果触电地点远离电源开关，可使用电压等级相同且有绝缘柄的电工钳将电线剪断。剪断电线应考虑有支撑物，防止带电体触及其他人员。

③ 如果导线搭落在触电者的身上或触电者身体压住导线，可用干燥的布、手套、绳索、干木棍作为工具，拉开触电者或移开导线。

④ 如果触电者衣服是干燥的，又没有紧缠在身上，则可拉着他的衣服后襟将其拖离带电部分。

⑤ 如果触电者躺在地上，可用木板等绝缘物插入触电者身下，以隔断电源。

⑥ 如果触电地点的电源线为裸架空线，可用金属导体抛向架空线造成短路，使保护装置动作而跳闸。

⑦ 高压触电时，立即通知有关部门停电。

⑧ 触电人脱离电源后的急救。

⑨ 心脏停止、呼吸尚存，应立即进行人工心外挤压法；呼吸停止、心脏尚跳，应立即进行口对口人工呼吸(注意清除口腔中的残留物以保证呼吸道畅能)；呼吸、心脏都停止，应立即进行口对口人工呼吸，同时进行人工心外挤压法。

⑩ 及时联系医院急救。

☞ 52. 电流对人体的危害有哪些？

防止人身触电是安全用电的重要内容之一。医学界有大量试验证明，人体通过电流后，首先会感到不同程度的刺痛和麻木，随后会出现不自觉的肌肉收缩。这时触电者往往会紧握带电体，而不能自主地摆脱电源。此外，肌肉收缩时，胸肌、隔肌和声门肌的强烈收缩会阻碍呼吸，进而使触电者窒息死亡。

一般电流对人体的伤害分为电伤和电击伤两种。

电伤：指电流以对人体外部造成的局部伤害，如电流引起人体外部的烧伤等。

电击伤：指电流通过人体内部，破坏人体的心脏、肺部及神经系统的正常工作，乃至危及生命。

人体触电绝大部分是电击伤。电击伤程度和通过人体的电流强度、电流持续时间、电压高低、触电者本身的电阻及触电者本身的健康状态等因素有关。

☞ 53. 如何防止触电事故?

① 严格按安全工作规程去做;

② 经常检查电气设备，熟悉设备结构，发现问题立即找原因并处理;

③ 与带电体保持足够的距离;

④ 倒闸操作时，要严格按顺序进行。

☞ 54. 安全控制的基本策略是什么?

任何事故均不是孤立的事件，而是一系列互为因果关系的原因事件相继发生的结果。导致事故发生的最直接的原因是人的不安全行为和物的不安全状态。物的不安全状态是指使事故发生的物体条件或物质条件，如可燃物与助燃物共存并遇明火而发生火灾，又如因制造缺陷或腐蚀损伤导致设备耐压失效引起爆炸。人的不安全行为是指人违反安全规则或安全原则，使事故有可能或有条件发生的行为，如人的误操作或违规操作导致危险物料泄漏等。事故预防的核心是防止人的不安全行为，消除物的不安全状态，中断事故联锁的进程而避免事故的发生。

石油炼制过程的危险主要来源于被加工石油及产品所具有的危险性，以及加工所需要的工艺条件。国内外炼油厂预防事故的基本策略大致相同，即在可预见的各种情况下，始终保持对危险物料和设备的安全控制。

☞ 55. 加氢装置控制室的布置应符合哪些要求?

加氢装置控制室的布置应符合如下要求:

① 其位置应在建筑物的底层；如若生产需要或受其他条件限制时，可将控制室布置在第二层或更高层。

② 在可能散发比空气重的可燃气体的装置内，控制室内地面应至少比室外地坪高0.6m。

③ 控制室朝向具有火灾危险性的设备侧的外墙应为无门窗、洞口的非燃烧材料的实体墙。

④ 控制室内不得安装可燃气体、液化烃、可燃液体在线分析一次仪表。当上述仪表安装在控制室相邻房间时，中间隔墙应为防火墙。进出控制室墙或沟敷设的仪表管缆的墙洞处应填实、密封。

☞ 56. 化学品物料如何排放？

① 对催化加氢装置的催化剂进行器内预硫化或催化剂器内再生时，应设置硫化剂注入系统以及注氨、注碱系统。附设的容器、机泵、管线、阀门仪表等均应考虑密闭，以防止腐蚀、泄漏；并应制订专门的操作规程和作业人员劳动救护措施。

② 二硫化碳和氮储罐周围设置挡墙，以防泄漏时二硫化碳和氨溢出。同时，为防止装置内有关化学物质(如单乙醇胺液、氨等)伤害人身，装置内应设有事故紧急淋洗设备，以备一旦事故发生时，能及时提供洗眼睛及淋洗。

☞ 57. 加氢装置气体检测点是如何确定的？

加氢装置生产和使用甲类气体、液化烃、甲B、乙A类液体，属防爆区域2区内，应设置可燃气体检测报警仪。常规检测报警宜为一级报警。大中型催化加氢装置常采用联锁保护系统，此时应采用一级报警(高限)和二级报警(高高限)。在二级报警的同时，输出接点信号供联锁保护系统使用。检测器的有效覆盖水平平面半径，室内宜为7.5m，室外宜为15m。在有效覆盖面积内一般设一台检测器，且宜采用固定式；不具备条件时，应配置便携式可燃气体检测报警仪。催化加氢工艺装置中，对下列可燃气体释放源检测宜按释放源位置设检测点：

① 甲类气体压缩机、液化烃泵、甲B类或成组布置的乙A类

液体的动密封。如对于氢气压缩机，应在其出口或入口两端动密封处设置检测点；对于脱丁烷塔回流泵和产品泵，如设在管廊下，可按每 15m 距离设置一个检测点。

② 在不正常运行时可能泄漏甲类气体、液化烃或甲 B 类液体的采样口和不正常操作时可能携带液化烃、甲 B 类液体的排液(水)口设置检测点。如反应器出口气体采样口、分馏塔顶回流罐采样口、排水口以及脱丁烷塔回流罐采样口等。

③ 在正常运行时可能泄漏甲类气体、液化烃的设备或管道法兰、阀门组。

④ 如果释放源处于露天布置的设备区内，视检测点位于与释放源最小频率风向上、下侧不同，距离为不大于 15m 和不大于 5m。如释放源处于封闭或半封闭厂房内，则应隔 15m 设一台检测器，距释放源不大于 7.5m。

☞ 58. 对扩散与积聚的可燃气体是如何检测的？

① 明火加热炉与甲类气体、液化烃设备以及在不正常运行时可能泄漏的释放源之间，约距加热炉 5m 宜设检测器。

② 控制室、配电室与甲类气体、液化烃、甲 B 类液体的工艺设备组相距 30m 以内并具备下列条件之一的，宜各设一台检测器：门窗朝向工艺设备的；位于最小频率风向上风侧的；地上敷设的仪表电力线缆槽、盒或配管进入控制室或配电室的。

③ 设在 2 区范围内的非防爆型在线分析一次仪表间，不论是否通风良好，应设一台检测器。

④ 装置中其他可能积聚可燃气体的地坑、排污沟最低处地面上；不在检测器有效覆盖面积内易于积聚甲类气体的死角，宜设检测器。

☞ 59. 确定可燃气体检测点应考虑的主要因素是什么？

① 空气流通情况。在可燃气体可能泄漏但空气流通情况良好以至可燃气体不可能积聚的场合，可不设置检测点。由于室内

空气流通不畅，可燃气体积聚和爆炸的危险性比室外大，所以检测点密度应大些。此外，还应考虑泄漏点周围有无气流上升及回旋，有无气体沉积或流动不畅的死角及凹坑存在。

② 泄漏情况。泄漏量较小时，泄漏气体的积聚和流动方向受自然因素(风向和空气环流等)的影响比较大。对于喷射式泄漏，则在喷射方向的附近区域就会较早达到报警极限，而在逆向及较远的区域因受自然气流影响，可能较晚达到报警极限。对于其密度比空气大的气体，检测点主要设置在距地面300~600mm的地方；比空气密度小的(密度小于0.97kg/m^3)可燃气体主要向上流动，检测点的安装高度宜高出释放源0.5~2m。另一方面，可燃气体密度的大小也影响扩散速度。若密度接近空气，则混合快而流动扩散慢，检测点应靠近被检测点；若密度大，则沉积快，流动扩散慢，检测点分布密度可小些。此外，介质压力高，则扩散快，压力低则扩散慢。

③ 风向影响。风向直接影响着可燃气体的流动方向、速度、沉积及扩散，但风向又是一个随机因素，因此，在确定检测点时，一般依据其区域最小频率风向进行考虑。

总之，可燃气体的泄漏、扩散、混合和积聚是一个随机而复杂的过程，其监测应以面为主，以点为辅，进行区域性网状检测，才能有效预测可燃气体的泄漏情况。

☞ 60. 加氢装置有哪些粉尘？粉尘对人体的危害是什么？防尘措施有哪些？

加氢装置主要粉尘有催化剂粉尘，在密闭生产过程中一般不构成危害，装卸过程中对人体危害较大。另外在停工检修期间待检修设备中存在着铁锈、硫化铁、焦粉等各种各样的粉尘，进行清罐等检修作业时亦会对人体造成危害。

粉尘对人体的危害：

① 生产性粉尘对人最为严重的危害就是使人引起尘肺。

② 吸入某些金属粉尘，如吸入铁、钡、锡等粉尘，达到一

定量时，可引起粉尘沉着症。

③ 某些有机粉尘如羽毛可引起间质肺炎或外源性过敏肺泡炎；

④ 金属和磨料粉尘可引起角膜损伤；

⑤ 吸入铅、砷、锰等有毒粉尘，能在支气管和肺泡壁上溶解后吸收，引起中毒表现。

⑥ 吸入放射性物质的粉尘会引起呼吸系统肿瘤，甚至可引起癌症。

防尘措施：

① 人操作时尽量站在上风处。

② 戴防尘口罩、空气呼吸器等。

③ 易产生粉尘物料及时清理，能负压操作尽量负压操作。

☞ 61. 催化剂粉尘对人体有哪些危害？

在催化剂装填过程中，会产生少量的粉尘。催化剂粉尘中含有潜在的有毒金属化合物，它能危害到呼吸系统。在催化剂附近工作的人员，必须配戴口罩、防毒面具或供氧式防毒面具，以避免吸入催化剂粉尘。

催化剂的金属能通过皮肤吸收，所有处理催化剂的工作人员必须穿戴防护服，包括手套和上衣等。在反应器内装填催化剂的人员应该穿戴绝缘衣服，避免身体任何部位与催化剂或催化剂粉尘接触。

☞ 62. 加氢反应器催化剂更换、撇头作业中有哪些有毒、有害物质？

加氢反应器内的催化剂，经过一段时间的使用后，活性会逐步下降；另外，加氢装置在长期的运行中管道腐蚀物、原料中的固体颗粒物以及反应过程产生的焦炭，绝大部分沉积在反应器顶部的催化剂上，造成催化剂床层堵塞，反应器压降增大。因此加氢反应器的催化剂在经过一定时间的使用后，必须部分或全部更换，即需要撇头(卸出反应器顶层催化剂)、卸剂，这些工作都是由人工在反应器内进行的。由于劳动条件恶劣，而且含有有毒、有害物质，所以必须制订可靠的安全防护措施，以保证人身和设备的安全及工作顺利进行。

由于撇头作业是在催化剂未经烧焦再生的条件下进行的，尽管停工时反应器经过吹扫处理，但内部仍然会有残存的油气、H_2S、NH_3、CO、CO_2这样一些有毒、有害气体；在反应器顶部的催化剂表层还会沉积有铁的硫化物(FeS，Fe_2S_3)，它们在常温下接触空气会发生自燃，一旦硫化物自燃，必然会点燃瓷球和催化剂表面的积炭，烧坏催化剂和设备内的构件。另外，反应器壁和内部构件表面上的硫化物在有空气、水存在时会生成连多硫酸，对奥氏体不锈钢产生应力腐蚀。因此，反应器在头盖打开接触空气之前必须充氮气保护，并在整个撇头作业过程中都应保持容器内充氮气至微正压和干燥状态。氮气虽然没有毒，但在高浓度氮气环境下，操作员会因缺氧而窒息。催化剂在使用过程和装卸过程会破碎形成粉尘，粉尘中的镍及其化合物有激活或抑制一系列酶的作用，可导致遗传物质损害；不溶于水的镍盐是活性相当高的遗传毒物，接触镍及其化合物可引起接触性皮炎和过敏性皮炎。

催化剂的撇头作业是在一个充满氮气和有毒有害气体以及催化剂粉尘的封闭容器内进行的；由于容器内不能通风，而且在装置停工后没有足够的时间使反应器充分冷却，因此，容器内的作业必然是高温作业，加上撇头卸剂的工人必须戴供氧的防护面罩，工作环境是极其恶劣的。

☞ 63. 撇头作业的安全防护措施有哪些？

应在对危险因素进行充分分析以及对工作环境有充分了解的基础上，制订出详尽的施工方案，经安全部门批准后，严格按方案实施撇头作业。所有参加该项工作的人员都必须对方案进行学习和培训。在整个作业过程应注意以下问题：

① 反应器的处理。在打开反应器头盖之前要经过充分的氮气置换，器内温度要降到 50℃ 以下。将其中的有毒有害物质降至安全范围内，即 $H_2S<400mg/m^3$、$CO<0.1\%$、羰基金属化合物 $<0.04mg/m^3$、可燃气体 $<0.5\%$、$N\geqslant99\%$、$O_2\leqslant5\%$，并在整个作业期间保持这个条件。

② 反应器与其他系统的连接要用盲板隔断。

③ 用净化风作为器内工作人员的呼吸用风源，其标准要达到 $O_2\geqslant20\%$。

④ 入反应器的工作人员必须体格健壮，患有心脏病、高血压和皮肤过敏者严禁入内作业。工作人员必须佩戴全套防护用具，包括防护衣、鞋、手套、安全帽、安全带和安全绳；密封式呼吸面罩要有应急供气装备，正常情况下由外界提供净化风；万一净化风中断，可由随身背带的小钢瓶供风逃生；还要有通信耳机；进入反应器前脸部暴露部分要涂上防护油膏。

⑤ 要有严格的监护制度，采取双监护的措施。器外设专人监护，负责器内外的通信联系以及和指挥人员、作业人员的联络，同时负责把好安全绳，随时保证受监护人的安全；器内两位工作人员轮换工作，一人作业，一人监护，监护人负责与器外的联系，注意作业情况，并应最多间隔 5min 与外界通话一次，同时还要规定好相应的联系信号。

⑥ 在反应器内的工作时间取决于环境温度和劳动强度，环境温度 32℃ 时允许工作时间 40min；环境温度 39℃ 时允许工作时间 16min；一般以不超过 30min 为宜。

⑦ 卸出的催化剂装桶加干冰密封，放置到指定地点，并做好防火措施。

⑧ 卸剂现场要有医护人员和消防人员随时待命。

第七章　加氢精制装置事故案例分析

☞　**1. 某厂柴油加氢装置“12.27”高压分离器液控阀副线阀盘根泄漏设备事故(事故发生的经过：2001年12月27日9：00时，某厂柴油加氢装置高压分离器液控阀副线阀盘根处发生油喷漏，故而装置紧急停工，处理该阀。经检查，该液控阀副线阀只压了一道盘根)的原因分析、应吸取的教训及防范措施。**

事故原因分析：

① 建设公司阀门班工作不认真、不负责任，在大修时高压分离器液控阀副线阀只压了一道盘根，当装置升压进油后，该阀盘根处便发生油喷漏，这是造成事故的主要原因。

② 建设单位设备专业施工管理不到位，管理粗放，对该液控阀副线阀压盘根的工作没有专人管理。

③ 装置设备管理人员质量监督不到位，没有到现场监督压盘根工作，未能及时发现该液控阀副线阀盘根问题。

应吸取的教训和采取的防范措施：

① 按“四不放过”的原则处理事故，对类似的问题进行检查，及时处理，避免同类型事故再次发生。

② 加强HSE学习，认真落实工作危害因素分析，提高职工危险识别和防范能力，提高职工安全意识。

③ 联系检修人员重新压好该液控阀副线阀盘根。

☞　**2. 某厂高分液位计手阀阀体泄漏事故的处理的(事故发生的经过：2002年12月28日，加氢引直馏柴油进行初活性运转时，发现高分液位计两只手阀阀体泄漏，将后法兰处有砂眼的手阀关闭、液位计切除；对前法兰处有砂眼的手阀进行堵焊失败**

后，在严格控制高分液控开度、做好进出罐的物料平衡的情况下，关闭该液位计引出总管上下手阀，拆除了该液位计手阀，液位计回装后维持生产。2003 年 1 月 24 日，采用相同的控制方法更换了高分液位计上的相同类型的阀门）。

该事故处理过程：

1 月 24 日机动处计划组织人员更换高分液位计、界位计的手阀，更换时将切除现场液位计和远传液位指示，切除后 DCS 上将无液位信号。由于更换阀门较多(11 只)，处理时间长，对操作人员安排及操作调整如下：

① 1 月 23 日白班，降低高分液位至 35%，稳定反应进料量，调节反应加热炉出口温度和保证反应系统压力稳定，每小时记录一次高分液控开度，为高分液位远传信号切除后，控制高分的液控阀的开度提供参数。控制好加氢注水量，记录高分界位阀开度。

② 1 月 24 日更换手阀前，切除高分液位、界位引出总管手阀，接临时胶带将液位计中介质引低点放空。放空后，在液位计顶接临时胶带引蒸汽吹扫干净后，联系施工单位用防爆工具施工。

③ 室内操作人员在高分液位计拆除前控制反应进料量，将高分液控阀改为手动操作，根据 23 日白班收集阀位数据调节该阀开度，在高分液位计拆除后，安排一名操作人员到循环氢分液罐处，随时准备切液，防止因高分液位超高带液进循环氢压缩机，损坏压缩机；安排一名操作人员到低分顶，防止因高分液位过低串压，如有串压现象，操作人员可开低分安全阀副线泄压。

④ 室内操作人员控制好反应进料量和反应压力，保证反应进料量和压力的平稳，监视界位，及时联系现场人员切液；监视低分压控阀阀位变化和出口流量变化情况，有异常情况及时联系现场人员。

⑤ 施工结束后，液位计必须用蒸汽吹扫后方可投用。

☞ **3. 某厂高低分界控失灵、汽提塔带水的原因分析（2003年1月，加氢注水由除盐水改为净化污水后连续两次出现汽提塔带水事故，现象：加氢进料流量与低分出口流量不平衡，低分出口流量显示值大于加氢进料流量显示值，大量带水时两者的差值近似于注水量；反应产物与低分油换热器壳程出口温度低，汽提塔进料温度低、汽提塔顶压力偏高、回流罐界位控制阀开度变大）。**

事故原因分析：

净化污水与除盐水相比杂质含量较高，如硫、氮、酚类，杂质组分的存在不利于高分、低分界位的油水分离，使油水分离效果变差，含硫污水中含油量增加，造成高、低分含硫污水的密度变小，密度的变化影响高、低分界位仪表的测量，含硫污水的密度变小，界位仪表的显示值PV偏低。在注除盐水时考虑到较高的界位有利于油水分离，高、低分的界位一直控制在80%~75%（设定的SV值），由于界位仪表的显示值PV偏低，在测量值（PV值）为74%左右时界位实际上已经全满，由于测量值（PV值）小于设定SV值，界位控制阀一直保持全关，含硫污水由高分带入低分，又带入汽提塔，造成汽提塔进料温度波动。

☞ **4. "9. 3"某厂催柴加氢装置DCS停电事故处理经验和教训（事故经过及处理过程：9月3日早晨7时10分左右，当班操作员在盯表时突然发现处于备用状态的循环氢压缩机"活塞杆下沉"频繁报警，马上联系仪表进行处理。在处理过程中，7时17分，催柴装置三台操作站屏幕出现连续闪动，随即发生黑屏，装置大联锁动作，装置现场紧急泄压阀动作，所有控制阀按自身作用方式同时全开或全关，各液、界位急剧升高。派专人盯住现场高分液位、界位，打开液控副线阀，防止液、界位超高；检查加热炉是否熄火；关加氢进料泵出口阀，关新氢进装置界区阀、瓦斯入炉手阀；分馏改小循环；改带罐循环；处理过程中发现压缩机干**

气密封的 N_2 中断，立即开界区 N_2 压控副线阀，恢复氮封；由于床层温度已开始下降，为保证系统压力，关紧急泄压阀手阀，尽量维持分馏各塔内液面、压力正常)。

事故处理经验和教训：

① 班组人员能够做到统一指挥，有条不紊，事故处理较好地把握和执行了"先重点关键部位后一般部位"的原则，保护了催化剂、设备安全，有效地防止了事故进一步扩大和恶化。

② 内操人员盯表认真，能够迅速通知有关单位，及时向领导和值班人员汇报。外操人员行动迅速，处理得当，未发生跑冒漏等现象。

③ 分馏双塔汽提蒸汽停得迅速及时，为分馏双塔循环提供了保证。

④ 在处理此类事故时，特别应把握：紧急泄压阀动作后，根据床层温度上升趋势，在保证最高点温度≯380℃的情况下，应及时现场关闭紧急泄放阀，确保系统压力；当压力低于新氢压力时，应及时补入新氢。由于 DCS 故障而造成压机停运、各控制阀全开或全关。处理时，反应系统要防止床层超温、保压力，分馏系统要压顶温、保底温、保液界位、防超压，以缩短恢复生产时间，减少损失。停工或恢复生产期间，加强对炉子和反应高温高压部位的检查，确保提前发现问题。注意对封油系统的监控，以防抽空。

☞ **5. 某厂"5·20"瞬间停电事故存在的问题和改进措施(事故的处理过程：2005 年 5 月 20 日 15：57 操作室照明灯突然熄灭，随即复明，瞬间停电！此时内操已将 DCS 上机泵运行状态图调出，从图中可清楚地看到，原料泵、增压机、封油泵、各空冷风机及炉子风机均已停运。班组人员按照班长的指挥，兵分几路，处理事故现场。检查炉子时，发现炉子联锁没有动作，炉子没有熄火，立即关闭炉子主火嘴手阀；启动封油泵并检查压机的运行状况；启动原料泵；分别去启动现场各停运机泵。操作室内的班**

长和内操，在与调度联系中断的情况下，内操在紧盯仪表时，发现新氢压力开始下降，马上与重整岗位联系，并通知油品岗位停送料泵，操作人员赶赴现场重新停原料泵，关新氢入装置界区阀，分馏改小循环。同时及时拆充氮线盲板，含硫气改走放空。由于系统压力下降较快，视反应器床层温度变化情况，熄加热炉长明灯，关瓦斯进罐阀。操作人员正在对事故现场进行紧张处理时，突然又发生了一次闪电，又造成两台泵及部分风机再次停运，紧急重新启动各停运设备，17：10调度开始通知准备恢复，限制新氢用量。操作人员在开增压机A时，发现润滑油压力达不到启动条件0.40MPa，通知钳工处理不果，只好联系仪表摘除联锁后启动A。启动过程中，励磁柜又发生多处故障报警，通知电气处理。此时装置区内再次发生瞬间闪电，增压机A瞬间停后又自启动，部分空冷风机停。操作人员再次重新启动停运设备，压机加25%负荷，系统开始升压，并重新点长明灯，当压力从3.57MPa升至5.57MPa时，接调度通知压机卸负荷，停新氢，维持系统循环。操作员按指示对系统进行降温操作，汽提塔温度降至175℃时，停汽提蒸汽；低分压力降至0.29MPa时，用氮气充压至0.50MPa；视床层温度，适当调整长明灯；视回流罐液面关粗汽油出装置阀，并根据系统压力及时调节干气密)。

存在的问题及改进措施：

① 加热炉联锁末投，至使反应器入口温度瞬间上升10℃，存在严重隐患。

② 增压机启动条件中，润滑油压力0.40MPa定的过高，致使增压机长时间开不起来，延误了时机，影响了装置的安全生产，应适当降低润滑油启动压力，这样更利于装置在非正常条件下的快速恢复。

③ 催柴装置增压机B的负荷控制器存在着一定的缺陷，如果新氢量达不到一定标准，增压机将难以做到低气量运行。同时增压机A开起来后，励磁柜又有处故障报警。建议车间定期检

查机泵及励磁柜的运行情况，做到心中有数，并对增压机 B 的负荷控制器进行改进。

④ 低分充氮线上盲板，每次遇到事故，都需要调向，不仅牵制人力，而且一旦疏忽就有可能造成不应有的损失。建议改成三阀组。

取得的经验及今后的努力方向：

① 统一协调的指挥是处理突发事故的基础，只有这样，才能做到忙而不乱，有条不紊，及时将各类突发事故消灭在萌芽状态。

② 在分馏改循环过程中，保持足够高的双塔液面，是保证恢复大循环进料，保护催化剂的不可缺少的必要条件。

③ 内操紧盯仪表和外操对现场流程的熟悉，是及时发现和迅速处理各类事故的条件和保障，应注重对各类事故预案的学习和演练，切实提高班组成员处理突发事故的能力。

☞ **6. 某厂循环机联锁停机事故原因分析及预防措施（事故经过及处理：2003 年 4 月 23 日 9 点 31 分，由于加氢装置循环机干气密封排气压力开关动作，造成循环机联锁停机，加氢装置紧急停工处理：关闭反应进料加热炉瓦斯控制阀及手阀，控制出口温度290 ~ 300℃；控制系统压力 7.5MPa；新氢压缩机继续运转向系统补入氢气，控制系统管网氢气压力 1.85MPa。紧急泄压阀保持一定开度，保证气流流动，控制床层温度；切断反应进料，停反应进料泵，联系相关单位停直馏柴油、催化柴油、焦化汽柴进装量，停原料泵；平稳各部分压力、液位，等待循环机恢复运转后组织反应进料。循环氢压缩机停机后，车间立即对机组相关控制参数及显示参数进行检查，发现 505 显示外部跳闸，DCS 报警指示显示为 505 速度设定值低限、低低限报警，因 ESD 系统 SOE 功能发生故障，无法及时、准确发现故障停机的起始原因，车间确认机组各参数均正常后，决定恢复循环氢压缩机运行。在恢复过程中，机组联锁无法复位，车间判断联锁停机内容**

中某一参数在起作用，会同仪表车间进行检查，发现干气密封排气压力开关动作且没有复位，仪表车间校验该压力开关损坏后，进行了更换。更换后，车间在20分钟内将机组运行恢复正常。在故障排除过程中，车间积极进行循环氢压缩机的热启动。中午12点，循环机启动成功。加氢反应准备恢复进料，启原料泵泵自身循环，全点反应进料加热炉长明灯，准备反应进料后点火嘴升温；联系常减压、油品车间送加氢原料，然后启动反应进料泵，对原料泵切换返回控制阀和进料控制阀，加氢反应进料90t/h。加热炉点火嘴反应升温，控制温度285℃。高、低分液位上涨后，引油进汽提塔，恢复汽提蒸汽、汽提塔回流和酸性水外送，12点45分，联系罐区精制柴油外送，加氢装置恢复生产）。

事故原因分析：

事故发生前，加氢操作人员除对各工艺参数进行正常调节外，没有进行过大幅度调整，机组转速保持11000r/min平稳运行；事故发生后，从DCS上检查机组干气密封一次排气压力、排气流量、一次进气压力及流量、密封气与参考气差压以及二次密封气等各控制参数平稳，没有发现任何异常现象。后查为压力开关误动作，可能存在质量问题。

事故预防措施：

① 加强反事故演练。事故发生后，车间技术人员立即对此次停机事故进行了总结，发放到操作工手中，以加深对事故处理过程的认识。同时，进一步加强培训工作，提高操作人员的技术素质和事故应变能力。

② 加氢大型机组的巡检。操作人员加强对DCS各相关参数的监视，继续加强对大型机、泵的维护和巡检力度，发现异常现象要立即汇报相关单位和车间相关人员进行判断确认。充分利用ESD的SOE功能，加强对工艺及机组联锁的监视。

☞ **7. 某厂柴油加氢装置高分液控电磁阀故障，循环氢压缩机**

停机，大联锁启动事故原因分析、教训及防范措施（事故经过：2001年1月17日9点36分，高分液面迅速上升，操作人员立即赶往现场开液控副线，但液面升势迅猛，在开副线过程中，循环氢压缩机停机，联锁停新氢压缩机、反应进料泵，但反应进料加热炉未熄火，岗位人员手动熄炉，高分紧急泄压。经车间和岗位人员努力，装置于12点40分恢复正常生产）。

事故原因分析：

① 高分液位高假信号导致液控电磁阀关闭；

② 岗位人员对高分液控非正常状态的控制还不熟悉；

③ 高分液位联锁条件有欠缺。

事故教训及以后应采取的措施：

① 高分液控电磁阀质量、维护、使用环境等有待改善；

② 加强职工防范事故意识，熟练高分液控等关键部位在非正常状态的处理；

③ 加强职工培训，提高职工预测事故隐患的能力。

④ 高分液位联锁条件需协商妥善解决。

☞ **8. 某厂1.0MPa蒸汽管网波动的注意事项及事故处理要点（事故处理：2003年5月17日4点半，由于全厂蒸汽管网压力下降，1.0MPa蒸汽管网压力最低降至0.3MPa，根据情况，某车间及时对加氢部分进行如下调整：循环氢适当放火炬，降低系统压力。根据蒸汽压力情况，逐步将反应压力降至6.0MPa，使汽压机在较缓和的工态下运行，尽量维持生产。降低反应进料量至最低负荷90t/h。降低汽提塔的汽提蒸汽量，节约用汽；降低汽提塔回流量，保证较高的塔顶温度，防止柴油闪点不合格）。**

注意事项：

① 安排人员专门监视循环氢压缩机工作情况，注意蒸汽温度变化，现场在汽轮机进汽管线上稍开排凝放空，防止因进汽温度过低，造成进汽带水，损坏汽轮机。

② 注意机组各运行参数变化，如危及机组安全，立即紧急

停机。

③ 安排操作人员做好在循环机停机后的事故处理准备。

④ 重点部位有专人负责，做好随时紧急停工的准备。

事故处理：

在采取以上措施后，循环机始终维持在8000r/min工作，由于蒸汽压力下降，抽空能力下降使得真空度不足，而复水器的循环水开至最大时，汽轮机排汽温度仍高至86℃外，但没有出现其他影响机组安全运行的情况。6点45分，蒸汽系统管网压力逐步恢复，各操作参数逐步恢复正常。

再出现类似情况时，可以根据情况进一步降低反应系统压力，尽量维持循环氢压缩机运行，但必须加强循环氢压缩机的工况监测，做好随时停机、紧急停工准备。

☞ 9. 粗汽油管线冻凝事故的原因分析及防范措施。

某厂加氢装置曾出现过两次粗汽油管线冻凝事故。第一次是引装置外粗汽油进装量建立汽提塔回流时，引油结束后未对该线进行处理，由于粗汽油含水在低点凝结，造成冻凝；第二次是在装置运行初期，由于外送粗汽油量较小，气温低，而且粗汽油含水，造成装置外系统管线冻凝。

防范措施：一是保证粗汽油稳定流量，二是避免粗汽油带水。必要时增加保温伴热。

☞ 10. 某厂柴油紧急泄放阀误动作停车事故的事故原因分析及经验教训（经过处理过程：2005年8月1日1：30左右，紧急泄压阀动作，原料泵停，现场关，联系仪表人员进行处理，当时一时检查不出原因，反应床层温度较高，紧急熄炉，随后将泄压阀打旁路，重新启动原料泵，点炉，处理部分长明灯软管堵，后点燃长明灯，点火嘴，调整操作，1：45左右恢复正常。）。

事故原因：紧急泄压阀回执信号故障。

事故经验教训：

① 紧急泄压阀手阀误动作后，则联锁停原料泵、加热炉，关注催化剂床层温度，高时熄长明灯，保护催化剂。

② 若长时间恢复不了，各塔及时改循环。

☞ **11. 某厂Ⅱ段低电压跳闸事故的主要处理原则（事故处理：2005年3月31日20：28因变电所Ⅱ段低电压跳闸，造成催直柴两套装置停工5小时：新氢压缩机B停机，现场紧急启动备机，辅助油泵没电，20：40现场停原料泵，检查发现部分机泵、加热炉及空冷风机停运。联系电气复位，21：28启动新氢压缩机B、22：08启动原料泵建立大循环，0：05投汽提蒸汽，2：00加样合格，3：30改产品）。**

事故停电后：

① 现场检查确认，紧急启动备用机泵。

② 在增压机启动不起来时，将原料泵紧急停运，熄炉。

③ 保证系统气体流动。

④ 分馏改小循环，及时停汽提蒸汽，避免分馏带水。

☞ **12. 某厂FSC动作联锁停车事故原因及重点步骤（事故处理：2005年8月23日17：25分，FSC突然动作，经过一连串报警，新氢压缩机停、原料泵停、高分液界位电磁阀动作，急忙恢复高分液界位，关加热炉流控阀，重新启动新氢压缩机，启动原料泵，18：00完全恢复正常操作）。**

事故原因：安全栅瞬间失电。

重点步骤：

① 新氢压缩机停运后，关注反应进料泵、反应进料加热炉是否联锁，停运保证床层气体流动，避免系统催化剂床层温度升高。

② 迅速将高分液控阀由自动改手动操作，并根据液位趋势超前调节。

☞ **13. 氢压机出口补氮气阀阀芯碎裂事故的预防措施（事故经**

过：1985 年 1 月 15 日，柴油加氢改为煤油加氢，反应压力由 4.5MPa 提到 5.2MPa，氢压机出口补氮气线两道放空阀都内漏，9:15 分最后一道阀阀芯突然碎裂，氢气喷射出 10 米远，使得装置紧急停工)。

预防措施：临氢设备必须选材严格，产品质量要合格；临氢设备必须定期检查，到期更换；加强巡回检查，发现隐患，必须立即整改。

☞ **14. 某厂车间炉管堵塞事故的原因分析(事故经过：1996 年 1 月 14 日，某重整装置开工进油，预加氢炉管出现异常，四路进料中有三路出口温度为 240℃，另一路为 70℃ 左右，车间一直未能及时发现。17 日工艺员在进行日检中发现该炉温度显示异常，向车间作了汇报，18 日校表后该路温度仍为 70℃ 左右，而工艺员和领导均认为是热电偶问题。1 月 25 日装置发生瞬时停电，操作员发现该炉温度升至 180℃，车间才引起重视。26 日测试，判定该炉炉管堵塞，后采取顶管方案无效，被迫对该路作封管处理)。**

事故原因：

① 加工原料质量低劣、含高硫等原因造成系统内硫化铁、氧化铁等杂质较多，检修时未清理干净，留下隐患。

② 车间技术管理不到位，炉管温度异常未引起重视，错过处理机会。

☞ **15. 某厂加氢误停机组电引起装置停工的事故原因和教训(事故经过：1989 年 12 月 5 日 10:30，新氢压缩机因有故障需要切换，岗位操作员在切换过程中，误将循环氢压缩机电源切断，致使 50×10^4t/a 加氢装置被迫停工达 100 分钟，5 小时未出产品)。**

事故原因：

① 队伍素质差；

② 管理存在问题，未对仪表柜上的电源按钮做文字标记.

事故教训：

① 责任心要强，不能鲁莽行事，看清后再按开关；

② 对机组的电源按钮、仪表开关要用文字标明。

☞ **16. 某厂加氢反应进料加热炉着火事故的原因分析(事故经过：9月3日1时32分，催柴加氢装置突然发出一声沉闷的响声，立即到现场检查，发现反应进料加热炉着火，紧急开加热炉灭火蒸汽，1时33分岗位人员启动临氢系统紧急泄压阀，停加热炉、循环氢压缩机、新氢压缩机、原料泵，对加热炉进行隔离，1时34分打119报火警并组织人员到现场配合灭火，经过消防人员36分钟的扑救，2时12分火势扑灭。)。**

事故原因：确定为对流段丁头炉管缺陷油气泄漏导致着火。

应吸取的教训：在检修、施工过程中严格按照施工检修的技术要求和规程进行施工，加强对管材和重点部位特别是焊道的检验检测，确保工程质量。

☞ **17. 套扳脱扣、摔伤头部事故的原因(事故经过：1996年5月19日，某石油化纤公司维修车间检修三班承担的催化重整装置大检修任务已进入收尾阶段。14:00班里开始拆卸界区盲板。管工金某和刘某2人配合拆除一根*DN*20mm的氢气管线法兰盲板(该盲板距地面2m)。作业时，刘站在管排外侧，金站在管排内侧。金一只脚踏在管排架基础上，另一只脚踏在一根*DN*20mm伴热管线上，均距地面0.4m，用一个套扳拆卸盲板螺栓。14:30当金某双手用力松动法兰上最后一个螺栓时，由于脚步下滑动，套扳脱扣，身体失重后仰摔倒，安全帽甩出，头部着地。现场人员将其送职工医院，确诊为：颅骨骨折、右硬脑膜外血肿)。**

事故原因：

① 伤者安全意识不强。对作业环境较差没有引起足够的重

视。尤其是进入大修收尾阶段，思想麻痹，忽视安全，安全帽不系带摔倒时即先甩出，没有起到保护作用，致使头部受伤。这是事故发生的直接原因和主要原因。

② 检修后期，车间领导对检修现场监督检查不够，对参检职工的安全教育抓得不实，存在薄弱环节。这是事故发生的一个重要原因。

事故教训：

① 戴安全帽必须按规定系好帽带。

② 强化职工的安全意识教育，尤其要抓好检修收尾阶段的安全教育，严防麻痹思想的产生。

③ 加强对检修后期施工现场的监督管理。

☞ **18. 某厂“11·22”聚结器泄漏、着火事故的原因及防范措施(事故经过：2000 年 11 月 22 日 17：10 分左右，操作员在上午刚投用的过滤器、聚结器处巡检、脱水，现场一切正常。17：20 分左右操作员正为来料波动及原料罐液位不稳与常压罐区联系并调整操作。17：30 分职工发现柴油产品泵出口阀火情并及时报告操作室，操作工迅速联系消防队及向车间报告，并与班长迅速赶到现场，关闭泄漏容器聚结器的入口阀，随后赶来的其他同志及时关闭过滤器的出入口阀及聚结器的出口阀，由于泄漏油较多，柴油产品泵、炉区都有不少柴油，空气中油气弥漫，十分危险。在 17：40 分切断来料，17：51 分手动停炉，除循环机正常运行外，反应、分馏全面停下，17：55 分左右，消防队与部分职工将火扑灭。现场清扫之后，20：25 点反应进料加热炉火嘴，20：35 分重新引油，21：00 反应系统恢复进料，装置全面恢复生产)。**

事故原因：

① 17：21 分前，控制阀阀位关小，短时间内造成聚结器处压力升高。

② 从打开聚结器的情况来看，垫片有两处被撕破，长约 10cm，所用石棉垫质量差应该是造成这次泄漏的主要原因，所

用垫片柔韧性差，耐油性不好。

事故以后应采取的措施：

① 开工初期对于不稳定仪表投自动应慎重，多观查确认，防止出现大幅度的波动。

② 加强对施工、检修质量的监督。

③ 事故处理要忙而不乱，要及时切断火源附近的油、气源及火源，防止事故的扩大。

④ 可考虑在过滤器前加压力表和室内安装压力指示表。

☞ **19. 某厂氮气管线进油的事故原因及防范措施(事故经过：2001年1月13日，准备在氮气线上动火时发现氮气线内有柴油，经仔细检查确认是从分馏塔顶回流罐氮气串入)。**

事故原因：

① 分馏循环升温速度较快，塔顶回流系统建立较晚，致使回流罐液位超高、压力超高(大于氮气管线压力)。

② 氮气充压线未及时加盲板，上下游手阀未关或漏量。

避免措施：

① 分馏循环升温前，容器先建立界位，确保室内外指示真实无误；

② 按规定控制分馏循环升温速度，不能太快；

③ 氮气充压后，上下游手阀一定关死，确认不再用氮气时，加上盲板。拆装盲板要专人负责；

④ 严密监控各液、界位和压力变化趋势。

☞ **20. 某厂加氢进料加热炉出口压力表呲裂的事故教训(事故经过：2001年6月3日16:40，发变电车间职工通知当班人员，加氢进料加热炉顶部雾气较大。岗位人员立即赶到现场检查并确认加热炉顶部出现泄漏现象。反应紧急停工，停新氢压缩机和循环氢压缩机，泄压至3.2MPa，分馏改小循环。岗位人员上去检查发现是加热炉出口压力表呲裂，在蒸汽掩护下将压力表手阀关**

死。18：00，装置开始恢复，18：20 分启动循环氢压缩机，夜班接班启动增压机，启动原料泵建立大循环，20：30 点炉子主火嘴，0：10 投用分馏塔汽提蒸汽，1：30 收原料油，产品出装置。由于紧急停工未带油，压缩机启动后，大量柴油带入高分，转至低分时，由于低分油没能及时排出导致安全阀起跳。后经操作人员调整，装置很快恢复正常生产）。

教训及以后应采取的措施：

① 加强对反应系统等高温高压部位的巡回检查；

②加强对反应系统等高温高压部位的生产管理；

③ 加强职工防范事故意识，熟悉事故处理方法。

④ 开工恢复过程中，要严格监控各操作参数，进油、补氢应缓慢，避免产生次生事故。

☞ **21. 某厂原料油中断事故的教训（事故原因：油品岗位民工干活时把电缆线挖断，造成原料泵停运。事故经过：2002 年 2 月 24 日 14：13，当班操作员发现原料油进装置表突然回零，原料罐液位下降较快，急忙与调度、油品岗位联系，查询原因，并汇报车间值班人员。在班长的指挥下，外操去现场确认流程、阀位及原料罐液面，内操及时降量，并适当拉高分馏两塔液面，做好大循环的准备，当原料罐液位降至 35% 时，装置改大循环，关精制柴油出装置阀，由于进料量降低，精柴掺入，氢耗减少，岗位人员及时与重整岗位联系后，降增压机负荷至 50%，循环氢压缩机转速降低 300r/min，系统尽量保温保压，保持系统物料平衡。15：33 分，进料恢复，调整操作，精柴出装置）。**

教训及以后应采取的措施：

① 岗位人员应加强责任心，认真盯表，及时发现问题，为处理问题赢得宝贵时间。

② 原料中断时，应及时关闭液控阀，防止倒串；

③ 装置改大循环，系统保温保压、保液面；

④ 注意高低分压力液面稳定；

⑤ 增压机及时减负荷；

⑥ 加强与调度、油品、重整岗位的联系。

☞ **22. 某厂1.28装置大联锁动作的事故原因及教训(事故经过：2003年1月28日11∶36分10秒，高分液位突然升高，36分24秒高分液位高报，内操急开液控阀，液位仍急速上升，36分34秒高分液位100%，班长急派人去现场开高分副线阀，在开阀过程中即37分37秒循环机联锁停机，继而导致新氢压缩机、反应进料泵停车，反应进料加热炉主火嘴熄灭，从高分液位开始升高到停机历时1分27秒)。**

事故原因：

① 开工过程中，岗位人员在执行班长的指令时有疏忽、不汇报现象，致使早该关闭高分液位控制阀副线阀门未按指令执行提前关闭。

② 车间管理人员、班组岗位人员对关闭该阀门可能产生的后果认识不深，在关闭该阀门时动作过快，致使高分液位短时间内急速升高，操作人员立即开启高分液控副线拉低液位时，装置大联锁已启动。

③ 液位高高联锁停车信号由循环机入口分液罐移至高压分离器，虽然起到了保护机组的作用，但由于联锁停机时间提前近2min，缩短了处理问题所必需的时间，增加了问题处理的难度，这也是一个客观原因。

事故教训：

① 对高分液位控制阀副线的作用和对反应系统的影响认识不足。

② 在处理过程中，岗位人员统筹兼顾不够，反应系统紧急泄放副线阀、高分压控副线关闭较晚，导致反应系统压力下降较多。

③ 未能及时向调度汇报情况。

事故以后应采取的措施：

① 在开停工过程中，管理人员和操作员对可能引起高分液位突增的因素要有清醒的认识，关键步骤、特殊位置的操作一定要慎重，不可过快；

② 开工过程组织协调要进一步加强，做到忙而不乱，令行禁止，汇报及时；

③ 加强职工预测和防范事故能力培训，使职工熟悉引起高分液控突变的因素及正确的处理方法；

④ 循环机入口分液罐液位高高联锁开关到货后，尽快将联锁信号引出点恢复到以前位置，以减少联锁停车的可能性；

⑤ 出现问题及时向有关单位汇报情况。

☞ **23. 某厂原料泵推力轴承主瓦温度高高联锁停车的事故原因及教训(事故经过：2004年4月3日15时16分22秒反应进料泵B推力轴承主瓦温度BC突然显示60.5℃(IOP -)，同时高高报警，造成该泵联锁停车。15时19分29秒反应进料加热炉出口温度340℃高高报警，并造成加热炉主火嘴联锁。15时22分启动反应进料泵A，装置生产逐步恢复，15时50分各工艺参数正常)。**

事故原因：

① 推力轴承主瓦温度B、C现场仪表接线头松动，造成推力轴承主瓦温度B、C高高报联锁是引起原料泵B停车的原因。

② 反应进料泵停车后反应进料加热炉主火嘴未联锁的原因是：润滑油共用备用泵具备启动条件，而F-3101联锁条件是两台原料泵同时显示停机状态。

事故处理：

① 反应进料泵B停后，在不明原因情况下，操作员现场紧急启动备用泵A。

② 反应加热炉出口温度高报后，很快主火嘴联锁停炉。

③ 反应进料泵A启动后，逐步恢复操作。

经验教训：

① 在人员较少情况下，班组人员齐心协力，确保了装置安全。

② 在反应进料泵 B 停运后，室外未及时确认加热炉是否联锁。

③ 高分液控阀及时改了手动，但直到液位低联锁，才对液控进行调节，较为滞后。

以后采取措施：

① 在反应进料泵 B 停运后，室内应及时关闭加热炉瓦斯控制阀，室外确认加热炉是否联锁；

② 迅速将高分液控阀由自动改手动操作，并根据液位趋势超前调节，若液位上升难以控制，则立即到现场开副线排放；

③ 正常生产时，将原料备用泵“手动停车开关”旋起，使加热炉联锁图上“备用泵停车”呈红色；而启动备用泵前，需将该开关按下，具体见车间对原料备用泵“手动停车开关”的补充规定；

④ 加强事故演练，提高处理突发事故的应变力。

☞ **24. 某厂加氢开票不去现场，储罐着大火的事故原因分析（事故经过：1990 年 8 月 21 日施工人员要对单乙醇胺罐出口管线动火，委派作业人取火票，安全员以为在单乙醇胺罐罐顶出口阀后动火，就开出了火票，签字完后就交防火人带给施工人员，也没有到现场去检查情况。作业人拿到火票后即在罐顶根部动火。9：30 因罐内单乙醇胺溶液含有 H_2S 气体、氢气及部分轻油，割开管线后，立即产生大火，火势窜起一丈来高。检修人员及车间干部立即赶到现场灭火，9：40 将火扑灭）。**

事故分析：

① 单乙醇胺罐内单乙醇胺溶液含有 H_2S 气体、氢气及部分轻油，遇火点燃；

② 安全员开火票没去现场考察和落实安全措施；

③ 火票没经车间主管安全的领导审批就擅自交动火人作业；

④ 施工单位委托看火人办理火票不符合火票审批手续；

⑤ 看火人对动火部位、岗位流程不清楚。

事故教训：

① 安全员开火票要到现场去察看，确定安全用火是否具备条件；

② 火票审批车间领导要去现场查看措施的可行性和是否落实；

③ 动火作业人必须亲自办理火票；

④ 看火人必须安排熟悉岗位流程的操作员；

⑤ 装置停工后，盛有易燃物质的容器的出入口一定要加盲板；容器动火作业一定要作分析。

☞ 25. 检查流程不仔细，蜡油串入新鲜水的事故原因及教训（事故经过：1990 年 12 月 7 日装置正在进行蜡油加氢试验。针对蜡油特点，车间要求原料泵 2 预热。预热流程为泵 1 连泵 2 入口—→出口，司泵岗位操作员因对流程不清楚，委托加氢岗位操作员开预热阀。加氢操作员对现场流程进行检查后，确认预热循环流程已通，即开阀。至早晨 7：40 发现新鲜水线内串入蜡油，检查泵 2 入口新鲜水阀未关，蜡油顺其入口流入新鲜水系统。此泵在前两天的顶油过程中曾用过新鲜水，用完后未关阀）。

事故分析：

① 停工顶水、吹扫后，负责人对关键部位的流程恢复没有认真检查，致使泵-110/2 入口新鲜水线上阀未关；

② 司泵操作员对本岗位的流程不熟悉，素质低；

③ 加氢操作员虽然对流程熟悉，但改流程时未详细检查；

④“三级检查制度”没有落实；

⑤ 原设计泵 1 为柴油泵，没有预热线，该蜡油线为临时加的，在检修项目交底时未列为交底内容，造成部分职工不熟悉现场情况；

⑥ 场地照明状况不良。

事故教训：

① 装置非计划停工吹扫、顶油、泵入口连接系统管线的阀门用完后一定要关掉；

② 车间负责人在吹扫完后对重点部位的流程必须进行复查；

③工艺管线流程改动后一定要交班；

④ 流程改动落实“三级检查制度”，确保正确无误；

⑤ 加强对职工的责任心教育和技术素质培训；

⑥ 改善环境，确保照明设施完好。

☞ **26. 作业措施有漏洞，害己又害人的事故原因分析(事故经过：1991年2月28日分馏塔顶回流罐玻璃板泄漏，车间安排当天操作工进行整改，该操作工按照车间主任指示，关闭玻璃板上、下引出阀，拆开玻璃板，因阀内漏，分馏塔顶回流罐内的硫化氢气体泄漏出来，将该操作工被熏倒。车间主任见状，憋着一口气，迅速跑去抢救该操作工，因没有配戴气防器具，匆匆忙忙不幸摔倒，右手肘骨折断，该操作工住院3天，调养一月；车间领导住院3个月)**

事故分析：

① 车间、班组在安排工作时在安全方面考虑不周全，缺少必要的警惕和自我保护措施；

② 新工人对 H_2S 的危害认识不够，自我防范意识不强；

③ 到泄漏硫化氢气体的危险区域进行抢险，没有配戴气防器具。

事故教训：

① 在含硫化氢介质的作业场所进行拆玻璃板、法兰和换阀门等作业，应做好事故预想并要采取相应的安全措施；

② 对新工人要加强硫化氢中毒方面的知识教育，提高其安全意识和自我防范能力；

③ 到泄漏硫化氢的危险区域进行抢险，必须配戴可靠的气防器具；

④ 危险大的直接作业环节应有车间管理干部到场进行技术指导和监督。

☞ **27. 交叉作业无措施，高空落物伤人头的事故原因分析[事故经过：1992年4月2日，在30万吨焦化汽柴油加氢停工检修过程中，车间安排封分馏塔人孔。班长接到车间通知后，分两组人员同时封该塔人孔，一组在塔上部二层平台，一组在塔中部五层平台。11∶10上层打人孔螺栓时用力过大，扳手未按住，震脱飞出，落在平台上(二层与五层之间相距13.44mm，二层平台外沿小于五层平台外沿)，因惯性和冲力作用，扳手被反弹出平台外，砸在下面第五层平台封人孔的另一名操作工头上，将其安全帽砸破，顺安全帽的缺口将头部挤伤(扳手重3.7kg)，造成该操作工头部缝了10针，住院20天]。**

事故分析：

① 高处交叉作业，没有充分隔离；

② 扶扳手的人安全意识淡薄，作业经验欠缺；

③ 管理人员、班长安排工作时考虑不周全。

事故教训：

① 高处交叉作业，一定要充分隔离；

② 加强对新员工的操作技能培训和安全意识教育；

③ 凡高处打人孔螺栓，扳手要用绳子系住；

☞ **28. 仪表参数没摸透，改为自动，炉子爆的事故原因及教训(事故经过：1993年6月1日下午，反应进料加热炉温度偏低325℃(330℃)，操作工稍开副线，17∶00关副线，并将瓦斯流控表改为自动(原来手动)。17∶45当班班长发现炉膛温度偏低仅480℃(正常530℃)，告诉操作工，操作工随即开大瓦斯流量，并将烟道压控加大。班长见温度升不上来，去现场发现炉四个火嘴全熄，迅速回操作室通知操作工。操作工迅速跑到加热炉处，关炉前瓦斯阀，17∶50在关炉西侧炉前阀时，炉膛瓦斯发生爆**

炸。对流室北侧门被掀开，南侧门掀开一条 20cm 宽的缝隙，操作工本人也轻度烧伤）。

事故分析：

① 仪表参数没有摸准，手动改为自动后，造成控制阀大幅度波动，甚至关闭；

② 操作工责任心不强，仪表改自动后还没有稳定，没有盯紧二次表；

③ 班长处理问题不果断，发现炉子熄火，没有及时关闭炉前阀，使炉膛内积聚的瓦斯越来越多；

④ 仪表性能差，温度难以控制，在安全上没有引起车间足够的重视；

⑤ 操作工着装不合规范，使自己被烧伤。

事故措施：

① 对炉子瓦斯流控改自动操作，控制要平稳，不能大起大落，否则炉子容易熄火；

② 二次表改自动操作后，一定要仔细观察一段时间，直到该表走稳；

③ 车间要重视隐患的整改，不能听之任之；

④ 发现问题要及时果断处理，犹豫不决会错过最佳处理时机；

⑤ 上班时间着装要规范。

☞ **29. 巡回检查走过场，仪表失灵把油串的事故原因及教训（事故经过：1994 年 5 月 30 日，操作工从压缩机火炬线放空点放出大量柴油，同时压缩机级间冷却器内也有很多柴油，加氢火炬系统背压高，放空罐脱油时间达 4 小时，经调查核实系原料缓冲罐满所致）。**

事故原因：

① 原料缓冲罐液位显示失灵；

② 反应岗位操作员责任心不强，巡回检查不落实，原料缓

冲罐失灵后满罐(即50%指示)达4h之久，没有发现；

③ 火炬出现异常情况，一些部位放出柴油，没有及时发现、判断；事故发生后不主动向车间汇报，而是隐瞒，说明班组的操作纪律、工艺纪律松懈，整体综合素质差；

④ 仪表维修质量差，此表已多次出现80%即为满的现象，一直没有处理好；

⑤ 车间不重视隐患整改，思想上有些麻痹。

事故教训：

① 确保仪表完好投用；

② 岗位(包括班长岗位)要按照巡检内容认认真真检查，不能走过场；

③ 车间要重视仪表隐患的整改，如仪表暂时不能处理，要制订具体的事故处理预案，并加强岗位、班长、车间的三级监控；

④ 发生事故或生产上出现较大的波动要及时汇报，将损失减少到最低程度；

⑤ 加强对职工的安全意识、技术素质的培训，提高判断事故的能力。

☞ **30. 开工切水不佳，超压满罐炉子熄的事故原因及教训(事故经过：1995年4月9日，30万吨/年加氢已开工进料，生产处于调试阶段。21∶20由于高分界控不太好用，大量含硫污水带入低分，然后进入分馏塔，同时分馏塔回流罐脱水不及时，造成塔压力达1.7MPa，低分油压过不来，液位上涨满入瓦斯线，致使瓦斯系统带油，火嘴下火雨，加氢三台炉子被迫熄火)。**

事故原因：

① 操作工责任心不强，盯仪表不紧；

② 高分界控阀不好用，分馏塔回流罐玻璃板不清晰；

③ 车间管理上存在漏洞，是诱发事故的间接原因。

事故教训：

① 开工初期，各仪表运行状况还不稳定，岗位上要加强盯表；

② 加氢开工阶段，分馏各回流罐脱水应作为开工的关键步骤写在开工方案上；

③ 仪表、玻璃板等设施必须确保完好、清晰。

☞ **31. 开工气密串氮气，保运整改跑催化剂的事故原因及教训[事故经过：1997年1月18日开工气密过程中，由于加氢反应器中部卸料口法兰多次紧固后仍泄漏，车间要求保运人员拆开法兰换垫片。9:30松开法兰准备安装新垫片，9:40恰值循环氢脱硫塔充氮气气密，由于压控管排处联循环氢脱硫单元的阀未关，氮气串至反应器，将已装好的中部卸料口以上的加氢剂(CH-20)全部压出。后经回收损失较小，但加氢开工拖后三天]。**

事故原因：

① 流程检查不细，塔充氮气时未关上联反应系统的阀门；

② 施工与开工协调不够，只顾一方；

③ 换钢圈垫片过程中，现场无人监护，致使事故扩大。

事故教训：

① 各单元非同步气密要隔开，与其他单元相联的阀门要关严；

② 开工过程中工艺、设备、安全各路主管要协调关系，车间要统筹安排；

③ 保运抢修过程中，设备员要对施工现场负责监督，以应对突发性事故的发生。

☞ **32. 开循环机引蒸汽，放空水击折断线的事故原因和教训(事故经过：1997年1月14日，车间领导安排引3.5MPa蒸汽入装置，并在加氢机厂房南侧放空，14:50由于操作人员经验不足，将边界总阀开得过大，且未对管线内存水进行脱水，造成管线内水击，由于总放空阀开得过大，放空线在加氢机房正面龙飞**

凤舞，场面非常危险，关小边界总阀后，管线甩头才停止，将DN80的放空线甩弯8m)。

事故原因：

① 放空阀开得过大；

② 边界总阀在没有脱水和暖线温度不够的情况下开得过大。

事故教训：引蒸汽时边界总阀、放空阀要关小，及时脱水，管线温度升起来后，再开大边界总阀。

☞ **33. 车间指令不听清，流程改错炉子熄火的事故原因及教训(事故经过：1997年4月2日17：00，某加氢装置准备开循环建立系统循环，主管技术员要求操作工对流程进行检查，关闭有关阀门，岗位操作工误以为打开，致使系统充氮气后，气体串到炉前瓦斯线，造成正在运行的30万加氢炉反应进料加热炉火嘴熄火)。**

事故原因：

① 误操作，听错车间指令；

② 改流程“三级检查”没有落实。

事故教训：

① 流程改动时三级检查一定要落实；

② 在工作上操作员要把事情听清楚、问清楚才动手；

③ 开工过程中采取下指令与执行指令登记的办法，避免指令听错。

☞ **34. 某厂加氢吹扫带压拆法兰，污水溅出灼伤眼的事故原因分析(事故经过：1997年3月18日，由于污水后路不畅，车间决定从制氢边界管排引汽反吹，送汽后仍不见汽，操作人员估计可能是管线堵，决定松开法兰清通，在卸螺栓时，总管内含氨、硫化氢污水喷出，溅在眼睛上，造成轻微灼伤)。**

事故原因：

① 拆法兰带压操作；

② 无保护措施。

事故教训：在吹扫过程中，拆法兰、换阀门、加盲板等作业不得带压操作，如工艺上不能停汽，要采取必要的防范措施。

☞ **35. 误闻报警声造成停机切断进料的事故原因及教训（事故经过：1997年11月10日未开的氢气压缩机仪表突然报警，岗位操作员误以为循环氢压缩机轴振动大出现报警，没有去操作盘检查，就直接开循环氢压缩机防喘振阀，造成50万加氢混氢流量大量下降，而此时氢气压缩机停机报警也响了，操作室反应岗位听到机组停机报警声后，又看见混氢突然下降，就立即将50万加氢进料切断，切断进料5min后才知道循环氢压缩机并没有停，然后恢复进料）。**

事故原因：

① 加氢压缩机岗位操作员误开喘振阀，使循环氢量大幅度下降；

② 反应岗位没有落实机组运行状况，仅凭停机报警声和混氢流量下降就将进料切断，工作没有做细。

事故教训：

① 机组出现报警，一定要去仪表盘落实报警参数，然后进行相应的操作调整；

② 岗位上在操作喘振阀时，在兼顾机组喘振现象的同时，还要注意防止循环机出口流量出现大的波动；

③ 车间应规范管理，对喘振阀的使用要有一个明确、具体的制度；

④ 反应岗位在切断进料前，要落实机组的运行状态。

☞ **36. 改循环流程不畅通，憋漏产品换热器的事故原因及教训（事故经过：1996年7月5日12：00，某厂30万吨加氢柴油腐蚀不合格，按厂调度和车间批示，将柴油改回原料罐，操作工在接到指令后，仅开加氢产品管排处阀门，入原料罐的阀门并没有**

打开，造成后路不畅。柴油空冷、水冷器憋漏）。

事故原因：

① 三级检查制度没有落实；

② 明知换热器开始泄漏既不汇报，又不去查找原因，操作员、班长工作责任心极差。

事故教训：

① 流程改动一定要按"三级检查"执行，不能停留在口头上；

② 岗位上操作出现异常情况要及时汇报，同时要认真查找原因；

③ 建立健全事故处理制度，认真落实对事故责任者的处罚，提高职工的安全意识和责任心。

☞ **37. 加氢炉子偏流原因分析不清造成装置停工一个月的事故原因及教训（事故经过：1998 年 4 月 8 日，某 50 万吨加氢需提量生产，在提量过程中发现反应进料加热炉两组进料流量指示变化不大，车间一方面自己查找原因，另一方面联系校炉子出口流量表和出、入口温度点。经多次反复测试，温度差别不大，但流量在更换表头后，一组仍无指示。20∶00 仪表工确认没有流量。车间主管人员未对此采取措施，仍然正常生产，21∶45 岗位发现该炉对流室冒烟，请求调度停工；22∶05 炉管泄漏着火，接着发生二次闪爆，造成该炉烟道局部损坏，装置停工一个月）。**

事故原因：

（1）技术上未吃透，处理问题犹豫不决，致使炉管憋漏；

（2）没有及时向主管部门汇报情况。

事故教训：

① 生产上出现较大的异常情况，要及时向主管部门汇报；

② 炉子如有偏流迹象，不要再提量或关小较大的一组流量进行顶，应适当降低进料流量、操作压力，联系设备人员进行检测；

③ 炉子的进料流量提不起来，一组进料流量较小或回零，

原料换热器、炉入口压力比平常高，炉管颜色发红等现象出现，应果断采取停工措施。

④ 原料泵入口增加缓冲罐，泵出口循环线直接返回缓冲罐，缓冲罐顶上设有溢流排空管，以便卸压；

⑤ 严格要求检修质量，泵出口单向阀及所有阀门每次检修均应进行试漏。

☞ 38. 加氢炉管堵塞处理不当造成反应器内件恶性损坏的原因分析（事故经过：1973 年 4 月 9 日，某加氢装置进油发现反应进料加热炉中路炉管堵塞，用加大油量的办法将中路搞通了，25 分钟后发现系统差压由 1.1MPa 升到 2.9MPa，过一段时间差压又逐渐下降到 2MPa。这时并未引起注意，到 10 日凌晨又发现中路炉管不通，再次将原料油量由 22t/h 提到 34t/h，仍未见效果，又采取关旁路阀的办法来扫通炉管，但这时发现高分压力下降，反应器入口压力由 14.6MPa 升至 15.3MPa，差压达 3.7MPa。操作员发现后，立即停油、停水，但差压还继续上升到大于 6MPa，只好将旁路打开维持循环降温、停工。这次差压增大造成的恶果：① 催化剂粉碎；② 全部塔盘变形；③ 支耳拉坏，紧固螺丝折断；④ 衬里被拉坏；⑤ 热偶管部分折断，大部分弯曲；⑥ 冷氢管全部折断）。

事故原因：

① 由于采用加大油量的方法搞通炉管，当油量突然加大，使反应器负荷突然增加，床层差压增大，易使内件破坏，催化剂破碎，进而又增加了反应器的阻力，特别第二次加油后关旁路线，负荷更大，差压不断上升，以至造成反应器内件遭受严重破坏；

② 1973 年 11 月因反应进料加热炉的 2# 炉管堵塞，后来突然畅通，原来存于炉管内的高温油进入床层，造成上部温度迅速上升至 600℃。

☞ 39. 加氢反应器热电偶套管冲蚀穿孔造成停工的事故原因分析(事故经过：1974 年 1 月 30 日，某加氢装置开工进油后发现反应器 1# 热电偶管喷油被迫停汽检修，停工后将四根热偶管全部拆下，发现普遍在油流冲刷方向，管子壁厚严重减薄，最薄处只有 0.5mm，所以穿孔漏)。

事故原因：

① 该热偶管从 1966 年投产至 1974 年，8 年时间未曾拆卸检查过，所以对内部情况根本不了解；

② 虽然 N10(相当于 18-8)钢能耐腐蚀，但长时间受流体的冲刷，壁厚必然减薄，乃至穿孔。ϕ24.5×6.25 的套管最薄处为 <0.5mm。

☞ 40. 检修中反应器串入氢气引起爆炸的事故原因分析及教训分析(事故经过：1975 年 4 月，某加氢装置停工，因当时氮气不足，系统未置换合格，待 2 天后另一套加氢装置也停工，两套装置一起置换至合格。22 日卸完反应器中催化剂，23 日下午检修车间进入拆卸塔盘，当卸下两个螺丝后，反应器内突然发生爆炸，人被炸伤，12 寸的活扳手飞出反应器四十多米之外)。

事故原因：

(1)置换合格后，充氮气的冷氢线没有及时用盲板切断，致使氢气从废氢线串入反应器内；

(2)由于催化剂是硫化后的，在塔盘支耳上有催化剂粉末或部分硫化铁粉末，当拆卸螺栓时硫化物暴露于空气中，急剧氧化而产生火花，成为这次事故的引火源；

(3)进入反应器前未作气体分析和爆炸试验。

事故教训：

(1)装置停汽后，所有与外装置连通的管线必须加盲板；

(2)进容器前必须作气体分析，合格才能进入。

☞ 41. 某厂加氢出口单向阀装反事故的事故原因分析(事故经

过：某套装置进入硫化阶段，二点多钟循环泵岗位发现循环机出口单向阀倒气，换送气。联系钳工检修单向阀后，启动电机运转，用充压阀给压，压力表仅升到3MPa，一法兰突然漏气，气缺头上下乱颤，马达发出"呜 — 呜"怪叫，在场工段负责同志指示立即停止充压停电，尔后班长又组织第二次试车，又发现与第一次相同现象，班长指示立即停车，找钳工检查）。

事故原因：打开循环泵检查，发现出口单向阀装反。

事故后果及教训：

(1)若措施不及时很可能造成马达损坏，气罐颤动严重将使循环泵高低管线局部破裂，其后果不可想象；

(2)在钳工新检查机泵后，进行试验时必须谨慎、细心，稳步进行。否则会出现意想不到的事故。

☞ **42. 加氢炉管存油着火造成重大烧伤事故的原因及教训（事故经过：某加氢装置在动火更换加热炉出口弯头时，管内存油着火，当场烧伤四人，其中重伤三人，轻伤一人，跌伤一人）。**

事故原因：

① 加热炉内残存原料油在炉管试漏时，氮气把油吹到炉出口U形管处。（事后在U形管中取出109kg原料油）；

② 忽视安全，违反动火制度，现场指挥没有问动火签字，焊工也没有找安全员签字就动火；

③ 车间没有研究具体的动火方法和措施。

事故教训：

① 由于检修工程顺利、进度快、质量好，产生骄傲思想，没有把安全工作贯彻到每项工作中去；

② 只想到氮气是惰性气体，没想到炉内残油会着火；

③ 忽视动火制度和措施。

☞ **43. 加氢露点腐蚀造成炉管破裂的事故原因分析（事故经过：1983年2月6日18时40分，加氢装置加热炉岗位人员发现**

加热炉风压和瓦斯流量突然下降，分配室和对流室温度上升，燃烧室由 700℃ 下降到 600℃，操作人员判断是热偶失灵，找来仪表工校验。19 时 30 分，又出现风机的电机电流由 47A 下降到 37A。经检查均未发现任何异常，认为可能是由于烟道循环旁路挡板开大造成的。因此，又将挡板关小一个眼，但炉膛负压仍然波动，19 时 55 分，加热炉突然熄灭。这时岗位人员立即报告。经研究决定重新点炉。于是开始进行炉膛置换，烟道憋压。20 时 25 分，正当炉膛取样分析尚未完成时，风机突然发出异常的响声，自动停车，装置停产)。

事故原因：

① 经对加热炉炉管分组进行氮气试压，发现加热炉新氢加热段第一组破裂，证明当时是由此泄出氢气，而漏出的氢气在对流室出口处立即燃烧，使循环烟气的温度不断上升，炉膛出现正压，造成加热炉灭火；

② 由于风机循环烟气的温度(600℃以上)超过叶轮的工作温度(420℃)，造成叶轮脱落撞击甩掉，机轴弯曲变形、自动停车；

③ 露点腐蚀。该炉管使用近 20×10^4h，新氢加热段第一组位于对流室末端烟道附近。烟道温度 250℃左右，由于管内新氢入口温度约 30℃，出口约 140℃，致使前 20m 炉管外壁温度长期在低于烟气露点(140～160℃)下使用，因而造成管壁严重腐蚀减薄；

④ 有关人员缺乏对异常现象的判断能力，在近两个小时的处理过程中，均未能避免事故的扩大。

☞ **44. 带压加盘根，漏氢气自燃起火的事故原因分析(事故经过：1982 年 10 月 27 日，某加氢精制车间氢压机出口阀加盘根堵漏时，氢气喷出发生火灾。烧伤一人，烧坏氢压机的附属仪表、电气附件等，直接经济损失为 6966 元。10 月 15 日，车间组织设备检查中，发现氢压机出口阀盘根是一个漏点。10 月 16 日至 21**

日，因原料不足，装置临时停车。**10** 月 **27** 日，正常生产期间，组织岗位人员进行堵漏。当氢压机岗位两名工人来到机房，准备对该压缩机出口阀盘根堵漏时，看见正在运转。便切换到备用机，该压缩机停运后，开始拆卸出口阀盘根压盖螺丝。在拆卸过程中，发现盘根往外推出，便去将该机放空阀打开，并继续拆压盖螺丝，当螺丝全部拆完时，氢压机系统内压力 **2.3MPa** 的氢气从盘根箱喷出来，立即着起大火。在消防和其他工人、干部奋力扑救下，将大火扑灭)。

事故原因：

① 堵漏工人不懂工艺流程和阀门结构原理。氢压机的出口是与系统相通。而出口阀门是截止阀，因不懂截止阀的结构，误认为与闸板阀原理一样，冒险带压加盘根是造成事故的根源；

② 车间管理不善，堵漏本应在停车期间内完成，但未督促检查，以致在正常运转中堵漏，造成事故发生。

☞ **45. 缺少常识造成窒息，措施不当救人死亡的事故原因分析(事故经过：压缩车间开动一台压缩机向某加氢装置反应器送氮气置换。17 时 30 分，检查科一名女化验工在工程公司建筑队一名瓦工的协助下，一起到反应器取样做含氧分析。取样过程中，不慎将负压取样器掉入反应器内距上盖 1.5m 第一层塔盘上。在不了解反应器内能否进人的情况下，这名瓦工就跳进去并立即晕在里边。在反应器上边的化验工看到后就大声呼救，协助并负责该项工程的一名班长对一起赶到现场的人喊“快救人”，一边毫不迟疑地跳进反应器。一只手托着里边的人，上边人员将窒息在一层塔盘里的人抢救出来。但这位班长却又晕倒在里边，并从一层塔盘掉到反应器的深处，给抢救工作带来更大的困难。经采取各种方法，多次下到反应器内进行营救，19 时 30 分才将这名班长抢救出来，终因氮气窒息时间过长(在反应器内 55 分钟，抢救无效死亡)。**

事故原因：

① 对检修反应器这项工程的各级人员及有关部门，只注意了怎样防止火灾和爆炸这类大的危险，忽视了细小环节上的事故预想，出现了安全工作上的死角；

② 对氮气窒息的危险性认识不足，宣传教育不够，职工缺乏这方面的知识

③ 危险作业场所缺少必要的小型抢救器具和设备。

☞ **46. 硫化物自燃，污油罐爆炸的事故原因分析（事故经过：1986年10月25日7时35分，加氢车间污油罐突然爆炸起火，历经40分钟将火扑灭。虽无人身伤亡，但该罐报废。直接经济损失0.75万元。污油罐是溶剂为250m³的立式常压罐（直径6.64m，罐高7.2m）。1982年9月建成后，先做碱罐使用，后改做装置开停工和生产不正常时排放废蜡和润滑油的污油罐。加氢车间投产以后，燃料瓦斯冷凝液也排放到该罐内。1986年10月7日，经车间研究决定将氢压机一段出口分液罐（容积为0.075m³，压力为3.724MPa）中凝缩油，也通过瓦斯分液罐的排凝管线送入污油罐。事故前罐内所存废油有约1m高的液位，没有物料进出，加热管阀门处于关闭状态。7时35分，在污油罐处于静止的状态下，爆炸事故突然发生）。**

事故原因：污油罐储存的加热瓦斯凝缩油及压缩机的凝缩油，都含有硫化氢。生产过程中，与设备长期接触生成硫化铁等。硫化物自燃是造成这次事故的主要火源。

事故教训：今后对任何改动工艺的项目都要进行必要的危害识别和风险评价，在确保安全的情况下经过有关科室和总工程师的审批，并办理必要手续。同时，还要结合工艺变化，及时完善操作规程，加强对职工的技术培训，消灭事故隐患。

☞ **47. 不戴呼吸器中毒，错戴滤毒器救人的事故原因分析（事故经过：1987年1月9日15时40分，加氢车间一名班长在救人过程中，被硫化氢熏倒，2人中毒死亡。当时，某建筑工程公司**

民工队在加氢装置承包一项任务。一民工戴隔离式防毒面具(软管式呼吸器)，在装置外东侧公路旁含硫污水井内掏污泥。下井后第一桶还没掏满，他就站起来，随手摘掉防毒面具，立即被硫化氢熏倒，此时，在50m以外干活的车间四班班长听到呼救声后，立即赶到现场，戴上一个活性碳滤毒器，就下井救人。因滤毒罐不防硫化氢也被熏倒。经抢救无效两人死亡)。

事故原因：这次事故是由于民工安全意识淡薄引起的。本来在1.75m深的下水井作业，已经戴好软管式呼吸器。可是，民工在井内自己把呼吸器摘掉，失去了防护作用，当场被硫化氢熏倒。

班长下井救人所用滤毒罐，实际不防硫化氢，预防措施不力，结果也被硫化氢熏倒。

☞ **48. 开泵不遵章，罐爆伤多人的事故原因分析(事故经过：1991年11月1日15时07分，加氢装置在处理混氢原油与反应副产物换热器堵塞恢复生产过程中，由于高压氢气反串入低压脱氧水罐，造成该罐超压爆炸，一人重伤，多人轻伤。直接经济损失0.89万元。事故前，反应系统压力达到6.5MPa，反应温度升到250℃，按工艺条件规定，开高压注水泵向分馏塔进料与反应物换热器注水。司泵工在泵出口压力只达5.0MPa时，就打开出口阀。当第二道出口阀打开两扣时，致使6.5MPa高压系统氢油混合气反串，经循环阀回窜至低压脱氧水罐，造成该罐超压物理性爆炸)。**

事故原因：

① 司泵工违章操作；

② 设备有一定缺陷，高压注水泵出口至换热器管线安装的二道止逆阀不起作用；

③ 设计留有隐患。低压脱氧水罐没有设计安装安全阀，只安装了止逆阀，但效果不好。

☞ **49. 硫化氢中毒事故的事故原因分析（事故简况：2004年11月29日0时10分左右，某厂安装维修公司仪表工王某在某厂直柴加氢装置进行仪表维修时，发生硫化氢中毒严重昏迷，最终抢救无效死亡。11月28日23时50分，仪表维护班王某某、魏某某接到直柴加氢装置脱硫汽提塔回流罐液位指示失灵的通知后，在当班班长的陪同下一起到现场进行处理。29日0时10分左右，王某某在处理回流罐液位浮筒底部排凝阀时，含有硫化氢的烟雾突然从排凝阀排出，没有任何防范的王某某当即中毒晕倒。闻讯赶来的人员将王某某转移到通风处，进行人工呼吸抢救。0时15分，医护人员赶到并送往医院抢救，最终抢救无效，于11月30日17时35分死亡）。**

事故原因分析：死亡直接原因是硫化氢中毒。事故发生的主要原因是作业者违章作业，未按规定佩戴隔离式呼吸防护用具，未佩戴便携式硫化氢监测仪；作业单位未按集团公司《硫化氢防护安全管理规定》的有关条款要求，落实安全措施。按规定含硫化氢介质的采样和切水作业应为密闭方式，不允许直接排入大气。对危险作业未按规定办理作业票，没有明确监护人，随同作业人员也没有认真履行监护责任。深层次原因还在进一步调查分析中。

应吸取的教训和采取的防范措施：

① 认真落实各级安全生产责任制。

② 加强直接作业环节的管理，坚决遵守规章制度，认真做好风险识别和危害分析，避免冒险野蛮作业，坚决做到没有进行危险分析的作业不干，杜绝任何侥幸心理，杜绝“低、老、坏”现象，确保各种作业安全进行。

③ 对所有涉及硫化氢等剧毒危险化学品的场所进行全面的检查。主要检查是否按照相关制度要求建立健全各种安全防护设施，有无突发事故的紧急应救措施，现场设备是否完好，有无跑、冒、滴、漏现象等。

④ 进一步加强仪表、电气和检维修作业的管理，完善机、电、仪与工艺的确认单制度。特别是要加强维修、维护时和工艺、操作人员的联系，从而保证装置的安全运行。

☞ **50. 英国格朗季蒙思炼油厂加氢装置低压分离器超压爆炸的事故原因分析(事故简况：1987年3月22日7时，英国格朗季蒙思炼油厂加氢装置低压分离器因超压发生爆炸，并继而发生大火。事故造成一人死亡，装置严重损坏，经济损失7850万美元。3月22日1时30分仪表室报警，装置自动跳闸，机泵、压缩机等停运。反应器的自动切断器动作，切断了原料油及氢气。操作人员经检查后重新启动循环氢压缩机。2时左右，装置升压至操作压力，同时反应器升温至开工条件，装置处于待进料状态直至6时交接班，这段时间除循环氢压缩机震动偏大外没发现其他问题。7时装置发生猛烈爆炸，30km以外的地方都可听到和感觉到。爆炸中心是低压分离器，容器四分五裂，碎片散落各处。流出物形成蒸气云，遇火源后形成大火球，立即发生大规模火灾，火焰高达90多米。根据低压分离器破裂和碎片散落的状况及爆炸造成的危害推算出爆炸的当量为90kgTNT，和低压分离器理论破裂压力5.0MPa所造成的损毁程度相吻合。低压分离器超压爆炸造成了这次事故)。**

事故原因分析：当装置重新建立氢循环并处于待进料状态期间，高压分离器与低压分离器之间的液面调节阀被放在手动操作，且还不恰当地放在全开位置。由于尚未进料，高压分离器的物料没有来源，因此液面被很快压空，高压分离器内15.5MPa的高压气体迅速排入低压分离器。由于还未进料，低压分离器出口阀处在关闭位置。因低压分离器的安全阀是依据去胺装置的排放量设计的，泄放量远远低于发生高压分离器窜入时的量。尽管在低压分离器破裂前安全阀已动作，但泄放不足而无法阻止低压分离器压力急剧上升，导致低压分离器在短时间升至5.0MPa，造成壳体破裂。虽然为防止液面过低，在高压分离器设置了检测液位过低的浮子开关，并设有在紧急情况下可通过手动遥控切断通往低压分离器的液面调节阀的装置。可出事前该浮子开关长时间处于不能使用状态，手动遥控切断调节阀的装置和调节阀之间的接线被遗漏，因此没有起到应有的保护作用。

在事故分析过程中用水作介质测定了高压分离器液面调节阀的流量特性，以测定结果为依据，计算出当该调节阀开度大于40%时，从高压分离器来的15.5MPa氢气进入低压分离器时，可以使它达到5.0MPa的破裂压力。

☞ **51. 新氢带水导致加氢装置停工的事故原因分析（事故简况：由于制氢装置进料严重带水，操作一片混乱被迫停工。由于制氢装置来的氢气带水严重，氢压缩机入口分液罐全开切水阀切水，也无法制止水位上升，机组无法工作被迫停机，6时10分加氢装置切断反应进料）。**

事故原因分析：这是一起罕见的氢气带水事故，后果十分严重，使加氢装置被迫停工。事故处理有一个原则，那就是保住设备，保护人员安全。

应吸取的教训和采取的防范措施：加强岗位、装置间的协调，当上游不能提供合格原料时，要及时进行处理，必要时停止新氢进装置，保障机组正常运行。

☞ **52. 高压分离器液位指示失灵影响生产的事故原因分析（事故简况：高压分离器液位指示失灵，对加氢装置安全和长周期生产有直接影响。1999年7月27日晚，高压分离器液位指示发生了偏差报警，液面波动范围较大，操作人员立即将调节阀切手动控制，并到现场检查玻璃板液位及二只阀位的开度，约10分钟左右，高分液位指示再次慢慢下降，而这时反应系统压力瞬间却从14.0MPa上升到14.4MPa。循环氢压缩机转速慢慢下降，进出口压差上升，并且低压分离器液位呈明显下降趋势）。**

事故原因分析：根据循环氢压缩机所发生的异常变化，判断高压分离器液位指示下降是假象，而实际液位应该是较高的。因此，马上采取了将高分液位调节阀开大，15min 后，循环氢压缩机转速开始回升，其他异常情况慢慢恢复正常，而此时高分液面仍指示在 25%~29%。为了保证高分液面的稳定，根据装置总进料流量及低压分离器的出料流量估算，来控制高分液位调节阀的开度，保持高分到低分流量的动态平衡，并逐步将反应系统其他操作参数调整到正常操作范围内。在高分液位无指示的状态下操作了近 6h，直到仪表工将此液面指示修复。从而避免了一次因高分液面指示失灵而造成的联锁停车事故。

应吸取的教训和采取的防范措施：高分压力突然升高报警，要引起重视，观察相关的其他参数，如低分的流量是否比原来减少，氢气的补充量是否改变。在高分液位指示失灵、玻璃板液位不清的情况下，首先要观察循环氢压缩机运转状况，从其转速、进出口压差及酸油罐液面的变化来判断，如果液位较高将会在循环氢中带液，造成酸油罐液面上升和压缩机振动，当液面达到一定高度时，会导致循环氢压缩机联锁停车，同时应根据装置的进料流量及低分的出料流量来维持高分液位控制阀的开度。如果液位太低，高分的气相将窜入低分，引起低分超压而爆炸(国外也曾经报道过因高分气相窜至低压分离器引起爆炸而使整套装置报废)。因此，如有条件应再增加一套液位控制系统，并且在高分和低分之间增加一道紧急切断阀，确保装置的安全运转。

高分温度变化或原料油密度发生变化时，要特别注意液位的变化，定期人为地改变高分液位控制参数并与现场玻璃液位计进行校对，确保高分液位正常。

☞ **53. 因现场电接点压力表弹簧片卡住，导致循环氢压缩机停车的原因分析及及应吸取的教训(事故简况：某企业 2000 年 10 月 6 日，循环氢压缩机的密封油泵齿轮箱内油位假液面。虽然从视镜处看油在翻滚，但轴承处油不足，使齿轮过热而“咬死”，密封油泵停车。但另一台备用泵由于电接点压力表内弹簧片卡住**

而没有起跳，导致密封油高位槽液位三取二信号灯亮，循环氢压缩机停车)。

事故原因分析：造成本次装置停车的直接原因是密封油泵停运。该泵齿轮箱为德国进口，设备视镜位置较低，因此当泵运转后，视镜中只看到油在翻滚。所以只要看到视镜中有油就行。

关键的是当密封油泵停运后，密封油高位槽电接点压力表在液位降到20%时，应启动备泵，但该表在长期使用后，游丝老化，造成弹簧片不起作用。虽然液位低于20%，但感应块没有接到信号，使备泵无法启动。造成循环氢压缩机联锁停车。

应吸取的教训和采取的防范措施：

(1) 在更换齿轮箱后的视镜取位应提高，以解决设计中的不足。并增加一油尺，以便能测出实际液位。

(2) 加强动态跟踪，利用现代化工具，24h 不间断检测，并建立台账。

(3)针对所有重要的电接点压力表的问题(虽然在开车时做过联锁，试验情况正常)。在今后要创造条件，定期检查，确保在一个运转周期内其性能完好无损。

☞ 54. 加工高硫油对高压换热器的腐蚀应吸取的教训及防范措施(事故简况：由于加工高硫油，硫化物的腐蚀速度呈上升趋势。某石化公司在 2000 年大修时，高压换热器壳程 Ω 垫片材质为德国牌号 X10CrNiTi18.9(1Cr18Ni9Ti)，内角焊缝发现 3 点轻微点蚀，微量穿透。经分析是由于硫化物的增加造成堆积而产生的硫腐蚀等)。

应吸取的教训和采取的防范措施：如何防止氯离子、硫化物以及其他应力腐蚀造成设备侵害，对设备能否正常运行起着举足轻重的作用。

① 从生产角度来讲，必须严格控制氯离子、硫离子的含量；

② 对换热器的低点排污管实行定时排放，以免硫化物的堆积等；

③ 提高设备本身材质抗氯离子、硫化物腐蚀应力的等级，或对材料表面进行针对性的防腐处理，并对腐蚀情况进行跟踪检测等。

☞ 55. 开工进油过程中热高分前法兰呲开的事故原因分析及应吸取的教训（事故简况：某装置热高分前的温度正常控制在280℃，在1999年首次开工进油及以后的多次开工进油过程中，均发生了因温度下降过快造成热高分入口法兰呲开（法兰紧力矩已超过规定标准）、大量高压氢气及油气泄漏事故，给装置的安全生产带来很大的威胁）。

事故原因分析：开工进油前，热高分前法兰温度为270℃，进油量过大时，由于高压换热器的管程介质此时全部为循环氢气（正常生产时为反应生成油及氢气），热容小。经与壳程原料油换热后，管程出口温度（即热高分入口法兰温度）瞬间急剧下降，法兰与螺栓因热膨胀系数有差异，产生泄漏。如某次开工进油过程中，该法兰温度瞬间从270℃下降到162℃，发生了大量高压氢气泄漏事故。

应吸取的教训和采取的防范措施：

（1）严格控制初期进油量，进油时以热高分入口法兰温度为依据，严格控制温降不大于30℃。

（2）开工进油前，提前开启原料油泵进行低流量循环，待原料罐温度上升到200℃以上再往反应器进料，以缓和温降过大的矛盾。

（3）进油前保持高压换热器壳程冷氢有一定的开度，一旦进油后发生泄漏，立即关闭该冷氢，以最快的速度升高该法兰温度，使泄漏得到控制，确保安全。

（4）进油时，一旦发现该法兰温降过大，应立即降低进料量，甚至完全中断进料，以迅速回升该法兰温度。

（5）进油前准备好蒸汽胶管，稍开蒸汽掩护以防万一。

☞ **56. 含硫污水罐的酸水排放不畅影响装置正常运转的事故原因分析及应吸取的教训(事故简况：某石化公司2001年初，因脱气罐酸水排放不太畅通，流量从$18m^3/h$降低到$10m^3/h$，即使调节阀与副线开足也不能满足要求。虽然采取了一些措施，但效果并不明显，且流量还有下降的趋势。因此，只能靠降低注水量及在脱气罐底部接临时管线就地排放来维持装置正常运转。但这不仅对现场环境造成了损害，还对装置安稳运转带来了隐患。这样又利用原来在高压分离器酸水出口处为催化剂器内再生时排碱液的管线，直接将高压分离器出来的酸水送到酸性水汽提装置。同时隔断脱气罐的进料，加上盲板来维持正常生产，避免了一次非计划停车)。**

事故原因分析：经打开人孔后检查发现，顶部气相出口破沫网因托架腐蚀断裂而脱落，卷起来的破沫网正好堵塞了酸水流出口，造成了酸水排放不畅。

应吸取的教训和采取的防范措施：由于现在很多装置都开始加工高硫原油，设备的腐蚀程度也在增加。因此，在今后装置的检修中，对这些具有破沫网的设备，如各种高低压分离器要进行仔细检查并及时更换。